SHINEI ZHUANGSHI GONGCHENG

ZHITU YU SHITU

室内装饰工程

制图与识图

陈小青　主　编

王宝东　黄　峰　严良峰　副主编

化学工业出版社

·北京·

本书针对现代室内装饰工程制图与识图的要求，将 AutoCAD 知识、技能与制图基本知识充分结合，将内容予以精选，省略了复杂的分析过程，大量采用案例、实例，从而使读者在实践过程中掌握室内装饰设计工程制图的全过程。

本书共 9 章，主要内容包括：室内设计基础、制图投影绘制、室内设计制图基本规范、室内设计平面图的识读与绘制、室内设计顶棚平面图的识读与绘制、室内设计立面图的识读与绘制、室内设计节点详图的绘制、室内装饰设计工程图的输出、室内装饰设计工程图实例，并在附录中增加了 AutoCAD 常用命令快捷键和键盘功能键速查。

本书可作为高职、高专、自考的室内设计、环境艺术、建筑类专业教材，还可作为本科环境艺术、建筑学等专业教材，还可供职工业余大学、函授大学、电视大学等有关专业选用，并可作为从事室内建筑装饰设计的技术人员及业余爱好者参考使用。

图书在版编目(CIP)数据

室内装饰工程制图与识图/陈小青主编．—北京：化学工业出版社，2015.3（2022.8重印）
ISBN 978-7-122-22944-1

Ⅰ.①室… Ⅱ.①陈… Ⅲ.①室内装饰设计-计算机辅助设计-AutoCAD 软件②室内装饰设计-建筑制图-识别 Ⅳ.①TU238

中国版本图书馆 CIP 数据核字（2015）第 026442 号

责任编辑：彭明兰　　装帧设计：孙远博
责任校对：宋　夏

出版发行：化学工业出版社（北京市东城区青年湖南街 13 号　邮政编码 100011）
印　　装：三河市延风印装有限公司
787mm×1092mm　1/16　印张 11½　字数 280 千字　2022 年 8 月北京第 1 版第 15次印刷

购书咨询：010-64518888　　售后服务：010-64518899
网　　址：http://www.cip.com.cn
凡购买本书，如有缺损质量问题，本社销售中心负责调换。

定　　价：38.00 元

FOREWORD 前言

随着计算机辅助设计的迅速发展，建筑类、室内设计、环境艺术设计等专业已经基本淘汰了手工制图的方式，取而代之的是功能强大的软件来完成。这就要求上述专业的学生在掌握制图基本原理并能识图、读图的基础上，要充分掌握软件知识和技能，能够熟练应用软件制图。鉴于此，本书将 AutoCAD 的知识与功能和室内装饰制图基本知识充分结合起来，对基本知识的讲述采用广而不深、点到为止，重点结合实例讲解室内装饰制图的方法，注重对读者实践能力的培养。

本书在编写过程中，针对相关专业制图的特点，根据自身的教学经验，同时借鉴了一些专家同行的观点，在内容讲述上尽可能地做到系统全面。本书具有以下几个特点。

(1) 突出"实用、适用"特色。本书在编写的过程中注重培养读者的实践能力，基础理论贯彻"实用为主、必需够用为度"的原则，基本知识的讲述广而不深、点到为止，基本技能的培养贯穿全书的始终。

(2) 对内容进行精选，用实例讲述制图技巧。本书将传统的内容予以精选，力求少而精。省略了复杂的作图与空间分析、复杂的求解与求证练习，都以常见室内空间为例，使读者能够把图纸和实物联系起来理解，并通过软件表达。

(3) 本书以 AutoCAD2008 软件为基础来讲解，但对于高版本或低版本，操作原理相似，可以兼用。

本书由陈小青主编，并负责全书的统稿工作，由王宝东、黄峰、严良峰副主编。全书编写分工如下：王宝东编写第 1 章；陈小青编写第 2～第 7 章、第 9 章；黄峰编写第 8 章；严良峰负责第 9 章施工图的审核；刘翔编写附录 A、附录 B。

本书在编写过程中，得到了宁波市中环建筑装饰有限公司的支持，在此表示感谢，并对所有被引用教材专著的作者表示深深的谢意！同时也向所有关心、支持本书编写、出版工作的领导、同仁表示衷心感谢！

本书配有教学课件，具体可发邮件到 kejiansuoqu@163.com 索取。

由于作者时间、精力有限，难免挂一漏万，书中不妥与不足之处在所难免，恳请广大读者、专家不吝赐教。

编 者

2015.02

CONTENTS 目录

第1章 室内设计基础 …… 1

1.1 室内设计概述 …… 1

1.1.1 室内设计概念 …… 1

1.1.2 室内设计分类 …… 1

1.1.3 室内设计程序 …… 2

1.1.4 室内设计原则 …… 4

1.2 室内设计内容 …… 4

1.2.1 室内空间组织和界面处理 …… 4

1.2.2 室内光照、色彩设计和材质选用 …… 5

1.2.3 室内家具、陈设、灯具、绿化等的设计和选用 …… 5

1.3 室内设计风格 …… 5

1.3.1 传统风格 …… 5

1.3.2 现代风格 …… 6

1.3.3 综合风格 …… 7

1.4 室内设计制图内容 …… 8

1.4.1 施工图和效果图 …… 8

1.4.2 施工图的分类 …… 8

1.4.3 施工图的组成 …… 9

第2章 制图投影绘制 …… 11

2.1 投影 …… 11

2.1.1 投影法 …… 11

2.1.2 投影分类 …… 12

2.1.3 点、直线和平面的正投影 …… 13

2.2 三视图 …… 14

2.2.1 三视图的形成 …… 14

2.2.2 三视图的展开 …… 15

2.2.3 几何体的三视图 …… 16

2.2.4 课桌三视图绘制实务 …… 17

2.3 剖视图 …… 21

2.3.1 剖视图的概念与画法 …… 21

2.3.2 全剖视图 …… 23

2.3.3 半剖视图 …… 23

2.3.4 课桌剖视图绘制实务 …… 26

第3章 室内设计制图基本规范 …… 27

3.1 图纸的幅面规格 …… 27

3.2 线型、比例设置 …… 29

3.2.1 线型设置 …… 29
3.2.2 图面比例设置 …… 29
3.3 字体、尺寸标注与标高 …… 32
3.3.1 字体 …… 32
3.3.2 尺寸标注 …… 32
3.3.3 标高 …… 36
3.4 室内设计各类制图符号 …… 37
3.4.1 图标符号 …… 37
3.4.2 图号 …… 38
3.4.3 定位轴线 …… 38
3.4.4 引出线 …… 38
3.4.5 详图索引符号 …… 39
3.4.6 立面索引指向符号 …… 40
3.4.7 详图剖切符号 …… 41
3.4.8 其他符号 …… 41
第4章 室内设计平面图的识读与绘制 …… 43
4.1 室内设计平面图的识读 …… 43
4.1.1 平面图的形成 …… 43
4.1.2 平面图的命名 …… 45
4.1.3 平面图的图示方法 …… 49
4.2 CAD绘制平面图 …… 54
4.2.1 平面图绘制内容及要点 …… 54
4.2.2 原建筑平面图的绘制步骤 …… 55
4.2.3 平面布置图绘制步骤 …… 60
4.3 平面图绘制实例 …… 62
第5章 室内设计顶棚平面图的识读与绘制 …… 68
5.1 室内设计顶棚图的识读 …… 68
5.1.1 顶棚平面图的形成 …… 68
5.1.2 顶棚平面图的命名 …… 68
5.1.3 顶棚平面图的图示方法 …… 71
5.2 CAD绘制顶棚平面图 …… 76
5.2.1 顶棚平面图绘制的内容及要点 …… 76
5.2.2 顶棚平面图绘制的步骤 …… 76
5.3 顶棚平面图绘制实例 …… 77
第6章 室内设计立面图的识读与绘制 …… 81
6.1 立面图的形成 …… 81
6.2 立面图的种类 …… 81
6.3 立面图的识读及图示 …… 83
6.4 CAD绘制立面图 …… 84
6.4.1 立面图绘制内容及要点 …… 84

6.4.2 立面图绘制的步骤 …… 91
6.5 立面图绘制实例 …… 94
第7章 室内设计节点详图的识读与绘制 …… 100
7.1 节点详图的形成 …… 100
7.2 节点详图的种类 …… 101
7.3 材质填充及参考图例 …… 109
7.4 CAD绘制节点详图 …… 111
7.4.1 节点详图绘制内容及要点 …… 111
7.4.2 节点详图绘制步骤 …… 112
7.5 节点详图绘制实例 …… 115
第8章 室内装饰设计工程图输出 …… 117
8.1 图面构图的设置 …… 117
8.2 图纸目录编制 …… 117
8.3 模型空间打印 …… 118
第9章 室内装饰设计工程图实例 …… 123
9.1 某居住空间设计施工图 …… 123
9.2 某办公空间设计施工图 …… 144
9.3 某酒店标准间设计施工图 …… 156
9.4 某服装专卖店设计施工图 …… 164
附录A 室内制图CAD常用命令快捷键 …… 172
附录B 室内制图CAD键盘功能键速查 …… 174
主要参考文献 …… 175

第1章　室内设计基础

室内设计是建筑设计的重要组成部分，其目的在于创造合理、舒适、优美的室内环境，以满足人们的使用和审美要求。认识室内设计，可以从了解室内设计概述、室内设计内容、室内设计风格等方面进行了解与学习。

1.1　室内设计概述

1.1.1　室内设计概念

室内设计是根据建筑物的使用性质、所处环境和相应标准，综合运用现代物质手段、技术手段和建筑美学原理，创造功能合理、舒适优美、满足人们物质和精神生活需要的室内空间环境的设计。这一空间环境既具有使用价值、满足相应的功能要求，同时也反映了历史文脉、建筑风格、环境气氛等精神因素。图1-1所示为某住宅室内装饰装修平面图、客厅立面图和效果图。

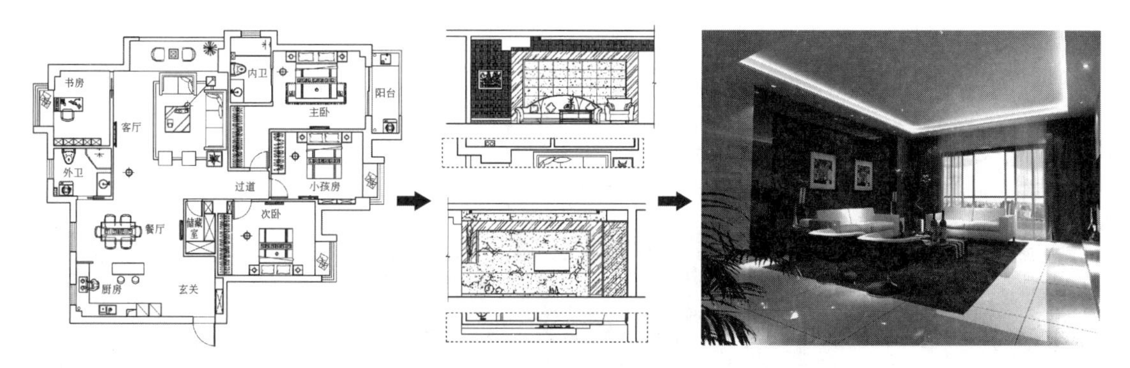

图1-1　某住宅室内设计图

1.1.2　室内设计分类

根据建筑物的使用功能可分为居住空间设计、公共空间设计、工业空间设计、农业空间设计四大类。

（1）居住空间室内设计

居住空间室内设计主要涉及住宅、公寓和宿舍的室内设计，具体包括玄关、客厅、餐厅、书房、卧室、厨房和浴室等空间的设计，如图1-2所示。

（2）公共空间室内设计

公共空间室内设计主要包括以下内容。

① 文教空间室内设计：主要涉及幼儿园、学校、图书馆、科研楼等建筑的室内设计，具体包括门厅、过厅、中庭、教室、活动室、阅览室、实验室、机房等室内设计。

② 医疗空间室内设计：主要涉及医院、社区诊所、疗养院等建筑的室内设计，具体包括门诊室、检查室、手术室和病房的室内设计。

③ 办公空间室内设计：主要涉及行政办公楼和商业办公楼内部的办公室、会议室以及报告厅的室内设计。

图 1-2　居住空间室内设计

④ 商业空间室内设计：主要涉及商场、便利店、餐饮的室内设计，具体包括营业厅、专卖店、酒吧、茶室、餐厅的室内设计。

⑤ 展览空间室内设计：主要涉及各种美术馆、展览馆和博物馆的室内设计，具体包括展厅和展廊的室内设计。

⑥ 娱乐空间室内设计：主要涉及各种舞厅、歌厅、KTV、游艺厅的室内设计。

⑦ 体育空间室内设计：主要涉及各种类型的体育馆、游泳馆的室内设计，具体包括用于不同体育项目的比赛和训练及配套的辅助用房的设计。

⑧ 交通空间室内设计：主要涉及公路、铁路、水路、民航的车站、候机楼、码头等建筑的室内设计，具体包括候机厅、候车室、候船厅、售票厅等的室内设计。

图 1-3 所示分别为酒吧、茶室、商场中庭公共空间室内设计。

(a) 酒吧

(b) 茶室

(c) 商场中庭

图 1-3　公共空间室内设计

（3）工业空间室内设计

工业空间室内设计主要涉及各类厂房的车间和生活间及辅助用房的室内设计，如图 1-4 所示。

（4）农业空间室内设计

农业空间室内设计主要涉及各类农业生产用房，如种植暖房、饲养房的室内设计，如图 1-5 所示。

1.1.3　室内设计程序

根据设计的进程，室内设计通常可以分为 4 个阶段，即设计准备阶段、方案设计阶段、施工图设计阶段和设计实施阶段。

图 1-4　工业空间室内设计

图 1-5　农业空间室内设计

（1）设计准备阶段

① 接受委托任务书，或根据标书要求参加投标。

② 明确设计期限并制定设计计划进度表，考虑各工种的配合与协调。

③ 明确设计任务和要求，如室内的使用性质、功能特点、设计规模、等级标准、总造价等。

④ 熟悉与设计有关的规范和定额标准，收集分析必要的资料信息，包括对现场勘测以及对同类型实例的参观等。

⑤ 签订合同，设计进度安排，与业主商议确定设计费率。

（2）方案设计阶段

① 进一步收集、分析、运用与设计任务有关的资料与信息，构思立意，进行初步方案设计和深入设计，进行方案的分析与比较。

② 确定初步方案，提供设计文件，包括平面图、顶棚图、立面图、色彩效果图、装饰材料实样、设计说明与造价概算等。

③ 初步设计方案的修改与确定。

（3）施工图设计阶段

① 补充施工所必要的有关平面布置、室内立面和剖面等图纸。

② 绘制构造节点详图、细部大样图、设备管线图。

③ 编制施工说明和造价预算。

(4) 设计实施阶段

① 设计人员向施工单位进行设计意图说明及图样的技术交底。

② 工程施工期间需按图纸要求核对施工现场实况，有时还需根据现场实况提出对图纸的局部修改或补充。

③ 施工结束时，会同质检部门和委托单位进行工程验收。

1.1.4 室内设计原则

室内设计应坚持“以人为本”的设计原则，在设计过程中，设计师应考虑以下几个设计原则。

(1) 功能和使用原则

设计要充分考虑使用功能要求，要结合室内空间的功能需求，使室内环境合理化、舒适化、科学化；同时还要考虑人们的活动规律，处理好空间关系、空间尺寸、空间比例等，并且合理配置陈设与家具，妥善解决室内通风、采光与照明等问题。

(2) 精神和审美要求

运用审美心理学、环境心理学原理，满足美感以及私密性、领域感等精神、心理要求，通过空间中实体与虚体的形态、尺度、色彩、材质、光线、虚实等表意性因素，来抚慰心灵，创造恰当的风格、氛围和意境，以有限的物质条件创造出无限的精神价值，提升空间的艺术质量，以引起观者大致相同的情绪，是用于增强空间的表现力和感染力的审美层面内容。

(3) 舒适性和安全性要求

各个国家对舒适性的定义各有所异，但从整体上来看，舒适的室内设计离不开充足的阳光、无污染的清新空气、安静的生活氛围、丰富的绿地和宽阔的室外活动空间、标志性的景观等。

安全性是检验建筑室内环境质量是否合格的重要标准。人们在室内环境空间中活动，无论是公共活动区，还是私有活动区，都会担心自己的安全是否有保证。因此，合理的室内空间领域性划分、合理的空间组合处理，不仅有助于密切人与人之间的关系，而且有利于环境的安全保卫。

(4) 符合地区特点与民族风格要求

由于人们所处的地区、地理气候条件的差异，各民族生活习惯与文化传统都不一样，所以对于室内设计的要求也存在着很大的差别。各个民族特点、民族性格、风俗习惯以及文化素养等因素差异，使室内装饰设计也有所不同。因此，设计中要有各自不同风格和特点。

1.2 室内设计内容

现代室内设计涉及的面很广，但是设计的主要内容可以归纳为以下三个方面，这三方面的内容，相互之间又有一定的内在联系。

1.2.1 室内空间组织和界面处理

室内设计的空间组织，包括平面布置，首先需要对原有建筑设计的意图充分理解，对建筑物的总体布局、功能分析、人流动向以及结构体系等有深入的了解，在室内设计时对室内空间和平面布置予以完善、调整或再创造。由于现代社会生活的节奏加快，建筑功能发展或变换，也需要对室内空间进行改造或重新组织，这在当前对各类建筑的更新改建任务中是最为常见的。室内空间组织和平面布置，也必然包括对室内空间各界面围合方式的设计。

室内界面处理，是指对室内空间的地面、墙面、隔断、顶面等各界面的使用功能和特点的分析，界面的形状、图形线脚、肌理构成的设计，以及界面和结构的连接构造，界面和水、电等管线设施的协调配合等方面的设计。

室内空间组织和界面处理，是确定室内环境基本形体和线形的设计内容，设计时以物质功能和精神功能为依据，考虑相关的客观环境因素和主观的身心感受。

1.2.2 室内光照、色彩设计和材质选用

室内光照是指室内环境的天然采光和人工照明，光照除了能满足正常的工作生活环境的采光、照明要求外，光照和光影效果还能有效地起到烘托室内环境气氛的作用。

色彩是室内设计中最为生动、最为活跃的因素，室内色彩往往给人们留下室内环境的第一印象。色彩最具表现力，通过人们的视觉感受产生的生理、心理和类似物理的效应，形成丰富的联想、深刻的寓意和象征。

光和色不能分离，除了色光以外，色彩还必须依附于界面、家具、室内织物、绿化等物体。室内色彩设计需要根据建筑物的性格、室内使用性质、工作活动特点、停留时间长短等因素，确定室内主色调，选择适当的色彩配置。

材料质地的选用，是室内设计中直接关系到实用效果和经济效益的重要环节，巧于用材是室内设计中的大学问。饰面材料的选用，同时具有满足使用功能和人们身心感受这两方面的要求，例如坚硬、平整的花岗石地面，平滑、精巧的镜面饰面，轻柔、细软的室内纺织品，以及自然、亲切的本质面材等。

1.2.3 室内家具、陈设、灯具、绿化等的设计和选用

家具、陈设、灯具、绿化等室内设计的内容，相对地可以脱离界面布置于室内空间里，在室内环境中，实用和观赏的作用都极为突出，通常它们都处于视觉中显著的位置，家具还直接与人体相接触，感受距离最为接近。家具、陈设、灯具、绿化等对烘托室内环境气氛，形成室内设计风格等方面起到举足轻重的作用。

室内绿化在现代室内设计中具有不能代替的特殊作用。室内绿化具有改变室内小气候和吸附粉尘的功能，更为主要的是，室内绿化使室内环境生机勃勃，带来自然气息，令人赏心悦目，起到柔化室内人工环境，在高节奏的现代社会生活中具有协调人们心理使之平衡的作用。

1.3 室内设计风格

结合室内家居设计惯例，将室内设计风格主要分为传统风格、现代风格和综合型风格三大类。

1.3.1 传统风格

传统风格是指具有历史文化特色的室内风格，强调历史文化的传承，人文特色的延续。传统风格的室内设计，重点是在室内布置、线型、色调以及家具、陈设的造型等方面，吸取传统装饰“形”、“神”的特征，营造一种传统文化的室内氛围。以复古情怀为主，没有过分亮度的表达，而是更为注重生活的痕迹。

传统风格可分为东方传统风格和西方传统风格。

东方传统风格有中式风格、和式（日本）风格等，如图 1-6 所示。

西方传统风格有意式古典风格、法式古典风格、英式古典风格、德式古典风格、美式古典风格和地中海风格等，如图 1-7 所示。

(a) 中式风格

(b) 和式风格

图 1-6 传统风格

(a) 意式古典风格

(b) 法式古典风格

(c) 美式古典风格

(d) 地中海风格

图 1-7 西方传统风格

1.3.2 现代风格

现代风格即现代主义风格，起源于 1919 年成立的包豪斯（Bauhaus）学派，强调突破旧传统，创造新建筑，重视功能和空间组织，注意发挥结构本身的形式美，造型简洁，反对多余装饰，崇尚合理的构成工艺，尊重材料的性能，讲究材料自身的质地和色彩的配置效果。其中北欧风格、简约主义风格、自然风格、田园风格、前卫风格等都属于这一类型的风格，如图 1-8 所示。

(a) 北欧风格

(b) 简约主义风格

(c) 自然风格

(d) 田园风格

图 1-8　现代风格

1.3.3　综合风格

综合型风格设计是一种新时代的设计理念，在这一设计理念指引下，人们开始对室内设计的综合性、多元化进行实践。综合型设计风格在设计中表现形式多样，设计方法不拘一格，并可以充分地运用古今中外的一切艺术手段进行设计。比如将中国的门窗与西方的建筑结构相组合，把传统屏风与现代化的生活环境相结合。其中新中式风格、新古典风格及雅致风格都属于这一类型的风格，如图 1-9 所示。

(a) 新中式风格

(b) 新古典风格

图 1-9　综合风格

1.4 室内设计制图内容

一套完整的室内装饰工程设计图包括施工图和效果图。

1.4.1 施工图和效果图

室内装饰工程施工图完整、详细地表达了装饰的结构构造、材料及施工工艺技术要求等，它是水电工、木工、油漆工等相关施工人员进行施工的依据，具体指导每个工种、工序的施工。室内装饰工程施工图要求准确、翔实，一般使用 AutoCAD 进行绘制。图 1-10 所示为某住宅施工图中的平面布置图。

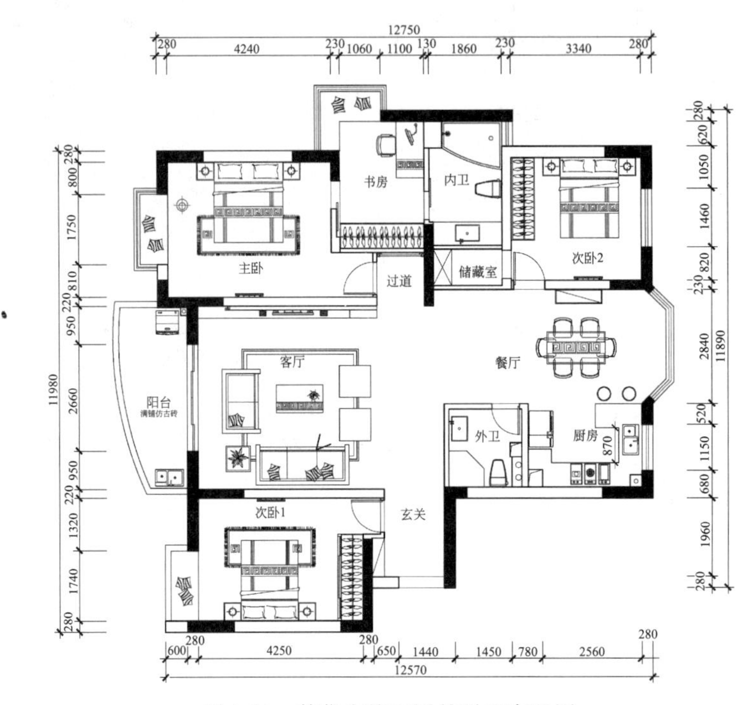

图 1-10 某住宅施工图的平面布置图

效果图是在室内装饰工程施工图的基础上，把装修后的结果用彩色透视图的形式表现出来，以便对装修进行评估，如图 1-11 所示。

室内装饰设计效果图一般使用 3ds Max 和 VRay 插件制作，它根据施工图的设计进行建模、编辑材质、设置灯光和渲染，最终得到一张彩色图像。效果图反映的是装修的造型设计、用材、家具陈设及灯光设计的综合效果，由于是三维透视彩色图像，没有任何装修设计知识的业主也可容易地看懂设计方案，了解最终的装修效果。

1.4.2 施工图的分类

室内装饰设计施工图可以分为平面图、立面图、剖面图及节点详图。

室内设计平面图应反映功能是否合理、人活动路线是否流畅、空间布局是否恰当、空间大小是否适用、家具位置安排是否符合需要、地面材质如何处理、每一空间面积多大、空间的隔离应用何种材料等内容。如何将各类图线、符号、文字标记组合运用，使平面图清晰、明确，充分反映设计者意图，是每位设计师必须掌握的绘图知识。

施工立面图是室内墙面与装饰物的正投影图，它标明了室内的标高，吊顶装修的尺寸及

图 1-11　效果图

层次造型的相互关系尺寸，墙面装饰的式样及材料、位置尺寸，墙面与门、窗、隔断的高度尺寸，墙与顶、地的衔接方式等。

剖面图是将装饰面剖切，以表达结构构成的方式、材料的形式和主要支承构件的相互关系等。剖面图标注有详细尺寸，工艺做法及施工要求。

节点详图是两个以上装饰面的汇交点，按垂直或水平方向切开，以标明装饰面之间的对接方式和固定方法。节点图应详细表现出装饰面连接处的构造，注有详细的尺寸和收口、封边的施工方法。

1.4.3　施工图的组成

一套完整的室内设计施工图包括原始房型图、平面布置图、顶棚图、地材图、电气图、给排水图等。

（1）原始建筑结构图

在经过实地测量之后，设计师需要将测量结果用图纸表示出来，包括房型结构、空间关系、尺寸等，这是室内设计绘制的第一张图，即原始建筑结构图。其他施工图都是在原始建筑结构图的基础上进行绘制的，包括平面布置图、顶棚布置图、地面材料铺装图、电气图、剖立面图、节点详图等。

（2）平面布置图

平面布置图是室内装饰设计施工图纸中的关键图纸。它是在原建筑结构的基础上，根据业主的要求和设计师的设计意图，对室内空间进行详细的功能划分和室内设施定位。

（3）顶棚布置图

顶棚布置图主要用来表示顶棚的造型和灯具的布置，同时也反映了室内空间组合的标高关系和尺寸等。其内容主要包括各种装饰图形、灯具、说明文字、尺寸和标高。有时为了更详细地表示某处的构造和做法，还需要绘制该处的剖面详图。与平面布置图一样，顶棚平面图也是室内装饰设计图中不可缺少的图样。

（4）地面材料铺装图

地面材料铺装图是用来表示地面结构做法的图样，包括地面用材和形式。其形成方法与平面布置图相同，所不同的是地面材料铺装图不需绘制室内家具，只需绘制地面所使用的材料和固定于地面的设备与设施图形。

（5）电气图

电气图主要用来反映室内的配电情况，包括配电箱规格、型号、配置以及照明、插座、开关等线路的敷设方式和安装说明等。

（6）剖立面图

剖立面图是一种与垂直界面平行的正投影图，它能够反映垂直界面的形状、装修做法和垂直界面上的陈设，是一种很重要的图样。立面图所要表达的内容为四个面（左右墙、地面和顶棚）所围合成的垂直界面的轮廓和轮廓里面的内容，包括按正投影原理能够投影到画面上的所有构配件，如门、窗、隔断和窗帘、壁饰、灯具、家具、设备与陈设等。

（7）节点详图

由于室内空间尺度较大，室内平面图、顶棚图、立面图等图样必须采用缩小的比例绘制，一些细节无法表达清楚，需要用节点详图来说明。室内节点详图就是为了清晰地反映设计内容，将室内水平界面或垂直界面进行局部的剖切后，用以表达材料之间的组合、搭接，材料说明等局部结构的剖视图。

第 2 章　制图投影绘制

室内装饰设计工程图样是依据投影原理而形成的，绘制工程图的基本方法是投影法，所有要识读建筑装饰工程图就必须先了解有关投影的基本规律及其成图原理。因此本章节从投影原理出发，来了解投影的规律及成因原理，为今后深入学习室内装饰设计制图奠定必要的基础。

2.1　投影

在日常生活中，我们看到在太阳光照射下，房子、树木、电线杆等物体在地面或墙面上生成它们的影子，如图 2-1 所示。但这些影子是黑黑的一片，只能反映出空间的形体的轮廓，表达不出空间形体的真实面目。而投影则假设物体除棱线（轮廓）外，均为透明；故投影是各表面轮廓线受光线照射的结果，是由线组成的，它是能反映空间形体内部形状的图形，如图 2-2（b）所示。

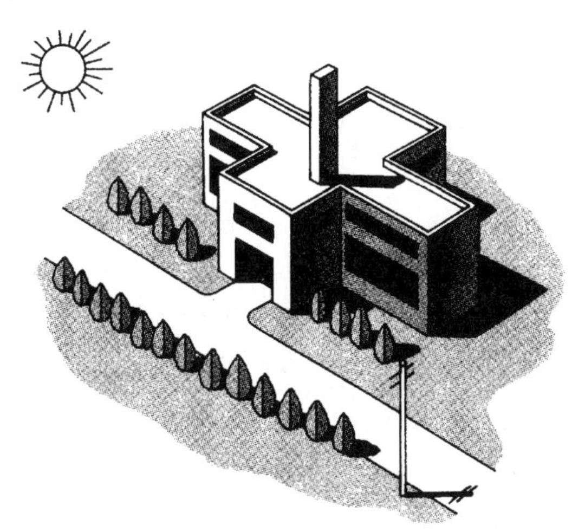

图 2-1　影子

影子和投影的区别是：影子只能反映出形体的轮廓，而不能表达形体的形状；投影不仅能反映出形体的轮廓，而且还可以表达形体的形状，如图 2-2 所示。

2.1.1　投影法

投影法是指在一定的投射条件下，在承影平面上获得与空间几何形体或元素一一对应的图形的过程。如图 2-3 所示，由投射中心 S 作出空间三角形 ABC 在承影平面 P 上的图形 abc 的过程：过投射中心 S 分别作投射线 SA、SB、SC 与承影平面 P 相交，于是得点 A、B、C 的图形点 a、b、c，连接 a、b、c，则三角形 abc 就是空间三角形 ABC 在承影平面 P 上与之对应的图形。我们称这种获得图形的方法为投影法，称所获得的图形为投影，称获得投影的承影平面为投影面。投射线、投影面、物体是实现投影的基本要素。

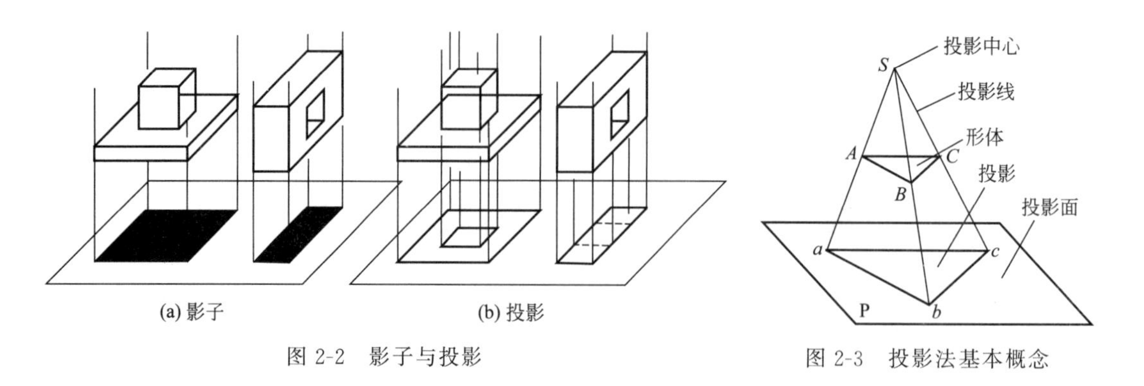

图 2-2 影子与投影

图 2-3 投影法基本概念

2.1.2 投影分类

根据投影三个要素的相互变化，投影可分为中心投影和平行投影两类，如图 2-4 所示。

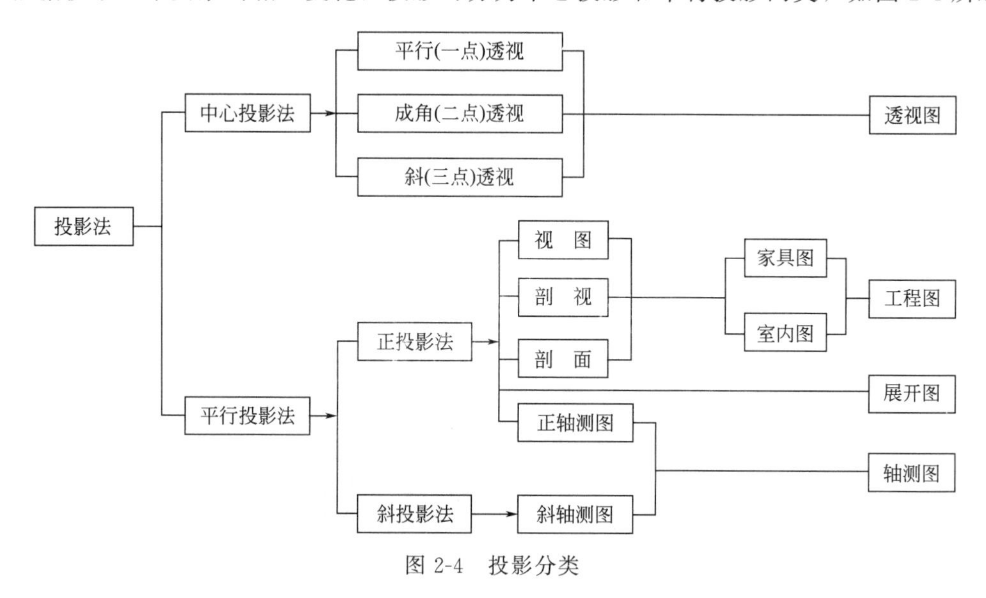

图 2-4 投影分类

(1) 中心投影法

所有投射线都交于投影中心的投影法称为中心投影法，一般用于绘制透视图，如图 2-5 所示。

(2) 正投影法

所有投射线互相平行，且垂直于投影面 P 时的投影方法称为正投影法，如图 2-6 所示。

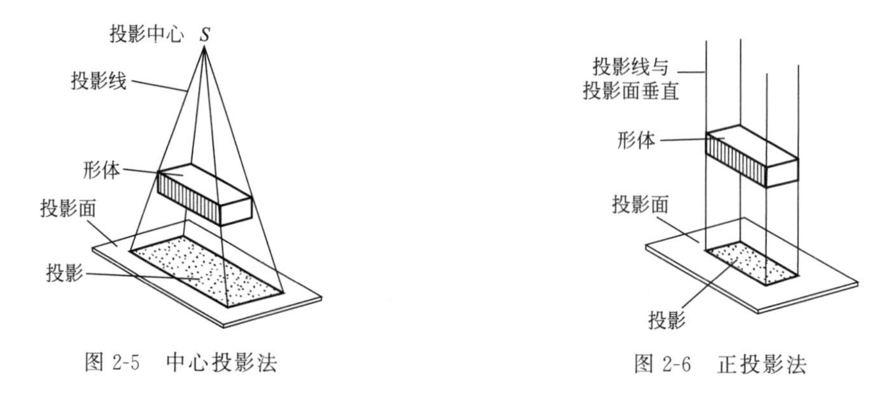

图 2-5 中心投影法

图 2-6 正投影法

正投影法有三种投影特性：类似性、不变性、积聚性，如图 2-7 所示，利用正投影的不变性的特点，能真实地表达空间形体的形状和大小，因此，在室内工程图样的绘制中得到了广泛的应用。

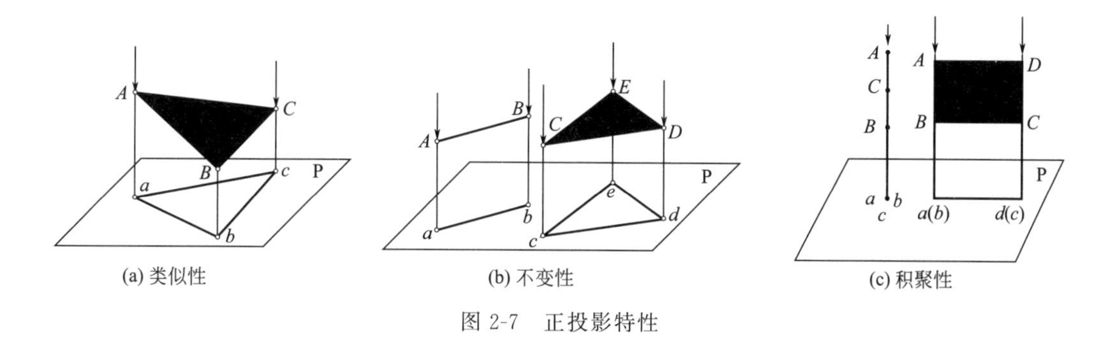

图 2-7　正投影特性

（3）斜投影法

投射线与投影面倾斜的平行投影法称为斜投影法，如图 2-8 所示。斜投影法一般用于轴测图的绘制，能表现出物体的立体形象和尺寸。

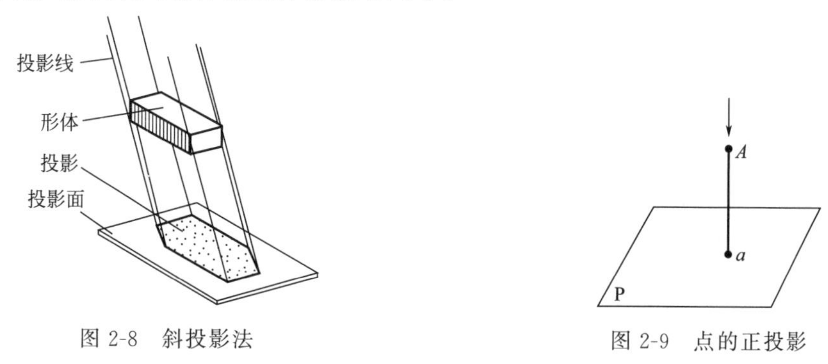

图 2-8　斜投影法

图 2-9　点的正投影

2.1.3　点、直线和平面的正投影

（1）点的正投影

点正投影仍然是点，如图 2-9 所示。

（2）直线的正投影

① 当直线平行于投影面时，其投影仍为真线，并且等于直线的实长，如图 2-10（a）所示。

② 当直线垂直于投影面时，其投影积聚为一点，如图 2-10（b）所示，即为积聚性，同时还产生重影点。直线 AB 垂直于投影面 P，在 P 面上的投影积聚为一点 a（b），即 a 和 b

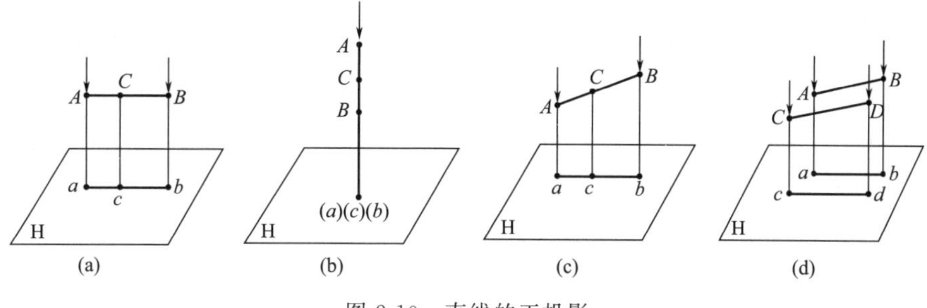

图 2-10　直线的正投影

重影，B 点在 A 点的下方，投影时，B 点被 A 点挡住了，b 称为重影点，用（b）表示。

③ 当直线倾斜于投影面时，其投影仍为直线，但投影的长度缩短了，如图 2-10（c）所示，投影的长度随着倾斜角度的变化而变化，倾斜角度越大，投影长度就越短。

④ 直线上任意一点的正投影，必在该直线的投影上，如图 2-10（a）、（c）所示。

⑤ 投影后，直线上任意两线段的长度之比保持不变，这种关系称为定比关系，如图 2-10（a）、（c）所示，即 $ac : ab = AC : AB$。

⑥ 平行直线的投影仍然保持平行，如图 2-10（d）所示，$AB \parallel CD$，则 $ab \parallel cd$。

⑦ 投影后，平行线段长度之比保持不变，如图 2-10（d）所示，$AB : CD = ab : cd$。

（3）平面的正投影

① 当平面平行于投影面时，其投影反映平面实形，它的形状和大小都保持不变，如图 2-11（a）所示。

② 当平面垂直于投影面时，其投影积聚为一条直线，如图 2-11（b）所示。

③ 当平面倾斜于投影面时，其投影会变形，面积也缩小了。倾斜夹角越大，它的投影变形就越大，投影面积也越小，如图 2-11（c）所示。

④ 平面上的点和直线，其投影必在该平面的投影上，如图 2-11（d）所示。

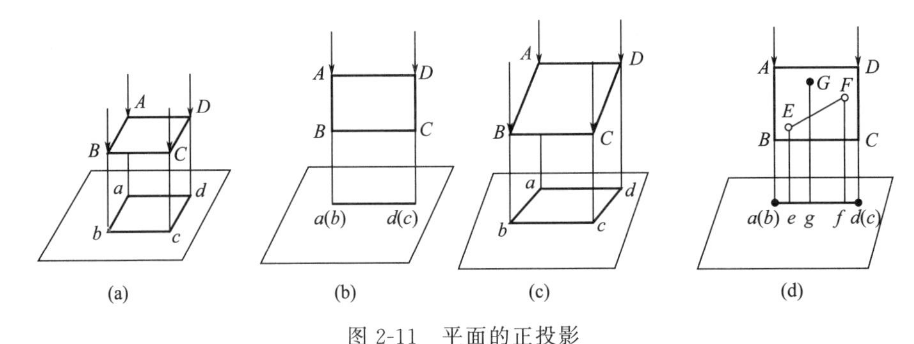

图 2-11 平面的正投影

2.2 三视图

2.2.1 三视图的形成

如图 2-12 所示，两个不同形状的物体，在同一投影面上的投影却是相同的。这说明在正投影法中，物体的一个视图不能反映出其真实形态，因此，工程图中采用多面正投影来表达物体，多面正投影图又称为视图，基本的表达方法是三视图。

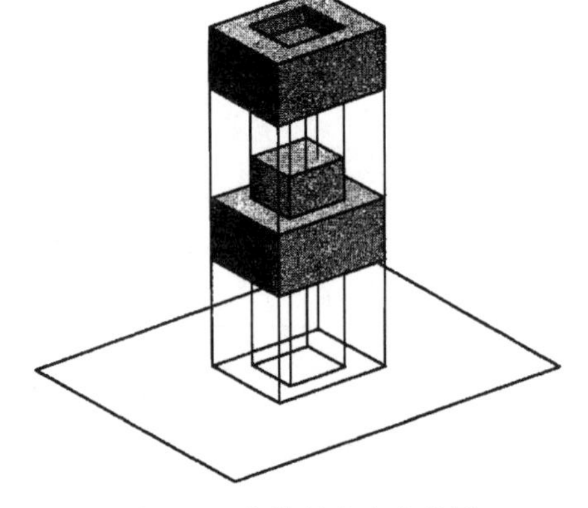

图 2-12 物体单个方向投影

图 2-13 所示是三投影面体系。三个投影面中，位于水平位置的投影面 P 称为水平投影面，简称平面，标记为“H”；在观察者正前方的投影面称为正立投影面，简称正面，标记为“V”；位于观察者右方的投影面称为侧立投影面，简称侧面，标记为“W”。这三个投影面两两相交，得三条相互垂直的交线 OX、OY、OZ 称为投影轴。三条投影轴的交点 O 称为原点。

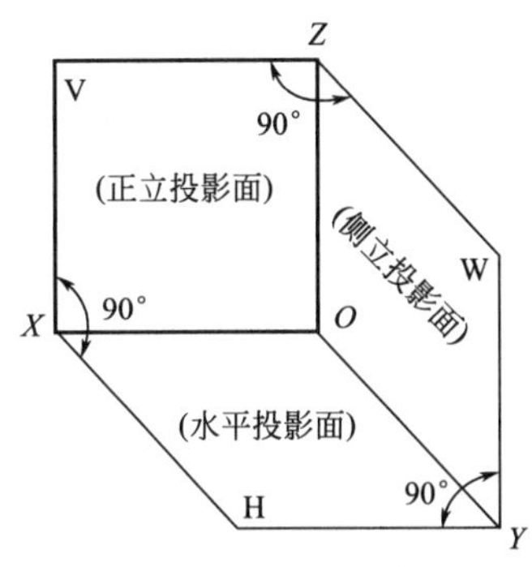

图 2-13 三面投影体系

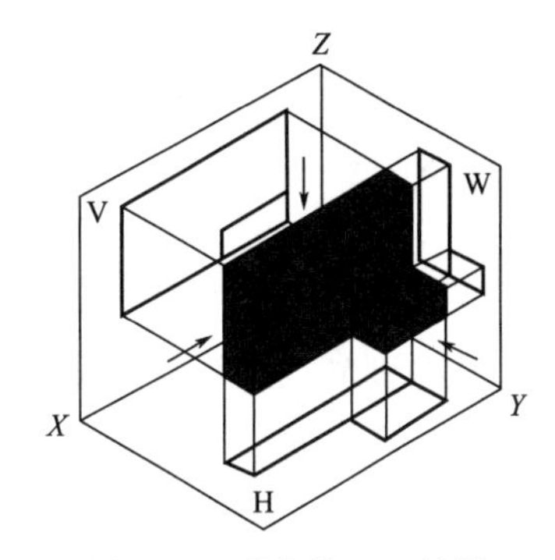

图 2-14 形体的三面投影

在三个体系中放置一个物体，使形体的三个主要表面分别平行于三个投影面，然后将形体向各个投影面进行投射，即可得到三个方向的正投影图，称三视图，如图 2-14 所示。

三视图说明如下。

① 主视图 又称正立面图，从形体的前方向后方投射，在 V 面上得到的视图。

② 俯视图 又称平面图，从形体的上方向下方投射，在 H 面上得到的视图。

③ 左视图 又称侧立面图，从形体的左方向右方投射，在 W 面上得到的视图。

2.2.2 三视图的展开

要把三个视图画在一张图纸上，就必须把三个投影面按规则展开成一个平面，其方法如图 2-15 所示，正面 V 保持不动，将 H 面与 W 面沿 OY 轴分开，H 面绕 OX 轴向下旋转 90°，W 面绕 OZ 轴向右旋转 90°，使三个投影面展开在同一平面上。这时 OY 轴分为两条，随 H 面的部分标记为 OY_H，随 W 面的部分标记为 OY_W。

展开后三视图的排列位置是：H 面投影在 V 面投影的下方，W 面投影在 V 投影的右方，三个视图位置不发生改变，如图 2-16 所示。

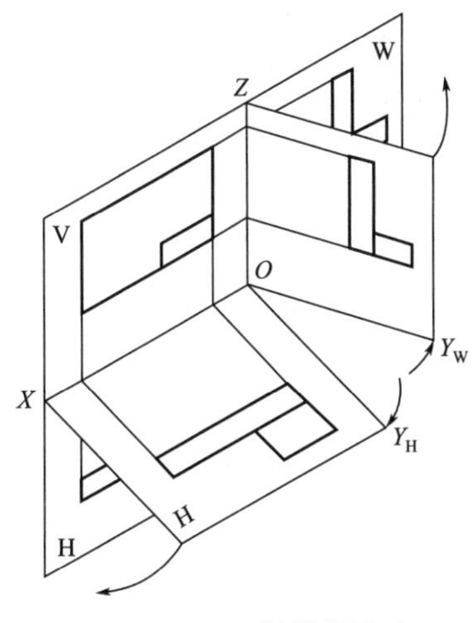

图 2-15 三面投影的展开

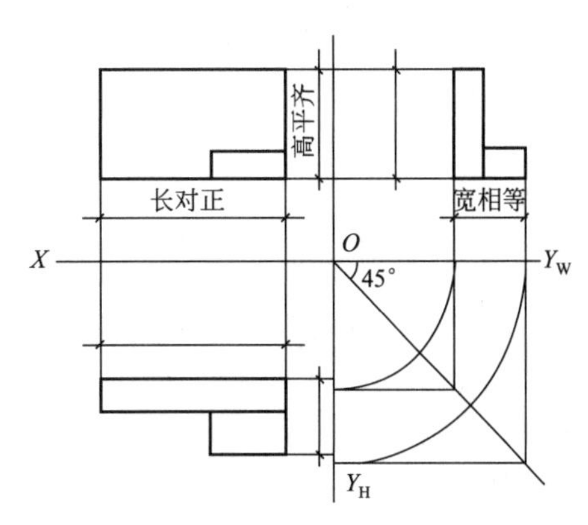

图 2-16 三面投影的“三等”关系

从图 2-15 和图 2-16 看出，每个视图都表示形体的四个方位和两个方向。

V 面投影反映了形体上下、左右的相互关系，即形体的高度和长度。

H 面投影反映了形体左右、前后的相互关系，即形体的长度和宽度。

W 面投影反映了形体上下、前后的相互关系，即形体的高度和宽度。

注意：H 面投影和 W 面投影中，远离 V 面投影的一边是形体的前面，靠近 V 面投影的一边是形体的后面。

三视图的投影规律为：

H 面投影和 V 面投影——长对正；

W 面投影和 V 面投影——高平齐；

H 面投影和 W 面投影——宽相等。

2.2.3 几何体的三视图

家具、室内装饰造型，都是由各种简单的几何体按一定的方式组合而成的。通过几何体三视图的分析，使我们进一步掌握三视图的特性和绘图方法，为复杂的室内装饰设计工程制图打好基础。

（1）棱锥体的三视图

棱锥的特点是底面为多边形，侧棱为三角形，侧棱都交于一点。四棱锥由五个面围成，底面平行于 H 面，左右侧面均为三角形，四侧棱汇交与一点。把其置于三投影面体系中，使底面平行于 H 面，左右侧面垂直于 V 面，前后侧面垂直于 W 面，如图 2-17（a）所示。

画图时，一般先画反映棱锥底面实形的特征投影，然后再根据投影关系和锥高画出其他投影，四棱锥三视图的作图步骤如图 2-17（b）所示。

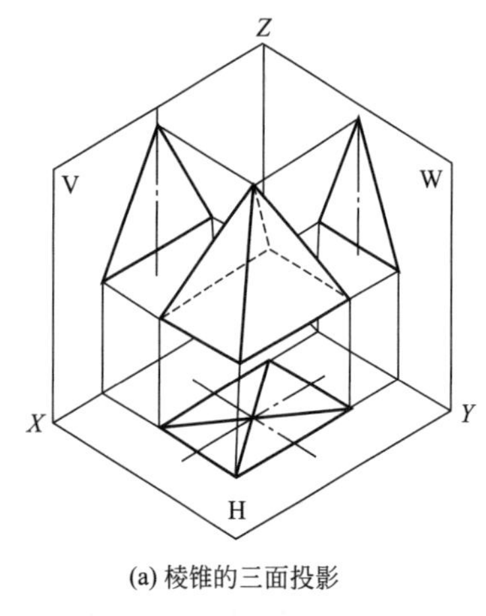

(a) 棱锥的三面投影

(b) 棱锥三视图

图 2-17 棱锥体三视图

（2）棱台体的三视图

棱台的形体特点是两个底面为大小不同、相互平行且形状相似的多边形，各侧面均为等腰梯形，如图 2-18（a）所示。其画法与步骤同四棱锥，画每个视图都应先画上、下底边，然后画出各侧棱。

立方体、棱柱体与棱锥体、棱台体的画图、读图方法类似，读者可自行分析。

（3）圆柱的三视图

圆柱体是曲面立体，它的形体特点是由三个面围成，其中一个是柱面，两个底面是平行且全等的圆，轴线与底面垂直并通过圆心，柱面上的素线与轴线平行，如图 2-19（a）所示。

画圆柱的三视图时，应先画出轴线，再画反映底面实形的特征投影图。而后根据投影关系和柱高画出其他投影，圆柱三视图的画图步骤如图 2-19（b）所示。

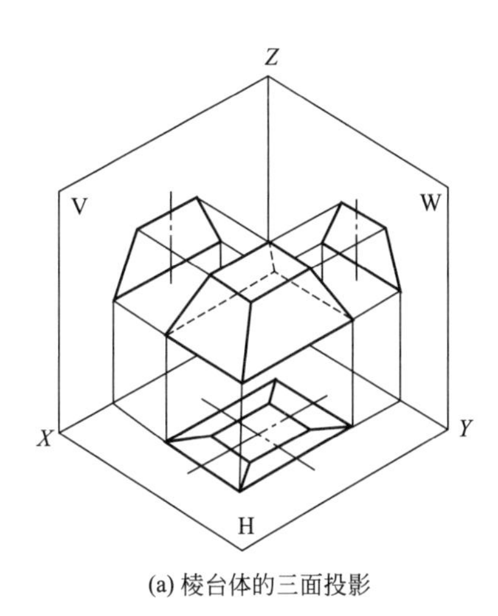

(a) 棱台体的三面投影

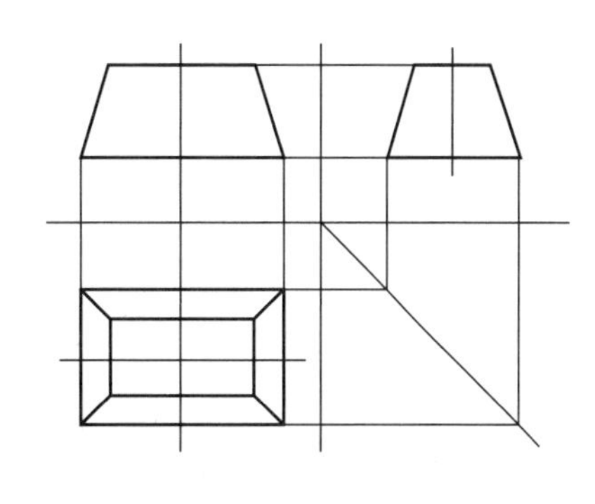

(b) 棱台体三视图

图 2-18 棱台体三视图

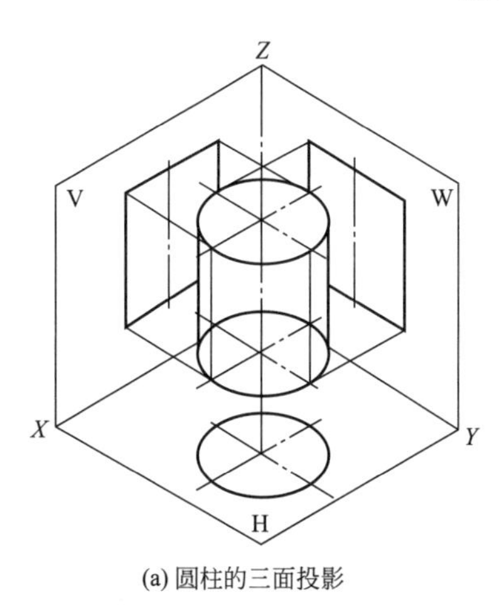

(a) 圆柱的三面投影

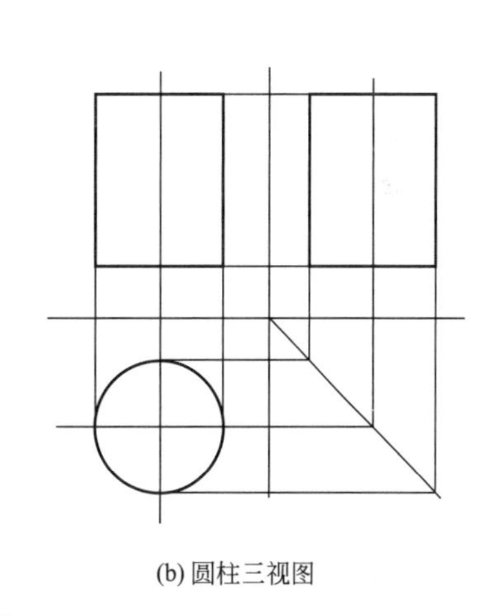

(b) 圆柱三视图

图 2-19 圆柱三视图

球体、圆锥体、环的画图、读图方法与圆柱体类似，读者可自行分析。

2.2.4 课桌三视图绘制实务

(1) 课桌三视图绘制

① 测量课桌的具体尺寸（绘制一张标有尺寸的草图），手绘。

② 根据尺寸用正投影法绘制课桌的正面投影图（即立面图），手绘。

③ 根据正面投影图和课桌深度尺寸绘制水平投影图（即平面图），手绘。

(2) 制图工具

1）图板、丁字尺三角板　图板、丁字尺如图 2-20 所示，三角板如图 2-21 所示。

2）圆规、分规　圆规是用来画圆的，针尖要稍长于铅笔尖，铅笔尖要磨成 75 °斜形。画图时要顺时针方向旋转，规身稍向前倾，如图 2-22 所示。

分规是用来量取线段［如图 2-23（a）所示］或等分线段的［如图 2-23（b）所示］。其两针尖合拢时应合于一点。

3）比例尺、曲线板、制图模板　比例尺，因其通常为三棱柱形，又被称为三棱尺，尺身刻有不同的比例尺度，且以 m 为单位，如 1∶100、1∶200 等，主要用于放大或缩小实际尺寸。绘制室内设计图样时，当确定某一比例时，不用另行计算，就可以用比例尺直接进行

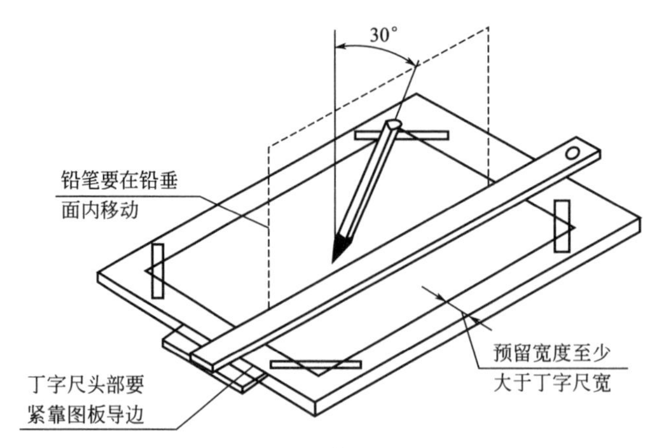

图 2-20　图板与丁字尺用法

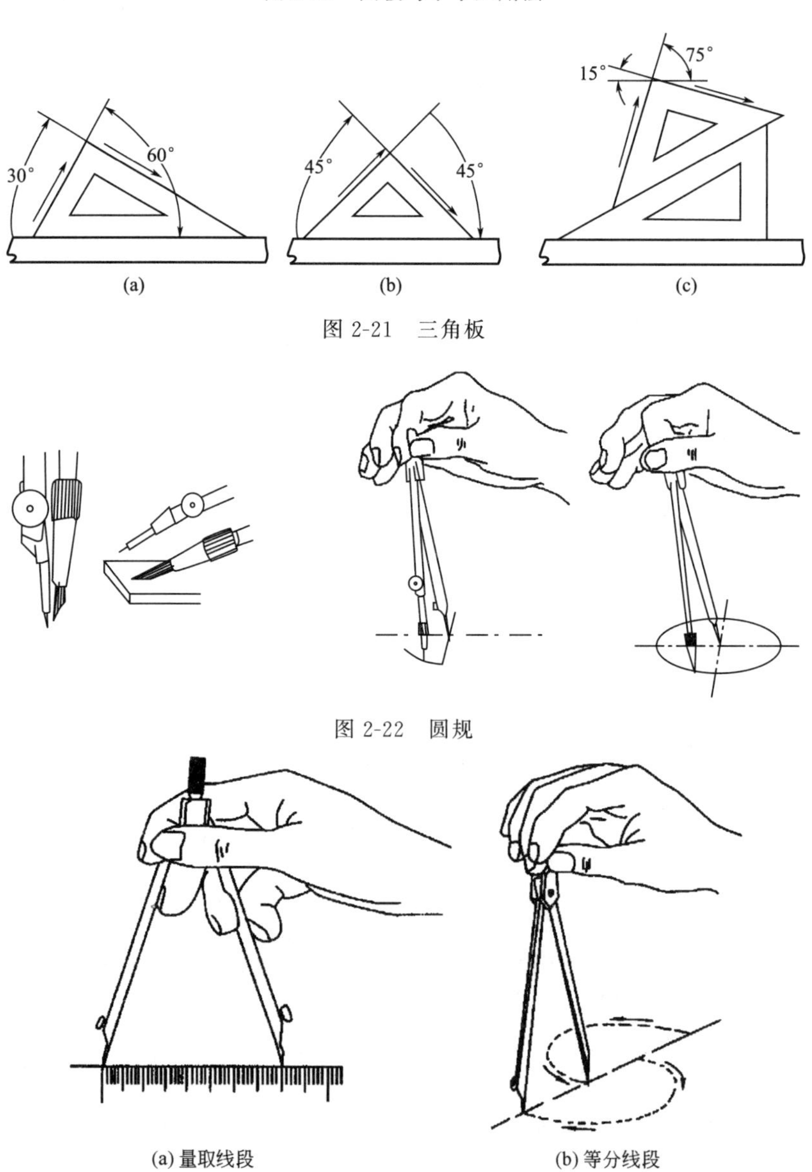

图 2-21　三角板

图 2-22　圆规

图 2-23　分规

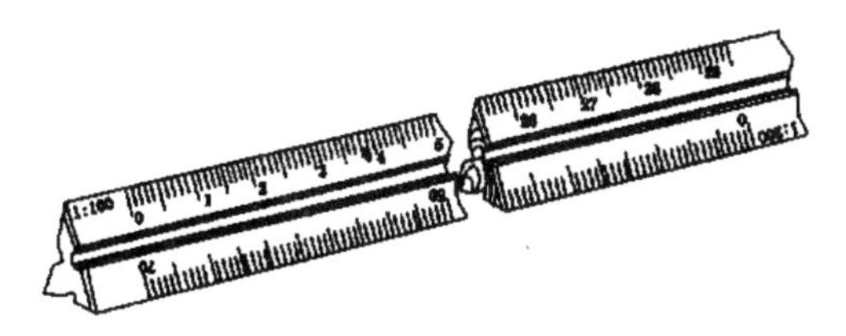

图 2-24　比例尺

截取或读取某一线段的长度，如图 2-24 所示。

曲线板是用来画非圆曲线的，其形状很多，比较常用的一种如图 2-25 所示。

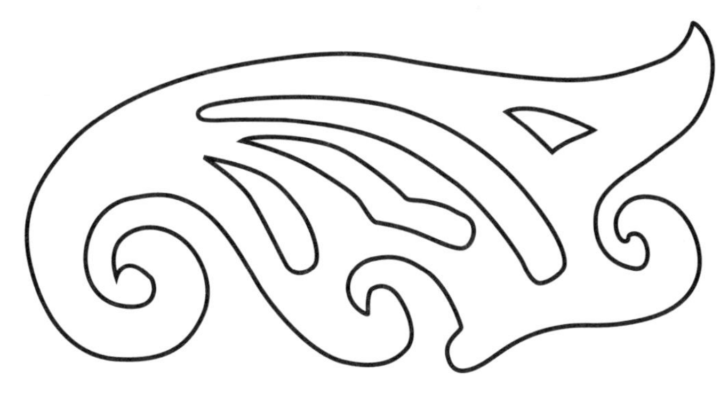

图 2-25　曲线板

制图模板主要是用来画各种标准图例和常用符号的。模板上刻有用以画出各种不同图例或符号的孔，如图 2-26 所示，其大小符合一定的比例，只要用笔在孔内画一周即可完成。

4）铅笔、针管笔（0.5$^{\#}$/0.3$^{\#}$/0.18$^{\#}$）　绘图铅笔的铅芯有软硬之分，分别以 B 和 H 来表示，B 表示软铅，其前面的数字越大，表示铅芯越软，如 2B、3B、4B……依次变软；H 表示硬铅，其前面的数字越大，表示铅芯越硬，如 2H、3H、4H……依次变硬；HB 则表示铅芯软硬适中。根据图样线型的不同，来选用软硬不同的铅笔。

针管笔是专为绘制墨线图而设计的绘图工具。针管笔的笔尖由针管、重针和连接件组成，如图 2-27 所示，针管管径的粗细决定所绘线条的粗细。

(3) 绘图步骤与方法

掌握正确的绘图方法与步骤，有助于提高绘图质量和绘图速度。实际绘图，无论是仪器绘图还是徒手绘图，其方法与步骤会因绘图内容与绘图者的习惯不同，而有所区别，这里仅介绍一般的绘图方法与步骤，以做参考。

① 准备工作：整理工作场地，准备好并擦拭干净所有的绘图仪器和工具，根据欲绘家具或室内设计图样，选择幅面合适的绘图板和图纸，固定好图纸。

② 图面布局：选择合适的比例，确定图形大小，并依此，将各视图合理布置于图纸上，并考虑图框、标题栏、尺寸标注等。

③ 画底稿：一般用较硬的 H 或 2H 铅笔来轻画底稿线，各类图线应分明。

④ 描深底稿：根据图纸实际要求，可采用铅笔（HB 或 B）或针管笔进行加深描图。描图时，应做到线型正确、粗细分明、连接光滑、图面整洁。用丁字尺、三角板等工具进行描线时，宜按照先上后下、先左后右的顺序进行；加深各类线型时，宜按照先细后粗、先曲后直的顺序进行。

⑤ 绘制尺寸标注、标题栏、撰写文字注释等。

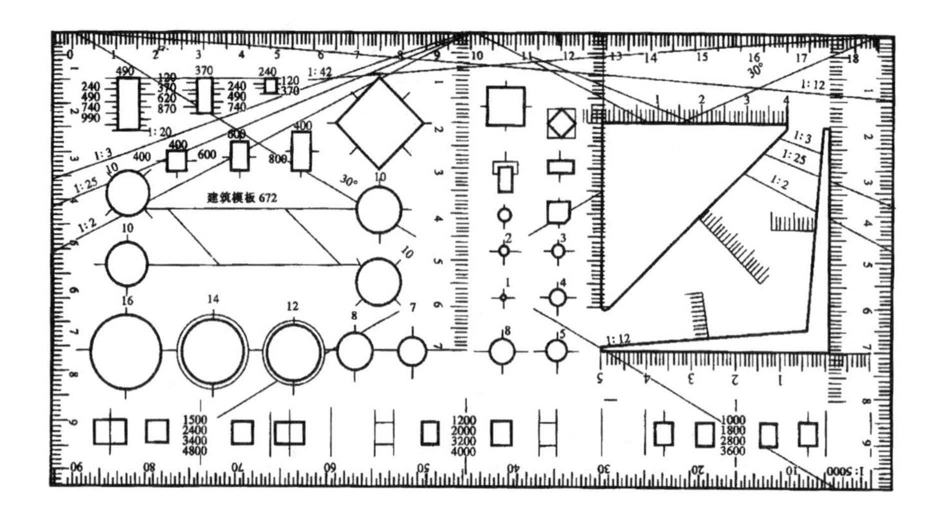

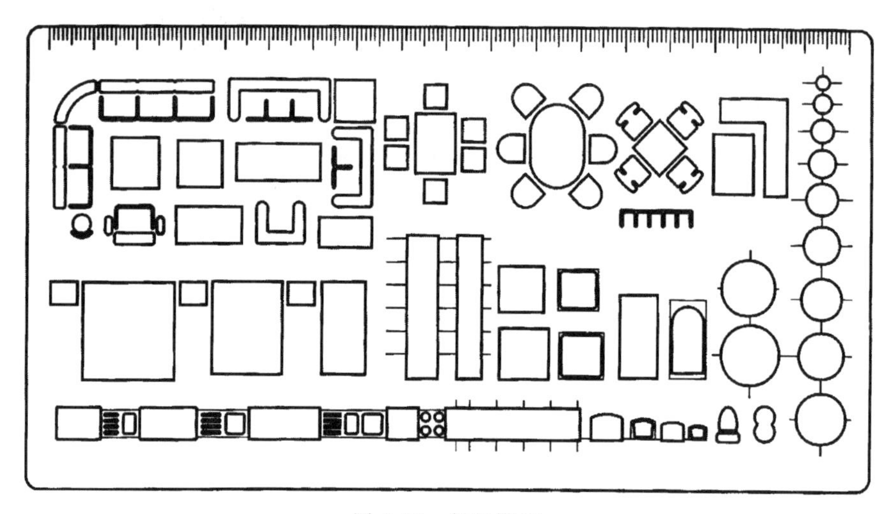

图 2-26 制图模板

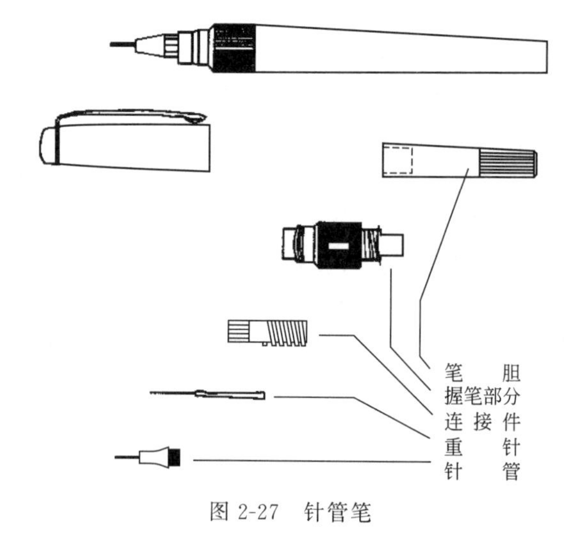

图 2-27 针管笔

⑥ 修饰校对图样，完成全图。

2.3 剖视图

2.3.1 剖视图的概念与画法

对于复杂的形体，光靠视图无法完全表达形体的内外结构。由于室内装饰结构比较复杂，视图中往往有较多的虚线，使画面虚实线交错，混淆不清给识图带来不便，如图 2-28 所示。

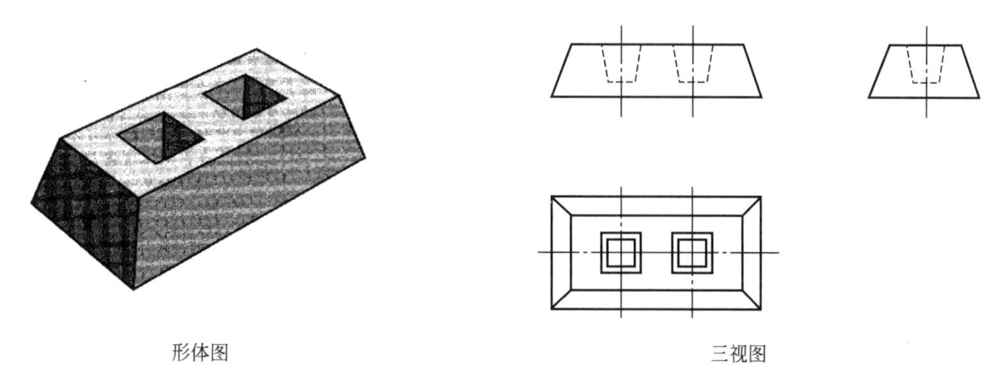

图 2-28　物体形体图与其三视图

（1）剖视图的概念

为了清楚地表达形体的内部结构，我们假想用一个平面将其对称剖开，这个平面为剖切面，这个剖切面可以是水平剖切或垂直剖切面，将处于观察者与剖切面之间的部分形体移去，把留下来的部分形体向投影面投影，所得到的图形称为剖视图，如图 2-29 所示。

（2）剖视图的画法

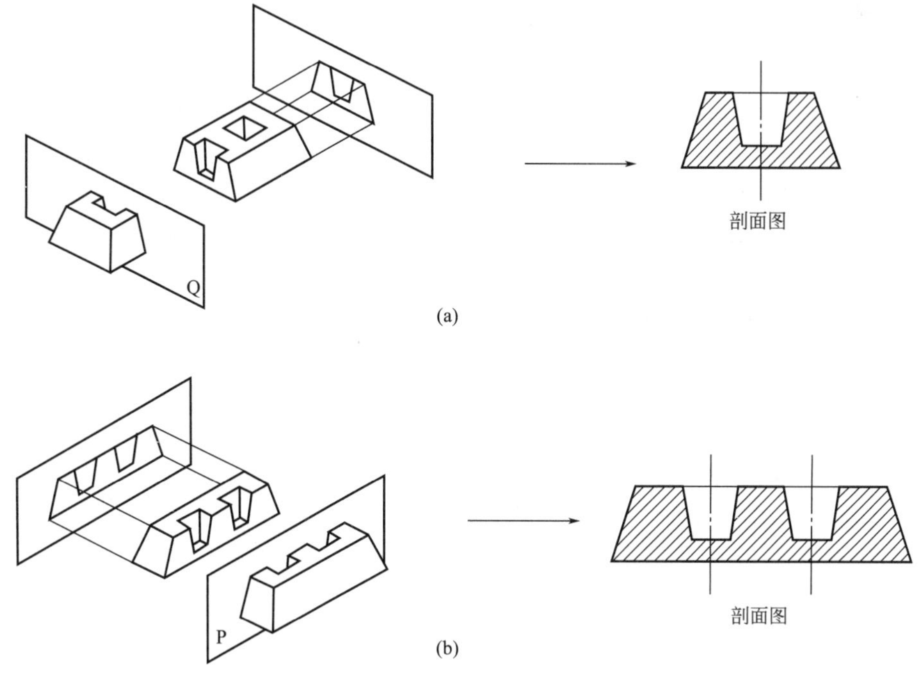

图 2-29　剖面图

画剖视图时，必须掌握以下方法和步骤。

① 为了表达形体内部结构的清晰，尽量使剖切面通过形体的对称面或主要轴线，以及形体上的孔、洞、槽等结构的轴线或对称中心线剖切，剖切平面为基础的前后对称面，如图2-30所示为剖切平面通过基础杯口的中心线所得剖面图。

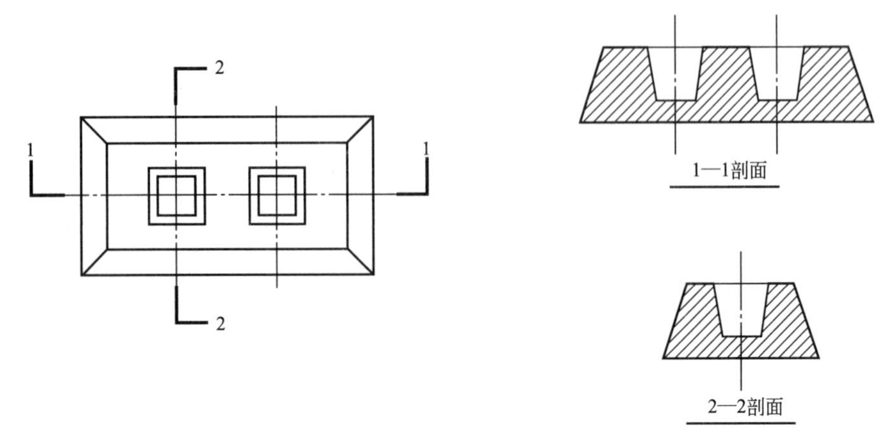

图 2-30 不同位置剖面图

② 将处于观察者与剖切面之间的部分移去后，画出余下部分在V面的投影；必须注意剖切面之后部分的所有可见轮廓线的投影，不要漏线；

③ 在剖面区域内画出剖面符号。

（3）剖视图的标注

1）剖面图的剖切符号　剖面图的剖切符号由剖切位置线和剖视方向线组成，用粗实线绘制，剖切位置线长为6～10mm；方向线表明剖面图的投射方向，画在剖切位置线的两端同一侧且与其垂直，长度为4～6mm，如图2-31所示。绘图时，剖切符号应画在与剖面图有明显联系的视图上，且不宜与图面上的图线相接触。

2）剖切符号的编号及视图名称　剖切符号的编号，宜采用阿拉伯数字，按顺序由左至右、由下至上连续编排，并注写在剖视方向线的端部，如图2-31所示。剖面图的图名以剖切符号的编号命名，如剖切符号编号为“1”，则相应的剖面图命名为“1—1剖面图”，也可简称作“1—1”，其他剖面图的图名，也应同样依次命名和标注。图名一般标注在剖面图的下方或一侧，并在图名下绘一与图名长度相等的粗横线，如图2-32所示。

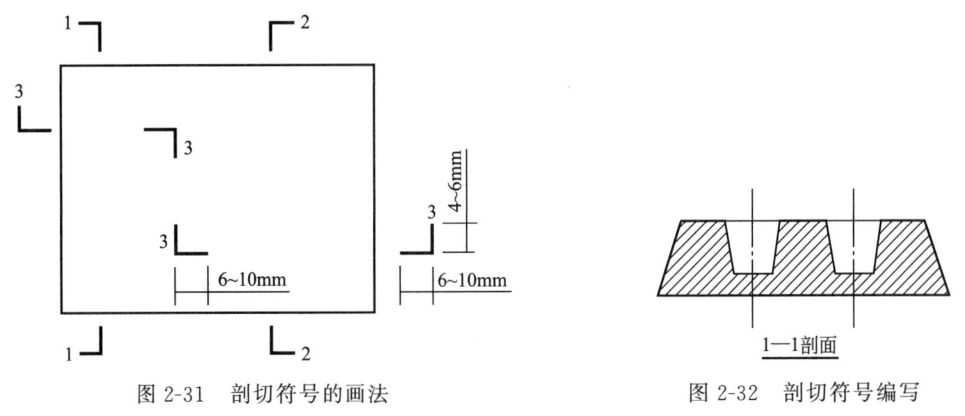

图 2-31 剖切符号的画法　　图 2-32 剖切符号编写

(4) 画剖视图应注意的问题

① 剖切面是假想的，只在画剖视图时才假想将形体切去一部分，事实上物体并未被剖开，也未被移走一部分，因此在某视图经剖切后，其他视图不受影响，仍按完整的物体画出，如图 2-30 所示。

② 在剖视或视图上已表达清楚的结构形状，在其他剖视或视图上此部分结构的投影若为虚线时，该虚线不应画出，对于没有表达清楚的结构形状，应继续剖视。

③ 剖视图配置一般按投影关系配置。剖视图可代替原有的基本视图，如图 2-30 所示。当剖视图按投影关系配置，且剖切平面为形体对称面时，可全部省略标注。必要时也允许配置在其他适宜位置，此时不可省略标注。

(5) 剖视图在室内装饰工程中的运用

设想一个垂直平面将室内空间结构切开，移去剖切面与观察者之间的部分，将剩余剖分向投影面投影，所得的剖切视图，如图 2-33 和图 2-34 所示。

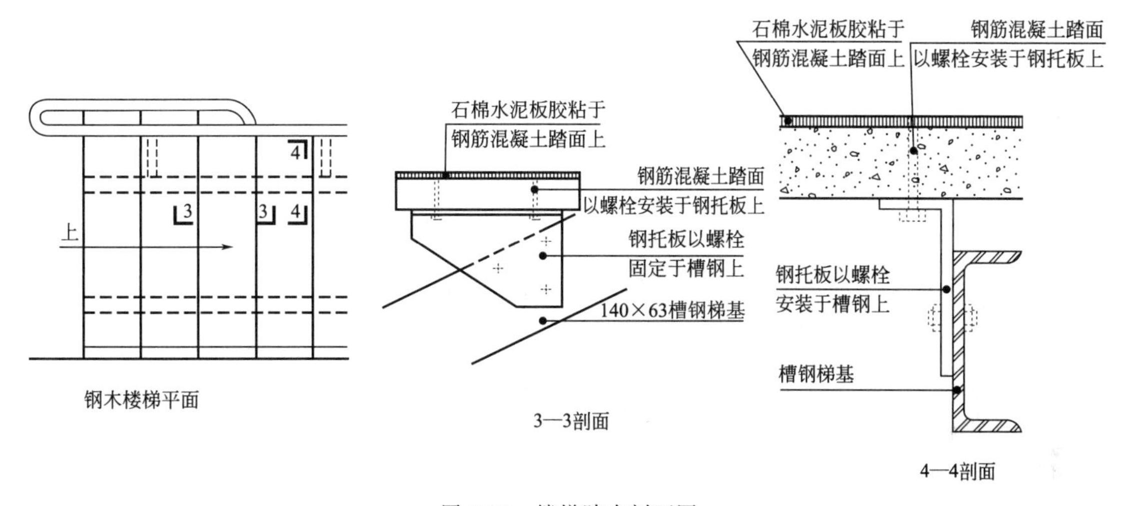

图 2-33 楼梯踏步剖面图

2.3.2 全剖视图

剖视图分为全剖视图、半剖视图和局部剖视图三类。用剖切面完全地剖开物体所得的剖视图称为全剖视图，如图 2-35 所示。

(1) 单一剖切面剖切

用一个剖切面将产品构件完全地剖开获得全剖视图。

单一剖切面剖切的全剖视图的适用范围：从上述图 2-35 看出，当产品的外形较简单、内部较复杂而图形又不对称时，常采用这种剖视。但外形简单而又对称的产品，为了使剖开后图形清晰、便于标注尺寸，也可以采用这种剖视，如图 2-36 所示。

(2) 几个平行的剖切平面剖切

用两个平行于 H 面的剖切平面分别沿柜子的上部和下部完全地剖开，并向 H 面投射，得到如图 2-37 所示。这种用两个或两个以上互相平行的剖切平面剖切物体获得的全剖视图的方法又称阶梯剖视。

2.3.3 半剖视图

物体具有对称平面，向垂直于对称平面的投影面上投射所得的图形，利用对称特点，一

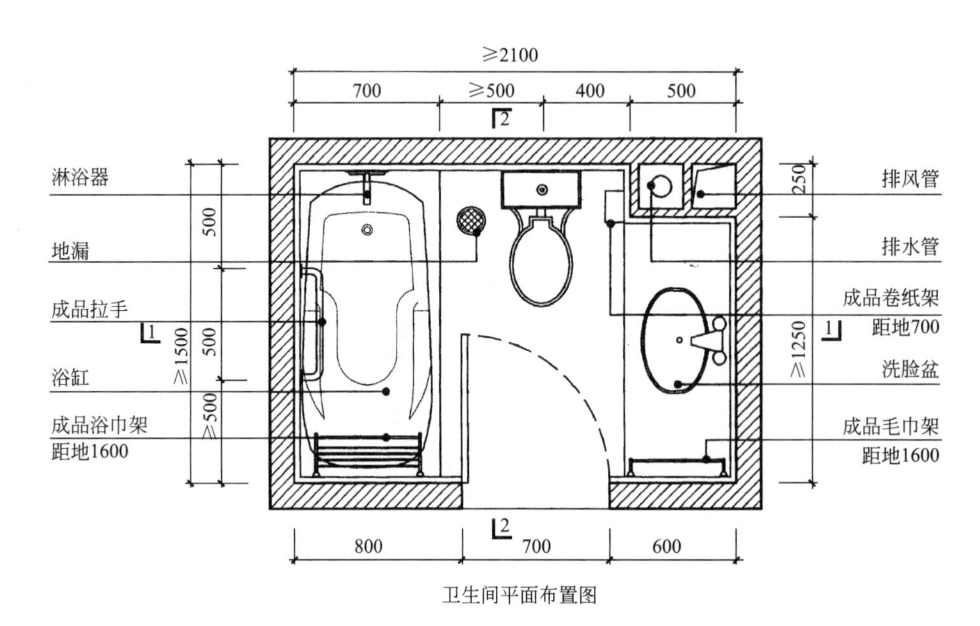

卫生间平面布置图

1—1剖立面 2—2剖立面

图 2-34 室内装饰工程剖、立面图

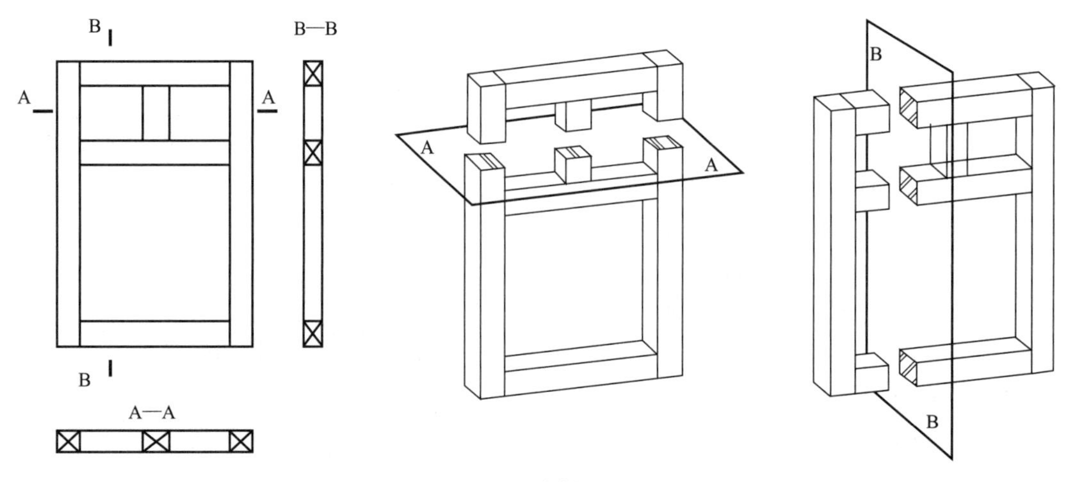

图 2-35 全剖视图

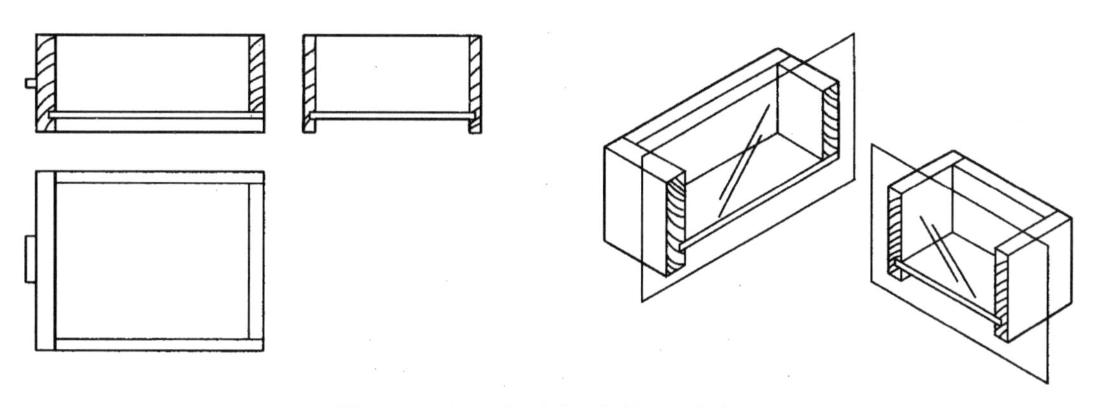

图 2-36　用全剖视图表示简单对称的产品

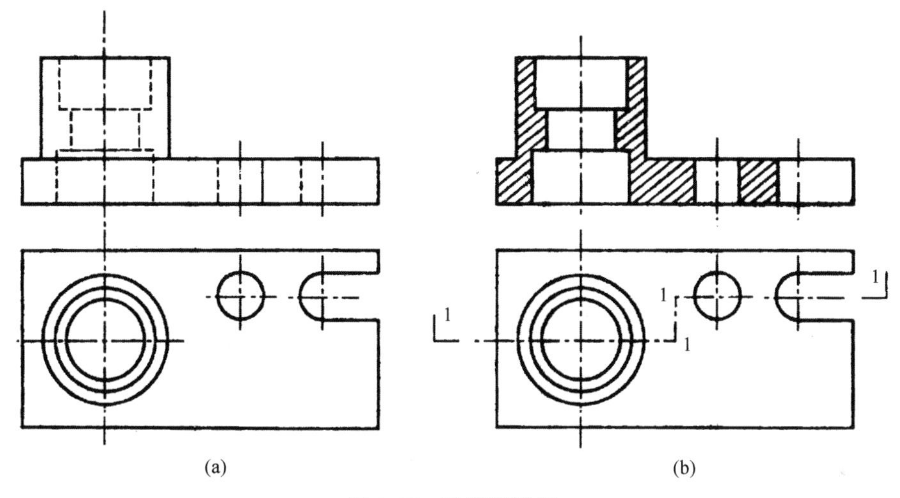

图 2-37　阶梯剖视图

半画成剖视图，另一半画成视图，这种剖视图称为半剖视图。同样，产品的俯视图左右也是对称的，也可以用半剖视图表示，如图 2-38 所示。

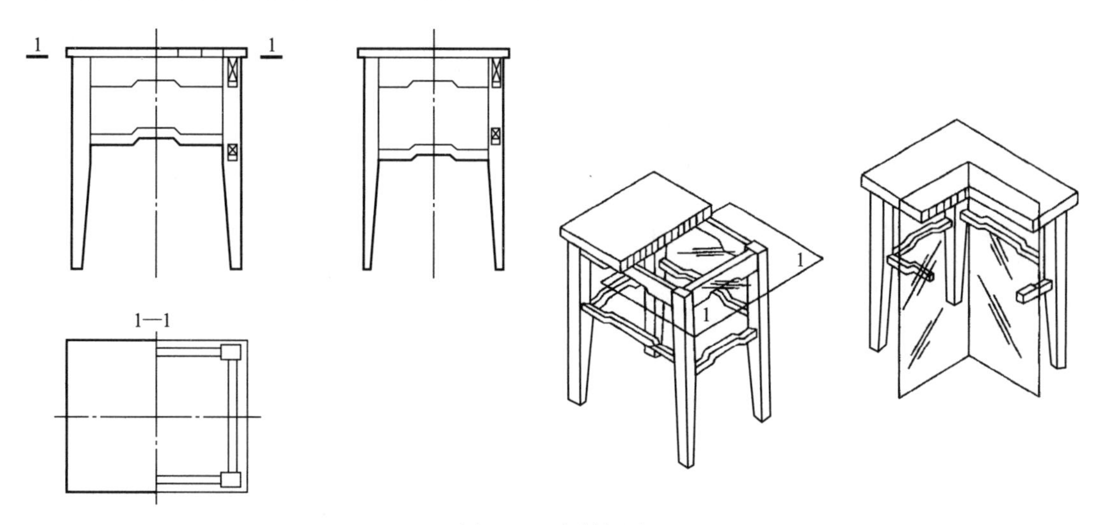

图 2-38　半剖视图

2.3.4 课桌剖视图绘制实务

(1) 绘制课桌剖视图

根据测量课桌所得的具体尺寸绘制课桌两个方向的剖视图，手绘。

(2) 制图工具

参照 2.2.4 小节。

(3) 绘图步骤与方法

参照 2.2.4 小节。

第3章　室内设计制图基本规范

要绘制正确的室内装饰工程图，就必须要掌握室内装饰工程制图的一些基本知识，室内装饰设计制图尚无国家标准，本章节中的室内装饰设计制图规范是在建筑设计制图的基础上结合室内设计行业中的绘图习惯编制出来的，其中部分内容如“图标符号”、“图号”、“立面索引号”等，是给学生或是绘图者提供参考，绘图者可以根据各个地域或是设计团体的绘图习惯有所改动。

3.1　图纸的幅面规格

(1) 图纸幅面

图纸的幅面是指图纸的大小规格，简称图幅。标准的图纸以A0号图纸841mm×1189mm为幅面基准，通过对折共分为5种规格，如图3-1所示，A1号图幅是A0号图幅的对折，A2号图幅是A1号图幅对折，其余依此类推，上一号图的短边即为下一号图幅的长边。

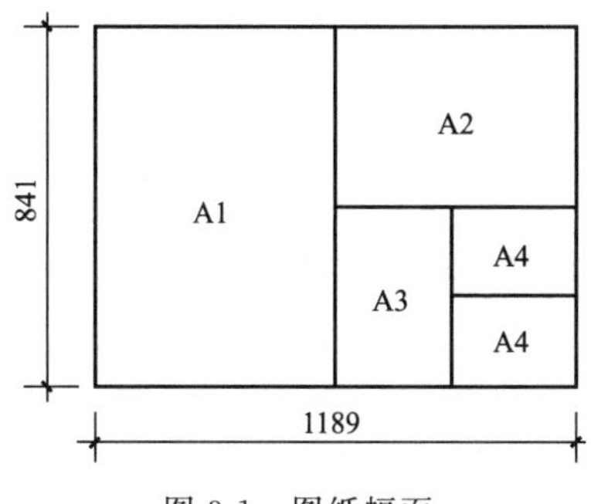

图3-1　图纸幅面

为了使图纸整齐，便于装订和管理，图纸的大小规格应力求统一。室内装饰工程图纸应符合图3-2～图3-5所示的格式及表3-1的规定。

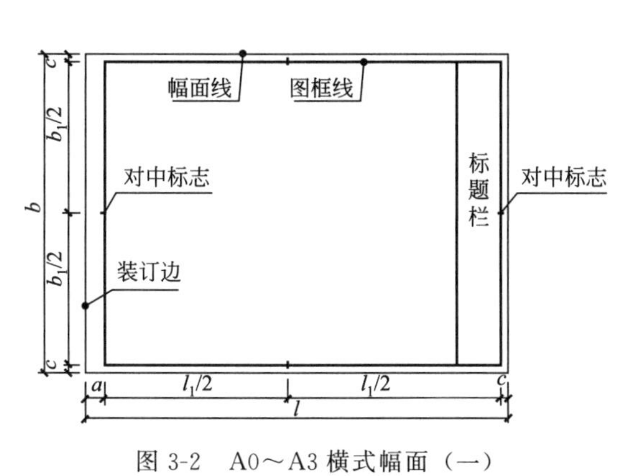

图3-2　A0～A3横式幅面（一）

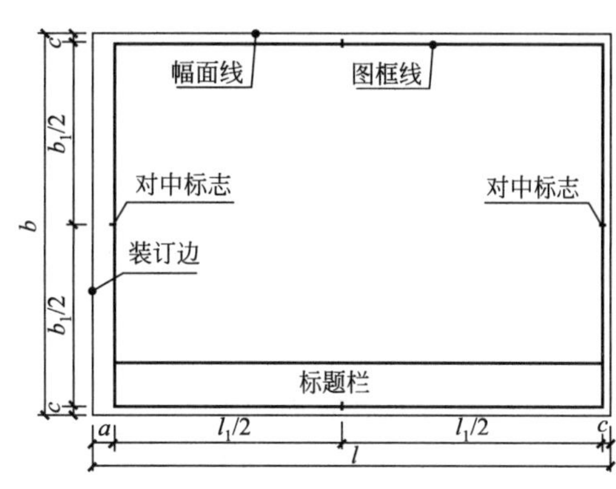

图3-3　A0～A3横式幅面（二）

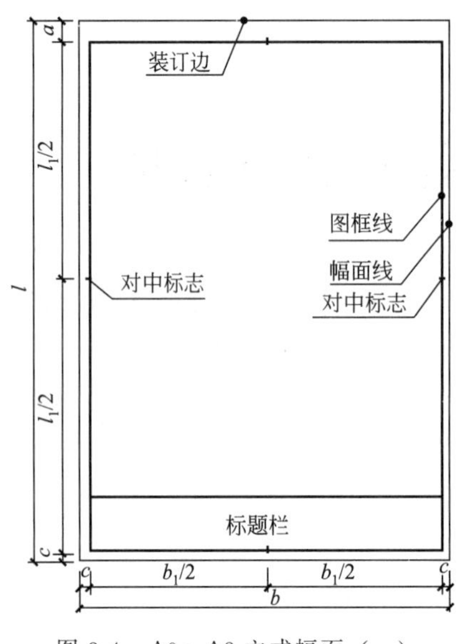

图 3-4 A0～A3 立式幅面（一）

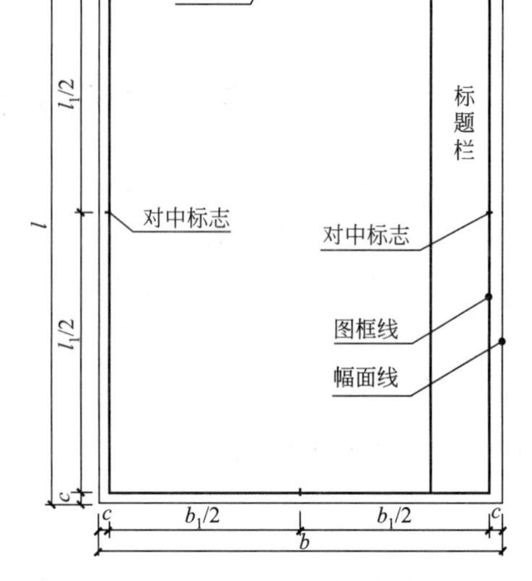

图 3-5 A0～A3 立式幅面（二）

表 3-1 幅面及图框尺寸 单位：mm

尺寸代号	幅面代号				
	A0	A1	A2	A3	A4
$b \times l$	841×1189	594×841	420×594	297×420	210×297
c	10			5	
a	25				

图纸以短边作为垂直边，称为横式，以短边作水平边，称为立式。一般 A0～A3 图纸宜用横式，必要时也可用立式，A4 图幅只立式使用。

一个工程设计中，每个专业所使用的图纸，不宜多于两种幅面，不含目录及表格所采用的 A4 幅面。

图纸的短边一般不应加长，长边可加长，如图 3-6 所示，但应符合表 3-2 的规定，A4 图纸一般不加长。

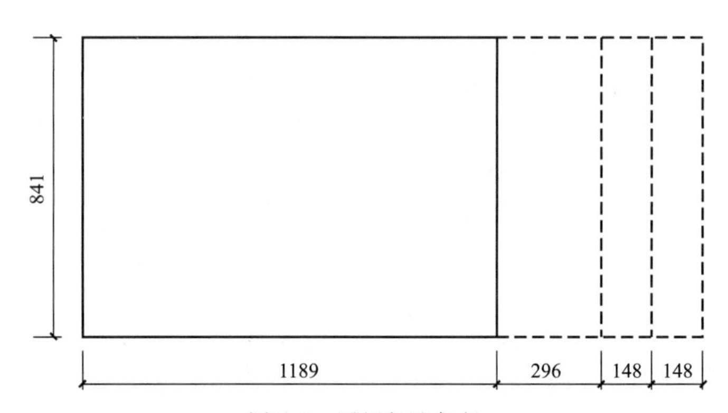

图 3-6 图纸长边加长

表 3-2　图纸长边加长尺寸　　单位：mm

幅面代号	长边尺寸	长边加长尺寸
A 0	1189	1486、1635、1783、1932、2080、2230、2378
A 1	841	1051、1261、1471、1682、1892、2102
A 2	594	743、891、1041、1189、1338、1486、1635、1783、1932
A 3	420	630、841、1051、1261、1471、1682、1892

（2）图框

图框是指界定图纸内容的线框，以标志图纸中的绘图范围，具体尺寸详见表 3-1 和图 3-2～图 3-5 所示。图框用粗实线画出，图纸的图框和标题线，可采用表 3-3 的线宽。

表 3-3　图框线、标题栏线的宽度　　单位：mm

幅面代号	图框线	标题栏外框线	标题栏分格线
A0、A1	1.4	0.7	0.35
A2、A3、A4	1	0.7	0.35

（3）标题栏与会签栏

每张图样规定都要在图框内画出标题栏。标题栏应根据工程的需要选择确定其内容、尺寸、格式及分区。标题栏可横排，也可竖排，涉外工程图纸的标题栏，各项主要内容的中文下方应附有译文，设计单位名称的上方或左方，应加“中华人民共和国”字样；鉴于当前各设计单位标题栏的内容增多，有时还需要加入外文的实际情况，提供了两种标题栏尺寸供选用，30～50mm 一般用于横式图幅，40～70mm 一般用于立式图幅，如图 3-7 所示。图 3-8 和图 3-9 所示为某公司 A3 图纸的标题栏布置样式。

30~50

设计单位名称区	注册师签章区	项目经理区	修改记录区	工程名称区	图号区	签字区	会签栏

图 3-7　横式标题栏

3.2　线型、比例设置

3.2.1　线型设置

我们所绘制的工程图样由图线组成的，为了表达工程图样的不同内容，并能够分清主次，须使用不同线型和线宽的图线。根据图样的复杂程度，确定基本线宽 b，再确定相应的线宽组。图线的宽度 b 从下列 6 个系列中选取：2.0mm、1.4mm、1.0mm、0.7mm、0.5mm、0.35mm，如表 3-4 所示。用 CAD 进行作图时，通常把不同的线型、不同粗细的图线单独放置在一个层上，方便打印时统一设置图线的线宽。

室内装饰设计工程制图常用线型表 3-5。

3.2.2　图面比例设置

比例为图样与实物相对应的线型尺寸之比，能在图幅上真实地实现物体的实际尺寸，比例符号为“：”。比例应以阿拉伯数字表示，如 1：100、1：50 等，比例宜书写在图名的右侧，字的基准线应取平，字号应比图名的字号小一号或小二号，如图 3-10 所示。如果一张图样中各图比例相同，也可以把该比例统一写在标题栏中。

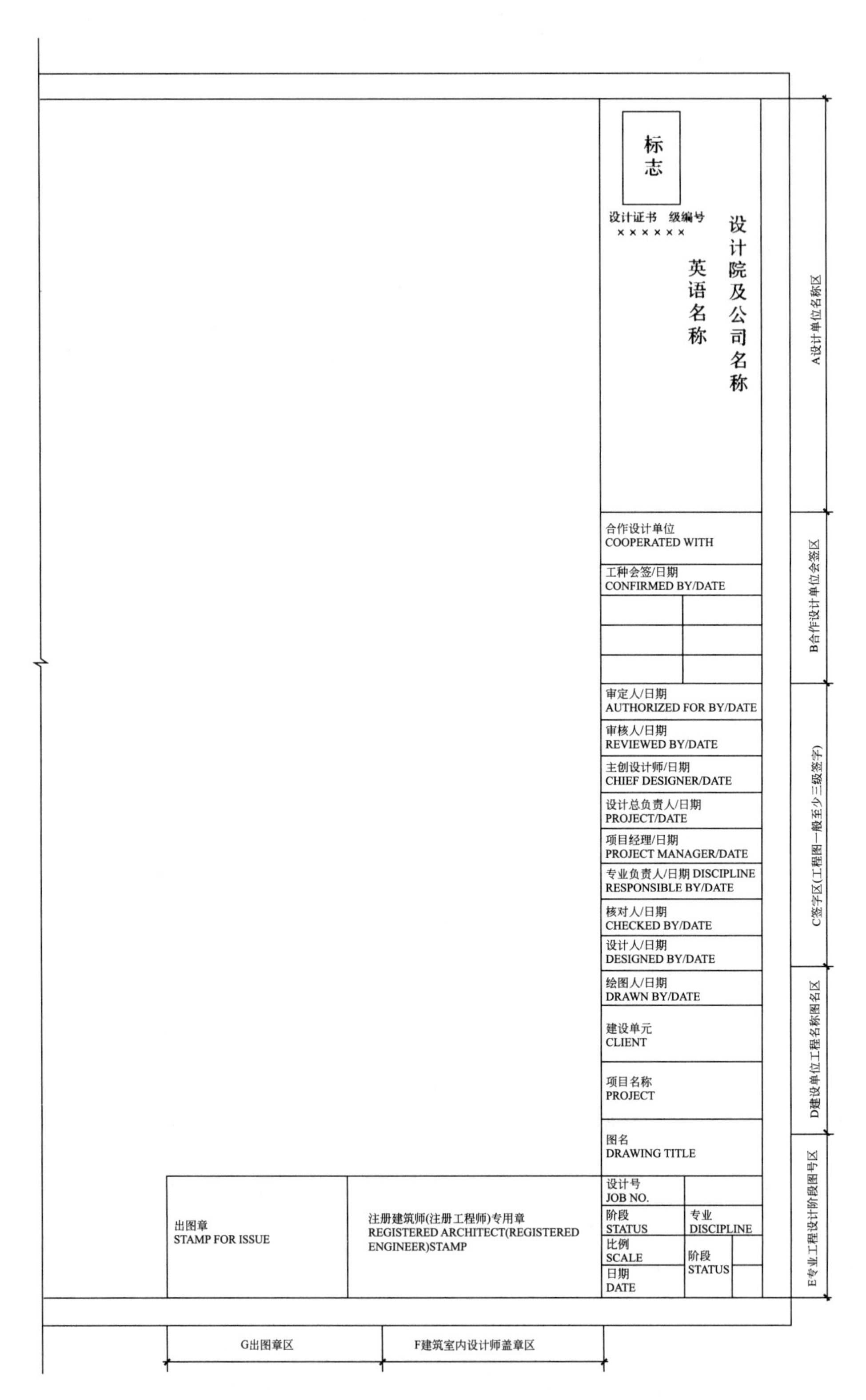
标志
设计证书 级编号
××××××
设计院及公司名称
英语名称
合作设计单位
COOPERATED WITH
工种会签/日期
CONFIRMED BY/DATE
审定人/日期
AUTHORIZED FOR BY/DATE
审核人/日期
REVIEWED BY/DATE
主创设计师/日期
CHIEF DESIGNER/DATE
设计总负责人/日期
PROJECT/DATE
项目经理/日期
PROJECT MANAGER/DATE
专业负责人/日期 DISCIPLINE
RESPONSIBLE BY/DATE
核对人/日期
CHECKED BY/DATE
设计人/日期
DESIGNED BY/DATE
绘图人/日期
DRAWN BY/DATE
建设单元
CLIENT
项目名称
PROJECT
图名
DRAWING TITLE
设计号
JOB NO.
阶段
STATUS
专业
DISCIPLINE
比例
SCALE
阶段
STATUS
日期
DATE
出图章
STAMP FOR ISSUE
注册建筑师(注册工程师)专用章
REGISTERED ARCHITECT(REGISTERED ENGINEER)STAMP
A设计单位名称区
B合作设计单位会签区
C签字区(工程图一般至少三级签字)
D建设单位工程名称图名区
E专业工程设计阶段图号区
G出图章区
F建筑室内设计师盖章区

图 3-8 图纸标题栏

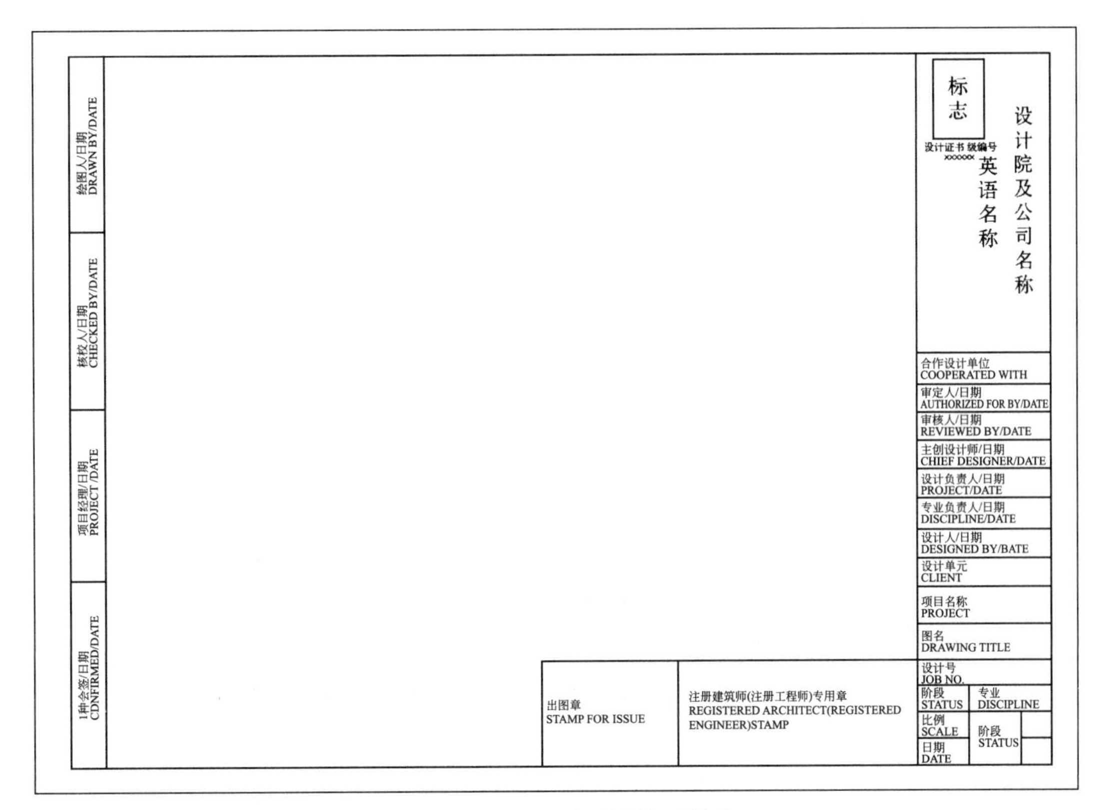

图 3-9　A3 图纸的标题栏布置样式

表 3-4　图线的宽度　单位：mm

线宽比	线宽组					
b	2.0	1.4	1.0	0.7	0.5	0.35
0.5b	1.0	0.7	0.5	0.35	0.25	0.18
0.25b	0.5	0.35	0.25	0.18	—	—

表 3-5　室内装饰设计工程制图常用线型

名称		线型	电脑线型名称	线宽	用途
实线	粗		Continuous	b	主要可见轮廓线，平、立、面剖面图的剖切符号
	中		Continuous	0.5b	空间内主要转折面及物体线角等外轮廓线
	细		Continuous	0.25b	地面分割线、填充线、索引线、尺寸线、尺寸界线、标高符号、详图材料做法引出线
虚线	粗		Dash	b	详图索引、外轮廓线
	中		Dash	0.5b	不可见轮廓线
	细		Dash	0.25b	灯槽、暗藏灯带、不可见轮廓线
单点划线	粗		Center	b	图样索引的外轮廓线
	中		Center	0.5b	图样填充线
	细		Center	0.25b	中心线、对称线、定位轴线
折断线			无	0.25b	图样的省略截断画法
波浪线			无	0.25b	断开界线

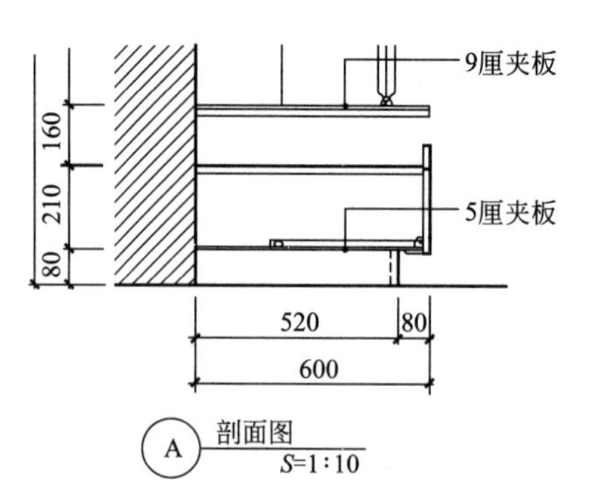

图 3-10 标注的比例书写

室内设计中常用比例和可用比例见表 3-6，比例设置应尽量选用常用比例，特殊对象才选可用比例。

表 3-6 室内设计常用比例与可用比例

常用比例	1∶1、1∶2、1∶5、1∶10、1∶20、1∶50、1∶100、1∶150、1∶200、1∶500
可用比例	1∶3、1∶4、1∶6、1∶15、1∶25、1∶30、1∶40、1∶60、1∶250 1∶300、1∶400

绘图所用的比例，应根据装饰装修设计的不同部位、不同阶段的图纸内容和要求，从表 3-7 中选用。

表 3-7 各部位常用比例设置

图纸内容	部　　位	比例
总平面布置图、总顶棚平面布置图	总平面、总顶面	(1∶200)～(1∶100)
局部平面布置图、局部顶棚平面布置图	局部平面、局部顶棚平面	(1∶100)～(1∶50)
剖面图、立面图	不复杂的立面	(1∶100)～(1∶50)
剖面图、立面图	较复杂的立面	(1∶50)～(1∶30)
立面放样图、剖面图	复杂的立面	(1∶30)～(1∶10)
详图	平面及立面中需要详细表示的部位	(1∶10)～(1∶1)
节点图	重点部位的构造	(1∶10)～(1∶1)

3.3 字体、尺寸标注与标高

3.3.1 字体

室内装饰设计工程图样及说明汉字，宜采用长仿宋体，也可选用其他字体，但应易于辨认。字体高度应从下系列中选用：3.5mm、5mm、7mm、10mm、14mm、20mm。图纸中常用的为 10mm、7mm、5mm 三种型号。实际使用中，如需书写更大的字，其高度应按$\sqrt{2}$的比值递增。汉字字高一般不小于 3.5mm。拉丁字母、阿拉伯数字与罗马数字的字高应不小于 2.5mm，与汉字并列书写时其字高可小一到二号。

3.3.2 尺寸标注

在室内装饰设计工程图中，图形只能表达物体的形状，物体各部分的大小还必须通过标注尺寸才能确定。室内施工和构件制作都必须根据尺寸进行，因此尺寸标注是制图的一项重要工作，必须认真细致、准确无误，如果尺寸有遗漏或错误，必将给施工造成困难和损失，因此注写尺寸时，应力求做到正确、完整、清晰、合理，如图 3-11 所示。

（1）尺寸组成要素

图样上的尺寸标注由尺寸界线、尺寸线、尺寸起止符号（在 AutoCAD 中被称做“箭头”）和尺寸数字组成，如图 3-12 所示。

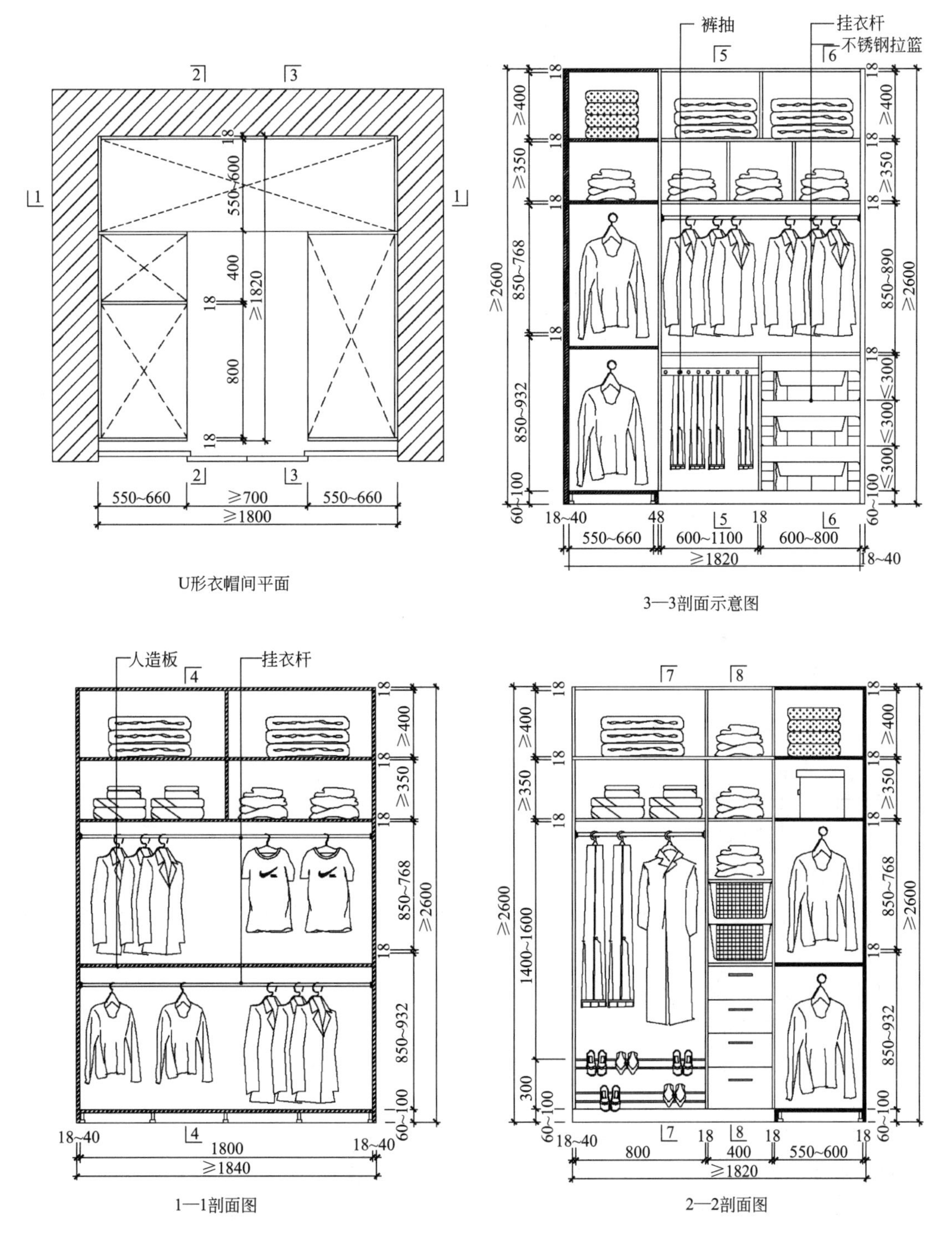

图 3-11　室内装饰设计图样标注

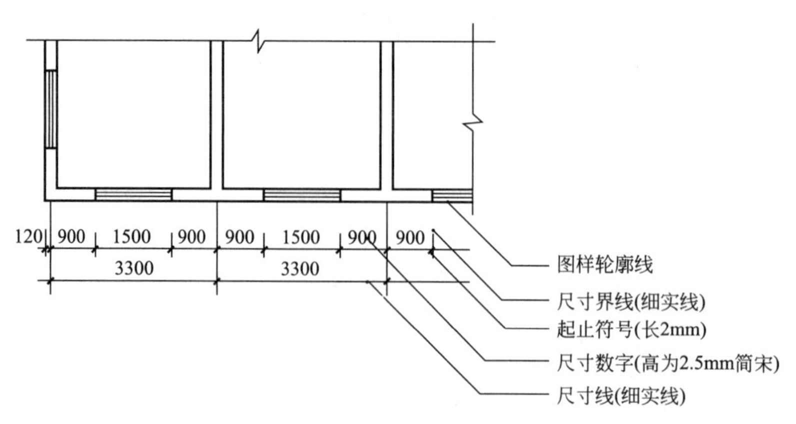

图 3-12 尺寸的组成

尺寸界线用细实线绘制，与被注的长度垂直，其一端应离开图样轮廓线不小于 2mm（CAD 中为起点偏移量），另一端宜超出尺寸线 2～3mm。

尺寸线用细实线绘制，并与被标注图形平行，图样本身的图线均不得做尺寸线，并超出尺寸界线 2mm。

尺寸起止符号一般用中粗斜短线绘制，其倾斜方向与尺寸界线成顺时针 45°，长度宜为 2～3mm，也可用黑色圆点表示，其直径宜为 1mm。半径、直径、角度与弧长的尺寸起止符号，宜用箭头表示，如图 3-13 所示。

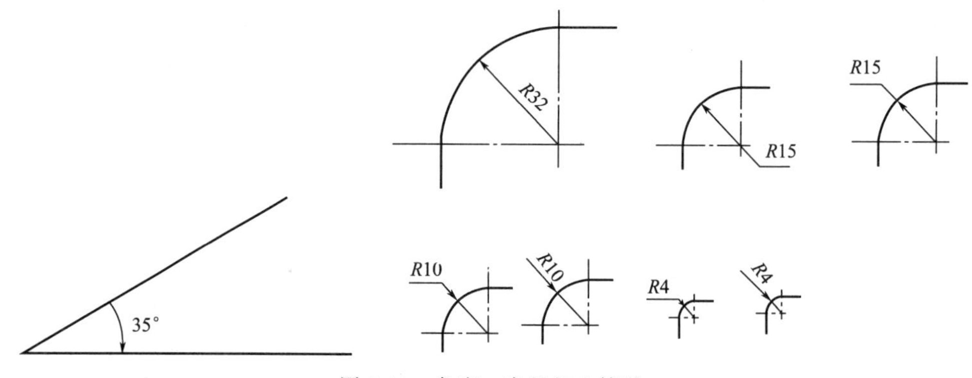

图 3-13 角度、半径起止符号

图样上的尺寸，应以尺寸数字为准，不得从图上直接量取，尺寸数字高度一般为 2.5mm，字体为简宋，距尺寸线 1～1.5mm。图样上的尺寸单位，除标高及总平面以米（m）为单位外，其他必须以毫米（mm）为单位。

图 3-14 所示为室内装饰设计工程图尺寸标注的组成及规格。

（2）尺寸排列与布置

尺寸数字宜标注在图样轮廓线以外的正视方，不宜与图线、文字、符号等相交，如图 3-15 所示。

尺寸数字宜标注在尺寸线读数上方的中部，如注写位置不够时，最外边的尺寸数字可注写在尺寸界线的外侧，中间的尺寸数字可上下错开注或引出注写，如图 3-16 所示。

对于室内装饰设计图样中连续重复的构配件等，当不易标明定位尺寸时可在总尺寸的控制下，定位尺寸不用数值而用“均分”或“EQ”字样表示，如图 3-17 所示。

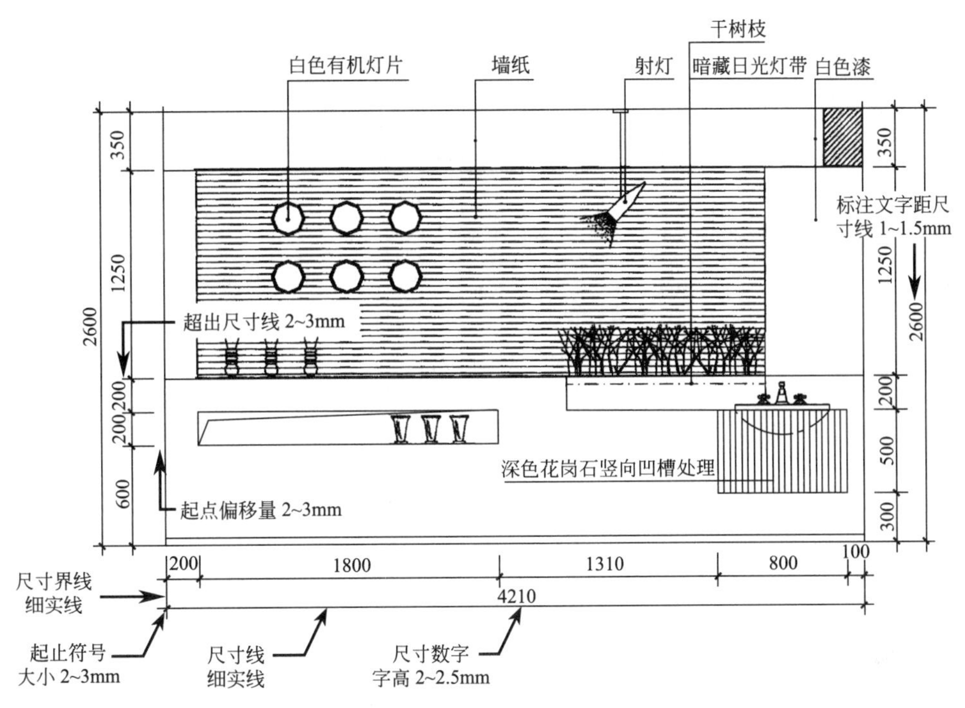

图 3-14 室内装饰设计工程图尺寸标注的组成及规格

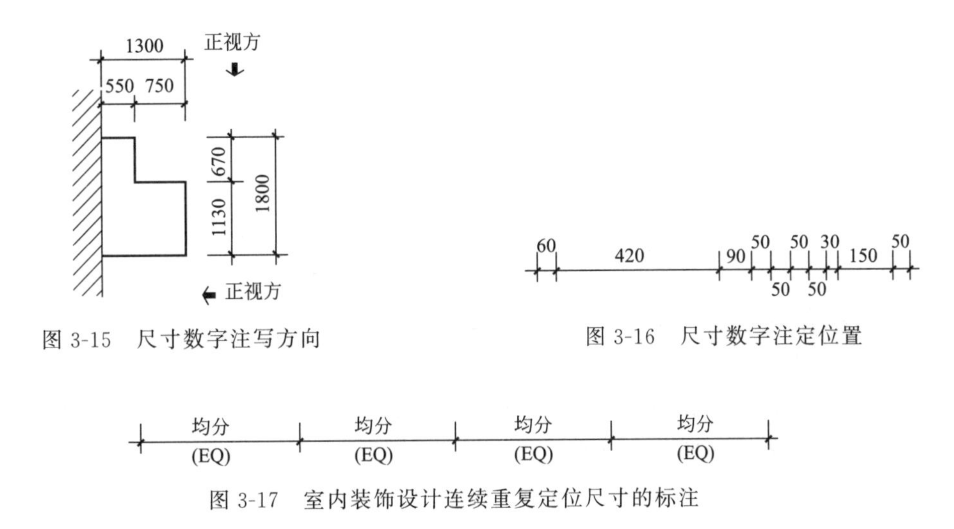

图 3-15 尺寸数字注写方向

图 3-16 尺寸数字注定位置

图 3-17 室内装饰设计连续重复定位尺寸的标注

互相平行的尺寸线排列，应从被注的图样轮廓线由内向外，先小尺寸和分尺寸，后大尺寸和总尺寸，如图 3-18 所示。

第一层尺寸距图样最外轮廓线之间的距离不小于 10mm，平行排列的尺寸线间距为 7～10mm，如图 3-18 所示。

(3) 尺寸标注的深度设置

室内装饰设计工程制图应在不同阶段和不同比例绘制时，均对尺寸标注的详细程度做出不同的要求。这里我们主要依据建筑制图标准中的“三道尺寸”进行标注，主要包括外墙门窗洞口尺寸、轴线间尺寸、建筑外包总尺寸，如图 3-19 所示。

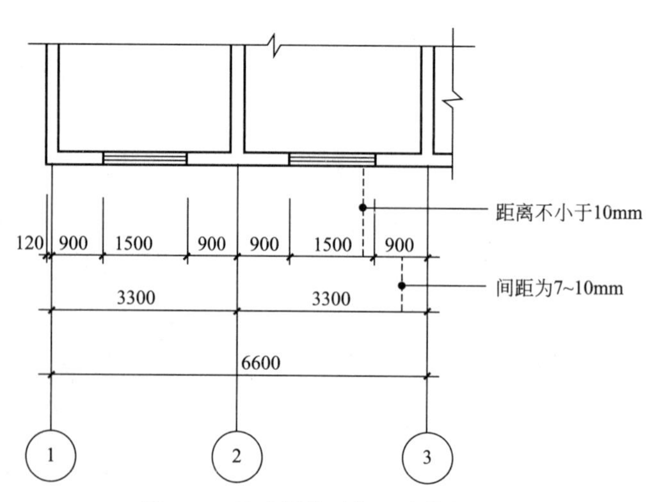

图 3-18 尺寸线排列与尺寸数字注写

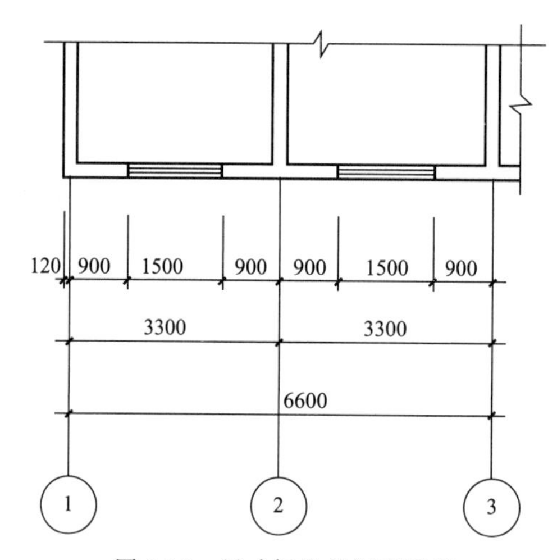

图 3-19 尺寸标注的深度设置

尺寸标注的深度设置在底层平面中是必不可少的，当平面形状较复杂时，还应当增加分段尺寸。

在其他各层平面中，外包总尺寸可省略或标注轴线间总尺寸。无论在哪层标注，均应注意以下几点，才能使图样明确、清晰：

① 门窗洞口尺寸与轴线间尺寸要分别在两行上各自标注，宁可留空也不可混注在一行上；

② 门窗洞口尺寸也不要与其他实体的尺寸混行标注；

③ 当上下或左右两道外墙的开间及洞口尺寸相同时，可只标注上或下（左或右）一面尺寸及轴线号即可。

3.3.3 标高

室内装饰设计中，设计空间应标注标高，标高符号可采用等腰直角三角形，也可采用涂黑的三角形或 90°对顶角的圆，标注顶棚标高时也可采用 CH 符号表示。标高符号的具体画法如图 3-20 所示。

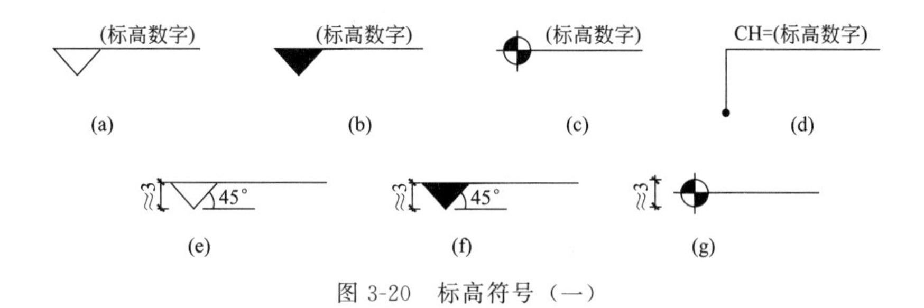

图 3-20　标高符号（一）

总平面图室外地坪标高符号宜涂黑的三角形表示。

标高符号尖端指被注的高度，尖端下的短横线为需注高度的界线，短横线与三角形同宽，地面标高尖端向下，具体画法如图 3-21 所示。

图 3-21　标高符号（二）

标高数字以 m 为单位，注写到小数点后第三位。零点标高注写成±0.000，正数标高不注“＋”，负数标高应注写“－”，如图 3-22 所示。在同样的同一位置需表示几个不同的标高时，数字可以按图 3-22 的形式注写。

在 CAD 室内装饰设计标高中，标高数字为简宋，高为 3～4mm（所有幅面）。

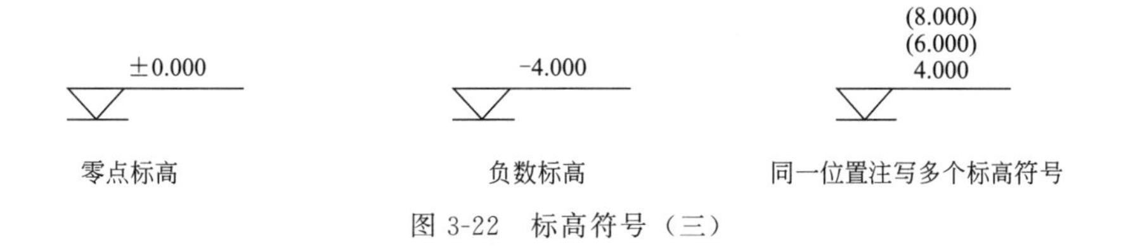

图 3-22　标高符号（三）

3.4　室内设计各类制图符号

在进行室内装饰设计制图时，为了更清楚明确地表明图中的相关信息，将以不同的符号来表示。

3.4.1　图标符号

图标符号是用来表示图样的标题编号。对平面图、顶棚图的图样，其图名在其图样下方以图标符号的形式表达，图标符号由两条长短相同的平行水平直线和图名及比例共同组成，上面的水平线为粗实线，下面的水平线为细实线，如图 3-23 所示。

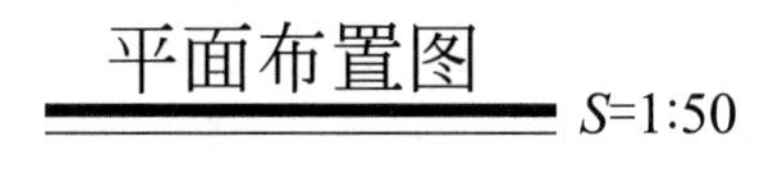

图 3-23　图标符号

① 粗实线的宽度为 1.5mm（A0、A1、A2 幅面）和 1mm（A3、A4 幅面）；

② 两线相距分别是 1.5mm（A0、A1、A2 幅面）和 1mm（A3、A4 幅面）；

③ 粗实线的上方是图名，右部为比例；

④ 图名的文字设置为粗黑字体，写在粗实线的上方居中，字高为 8～10mm（A0、A1、A2 幅面）和 6～8mm（A3、A4 幅面）；

⑤ 比例数字设置为简宋，字高为 4～6mm（A0、A1、A2 幅面）和 4～5mm（A3、A4 幅面）。

3.4.2 图号

图号是被索引出来表示本图样的标题编号。在室内装饰设计制图中图号类别范围有立面图、剖立面图、断面图、剖面详图、大样图等。由图号圆圈、编号、水平直线、图名图例及比例读数共同组成，如图 3-24 所示。

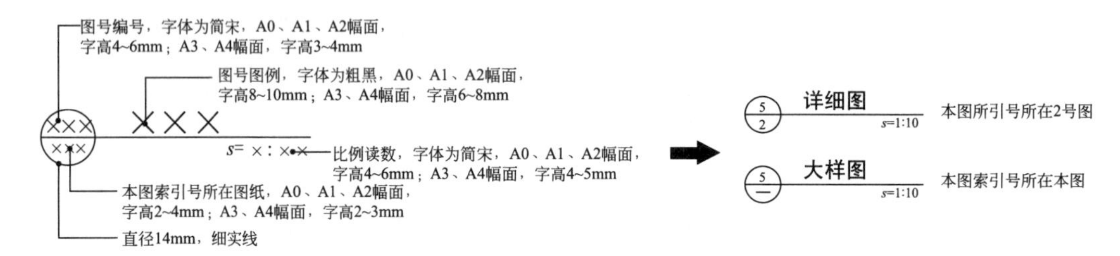

图 3-24 图号表示方法

3.4.3 定位轴线

定位轴线采用单点划线绘制，端部用细实线画出直径为 8～10mm 的圆圈。横向轴线编号应用阿拉伯数字，从左往右编写，纵向编号应用大写拉丁字母，从下至上顺序编写，但不得使用 I、O、Z 三个字母，如图 3-25 所示。组合较复杂的平面图中定位轴线可采用分区编号，如图 3-26 所示。

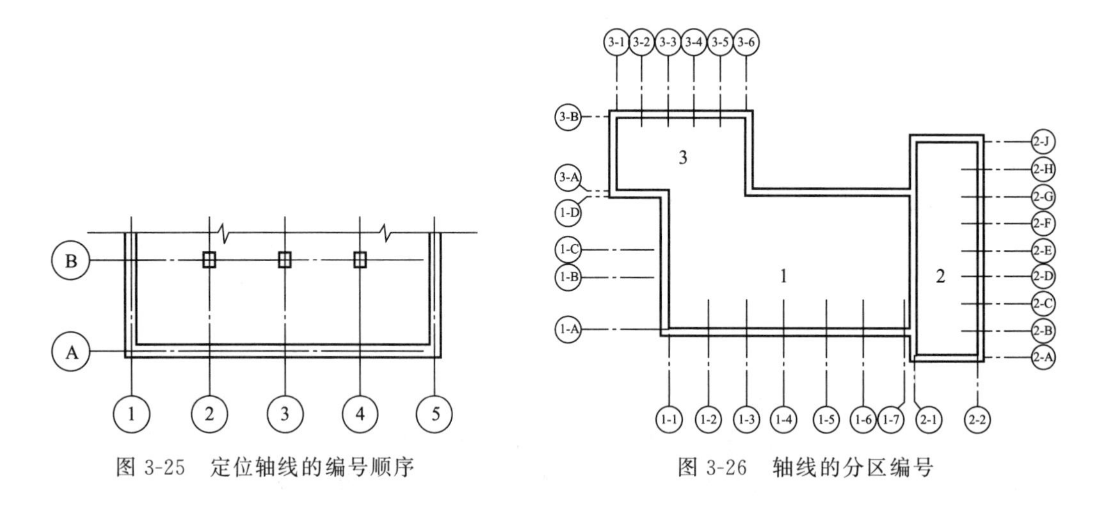

图 3-25 定位轴线的编号顺序

图 3-26 轴线的分区编号

附加定位轴线编号，应以分数形式按规定编写。两根轴线之间的附加轴线，分母表示前一轴线的编号，分子表示附加轴线的编号，编号宜用阿拉伯数字顺序编写，如图 3-27 所示。

一个详图适用于几根轴线时，应同时注明有关轴线的编号，如图 3-28 所示。

3.4.4 引出线

室内装饰施工图在图样较少、内容较多、标注困难的情况下，常用引出线把需要说明的内容引出注写在图样之外。引出线为细实线绘制，宜采用水平方向的直线，或与水平方向成

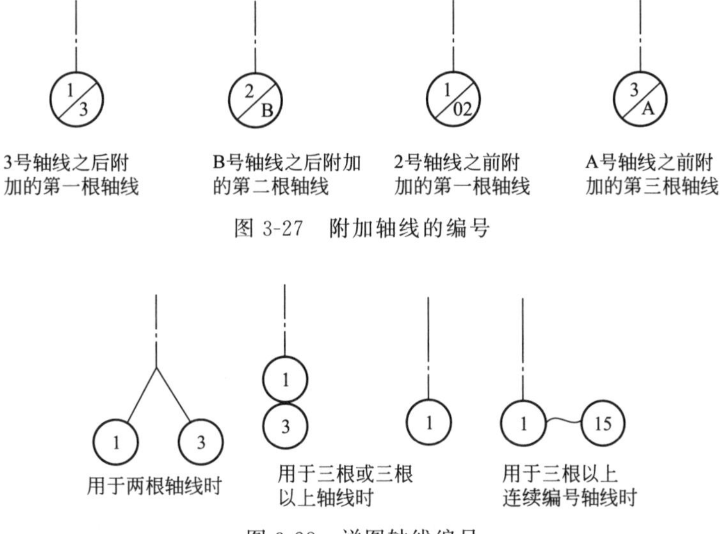

图 3-27　附加轴线的编号

图 3-28　详图轴线编号

30°、45°、60°、90°的直线或经上述角度再折为水平线，如图 3-29 所示。文字说明注写在横线上方、下方或横线的端部，字高为 7mm（在 A0、A1、A2 图纸）或 5mm（在 A3、A4 图纸）。索引详图引出线，应与水平直径线相连接，如图 3-30 所示。

同时引出几个相同部分的引出线，宜互相平行，也可画成集中于一点的放射线，如图 3-31所示。

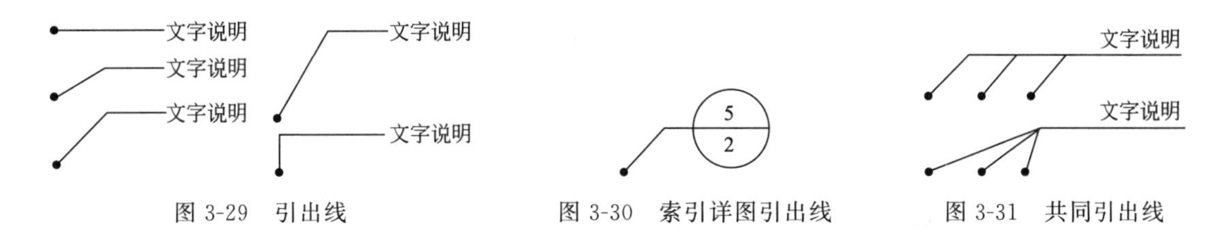

图 3-29　引出线　　图 3-30　索引详图引出线　　图 3-31　共同引出线

多层构造共用引出线，应通过被引出的各层或各部位，并且用圆点示意对应位置。文字说明宜注写在水平线的上方或水平线的端部，说明的顺序应由上至下，并且应与被说明的层次相互一致；如层次为横向排序，则由上至下的说明顺序与左右的层次相互一致，如图 3-32 所示。

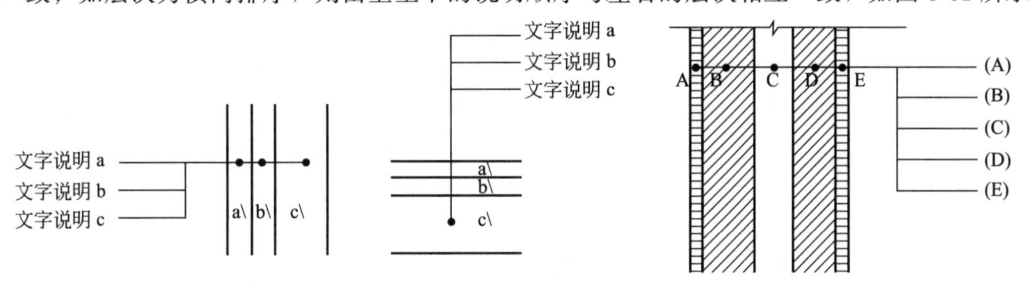

图 3-32　多层构造共同引出线

3.4.5　详图索引符号

详图索引符号可用于平面上将分区分面详图进行索引，也可以用于节点大样的索引，如图 3-33所示，以粗实线绘制，圆圈直径为 12mm（A0、A1、A2 幅面）和 10mm（A3、A4 幅面）。

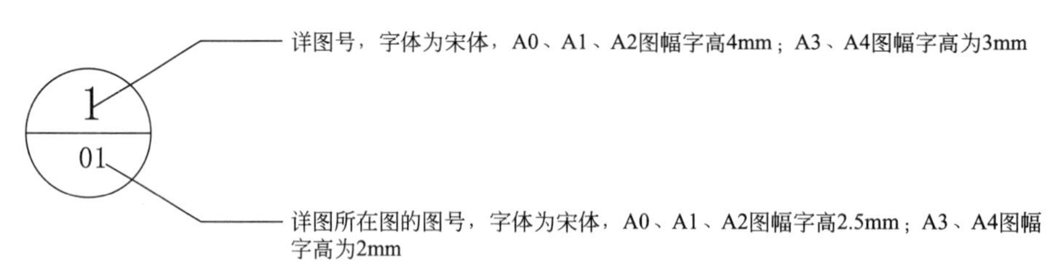

图 3-33 详图索引符号

为了进一步表示清楚图样中的某一局部，将其引出并放大比例的方法绘出，用大样图索引符号来表达。在室内设计制图中，大样图索引符号是由大样符号、引出线和引出圈构成，如图 3-34 所示。

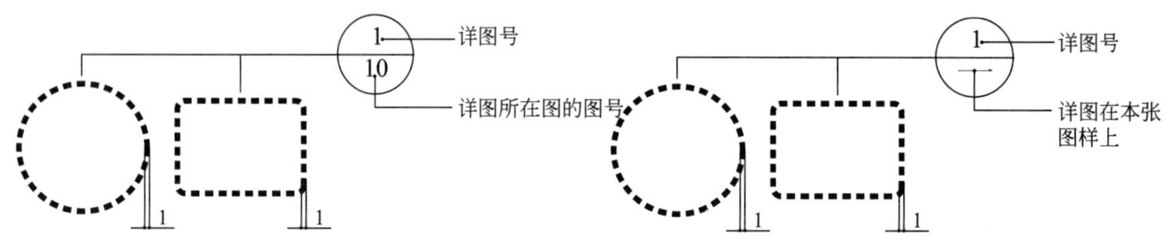

图 3-34 大样图编号

3.4.6 立面索引指向符号

用于在平面图中标注相关立面图、剖立面图对应的索引位置和序号。由圆圈与直角三角形共同组成，圆圈直径为 14mm（A0、A1、A2 幅面）和 12mm（A3、A4 幅面），三角形的直角所指方向为投视方向，如图 3-35 所示。

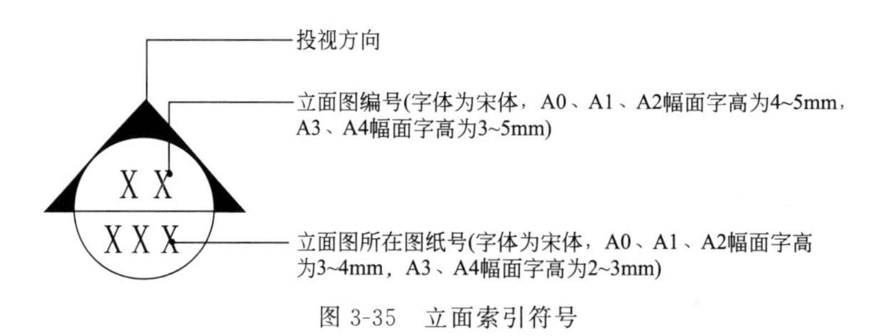

图 3-35 立面索引符号

上半圆内的数字，表示立面图编号，采用阿拉伯数字。下半圆内的数字表示立面图所在的图纸号。直角所指方向为立面图投视方向，直角所指方向随立面投视方向而变，但圆中水平直线、数字及字母永远不变方向，上下圆内表述内容不能颠倒，如图 3-36 所示。

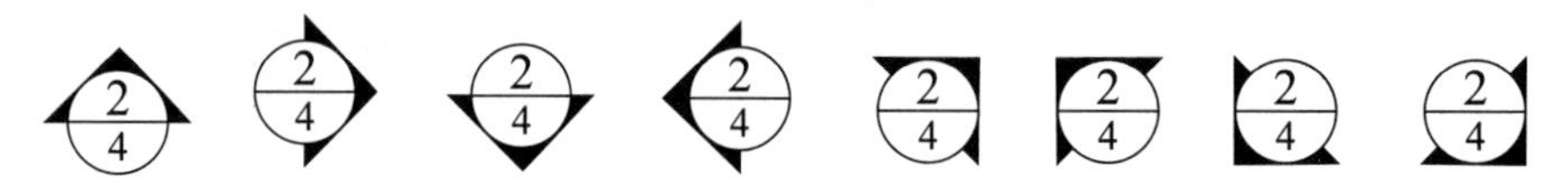

图 3-36 立面图索引符号表示方法

立面图索引编号宜采用按顺时针顺序连续排列，且数个立面索引符号可组合成一体，如图 3-37 所示。

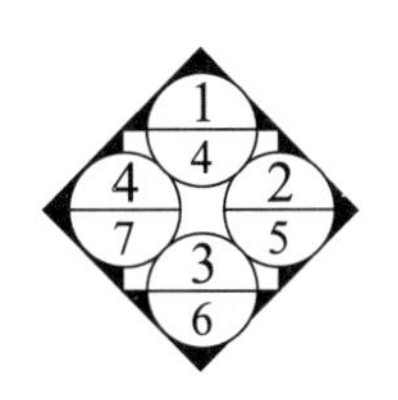

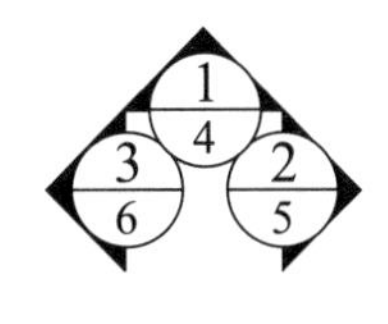

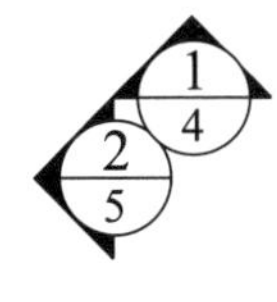

图 3-37　立面索引编号

3.4.7　详图剖切符号

为了更清楚地表达出平、剖、立面图中某一局部或构件，需另画详图，以剖切索引号来表达，即索引符号和剖切符号的组合。剖切部位用粗实线绘制出剖切位置，长度宜为 6～10mm，宽度为 1.5mm（A0、A1、A2 幅面）和 1mm（A3、A4 幅面），用细实线绘制出剖切引出线，引出索引号，且剖切引出线与剖切位置线平行，两线相距为 2mm（A0、A1、A2 幅面）和 1.5mm（A3、A4 幅面）。引出线一侧表示剖切后的投视方向，即由位置线向引出线方向投视。绘制时剖切符号不宜与图面上的图线相接触，如图 3-38 所示。也可采用国际统一和常用的剖视方法，如图 3-39 所示。

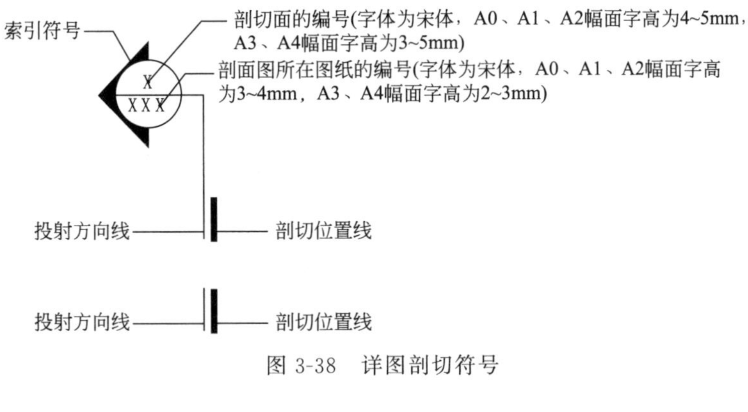

图 3-38　详图剖切符号

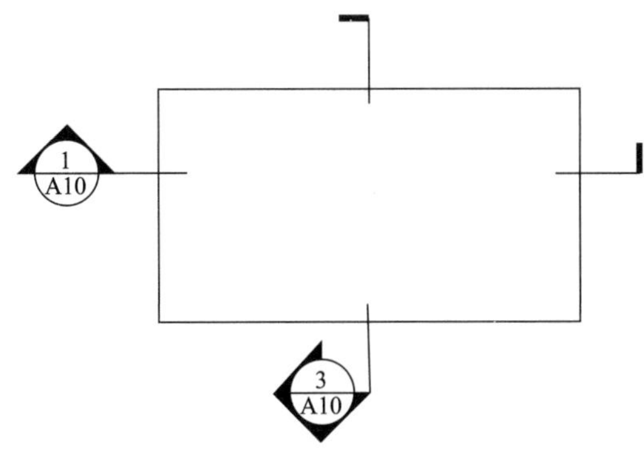

图 3-39　国际常用的剖视符号

3.4.8　其他符号

（1）折断符号

所绘图样因图幅不够时，或因剖切位置不必全画时，采用折断线来终止画面。折断线以细实线绘制，且必须经过全部被折断的图画，如图 3-40 所示。

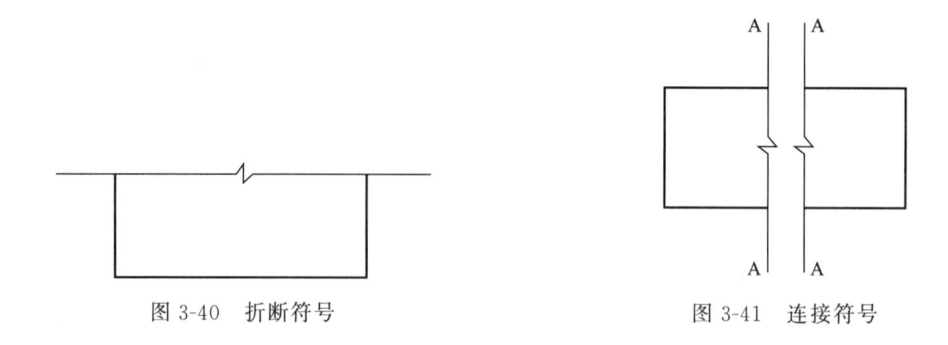

图 3-40　折断符号

图 3-41　连接符号

（2）连接符号

应以折断表示需要连接的部位，以折断两端靠图样一侧的大写英文字母表示连接编号，两个被连接的图样必须用相同的字母编号，如图 3-41 所示。

（3）中心对称符号

表示对称轴两侧的图样完全相同，由对称线和对称号组成，对称号以粗实线绘制，中心对称线用单点划线绘制，其尺寸如图 3-42 所示。具体用法参见图 3-43。

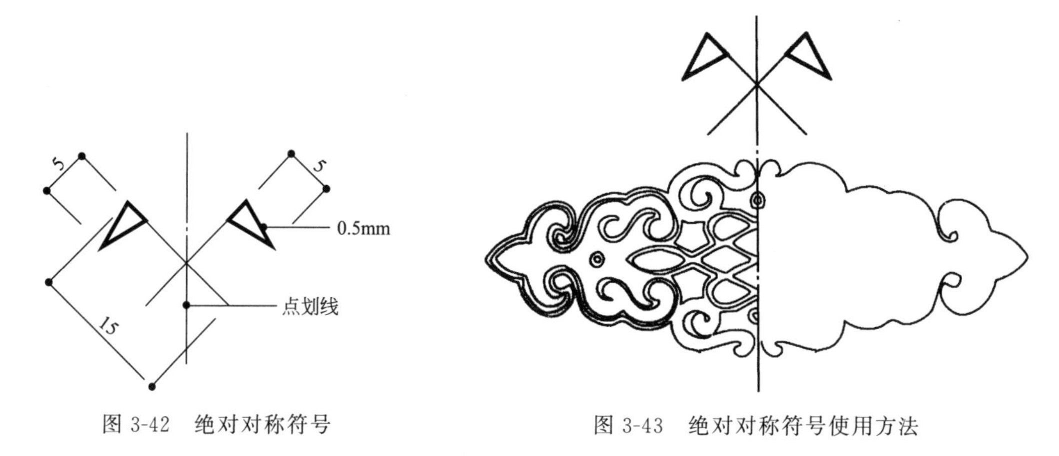

图 3-42　绝对对称符号

图 3-43　绝对对称符号使用方法

（4）指北针

表示平面图朝向北的方向，由圆及指北线段和汉字组成，如图 3-44 所示。

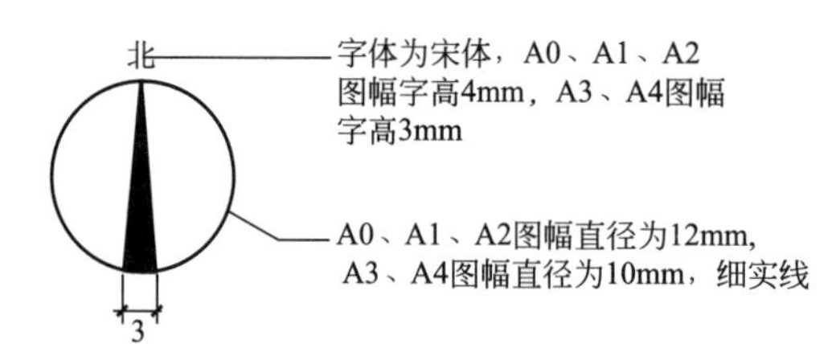

图 3-44　指北针

第 4 章　室内设计平面图的识读与绘制

室内设计平面图应反映功能是否合理，人活动路线是否流畅，空间布局是否恰当，空间大小是否适用，家具位置安排是否符合需要，地面材质如何处理，每一空间面积多大，空间的隔离应用何种材料等内容。如何将各类图线、符号、文字标记组合运用，使平面图清晰、明确，充分反映设计者意图，是每位设计师必须掌握的绘图知识。

4.1　室内设计平面图的识读

4.1.1　平面图的形成

通常假想用一平行于地面的剖切面将建筑物剖切后，移去上部分，自上而下看而形成的正投影图，即为室内平面图，如图 4-1 所示。该剖切面距地面 1.5m 左右的位置或略高于窗台的位置。

室内设计平面图由墙、柱、门窗等建筑结构构件，家具，陈设和各种标注符号等所组成，主要是表明建筑的平面形状、构造状况（墙体、柱子、楼梯、台阶、门窗的位置等），

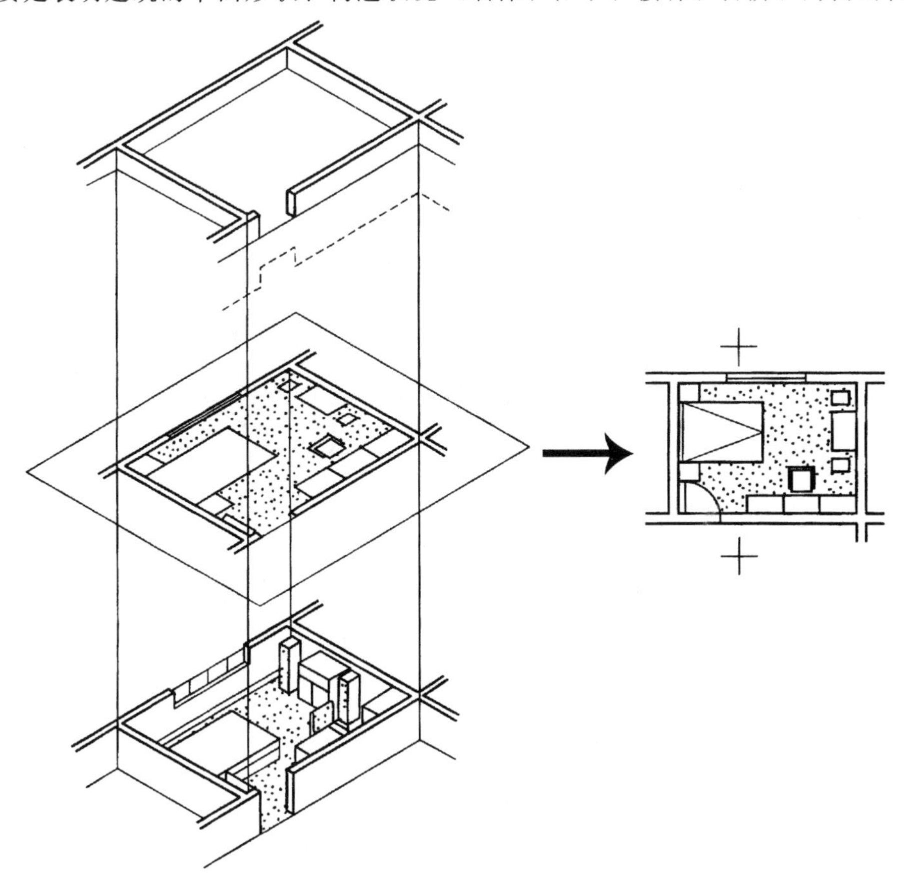

图 4-1　平面图的形成

表明室内陈设关系和室内的交通流线关系，表明室内设施、陈设、隔断的位置，表明室内地面的装饰情况，图 4-2 所示为某别墅的原建筑平面图。图 4-3 所示是在原建筑平面图基础上进行结构调整所做的室内设计平面布置图。

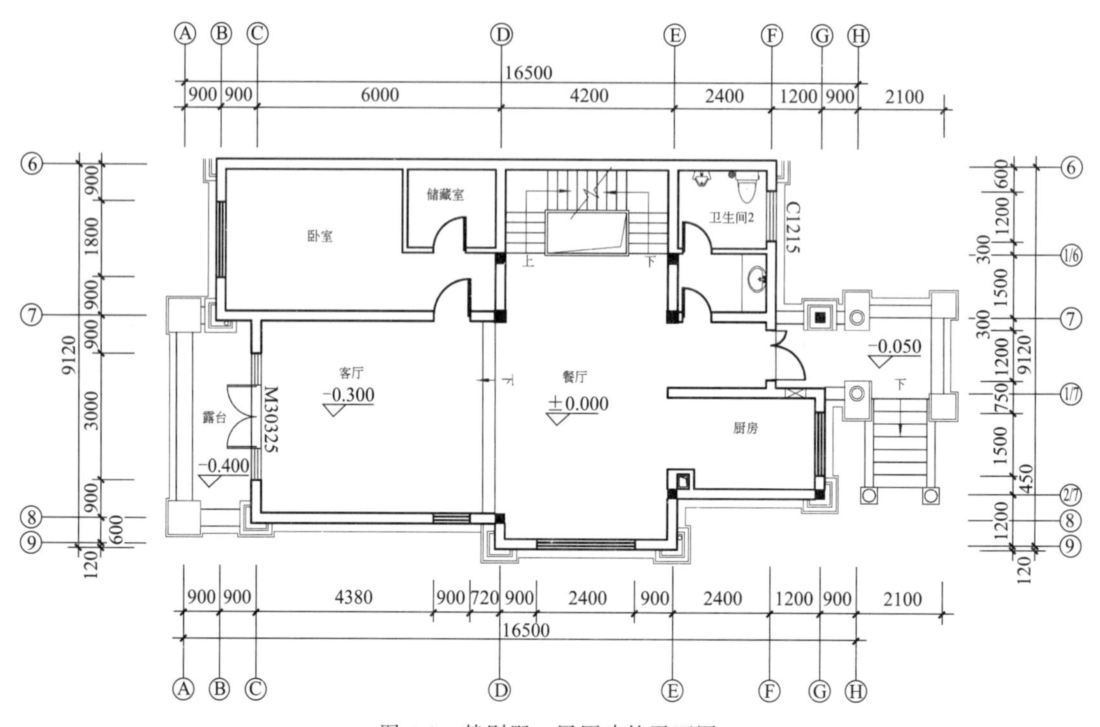

图 4-2　某别墅一层原建筑平面图

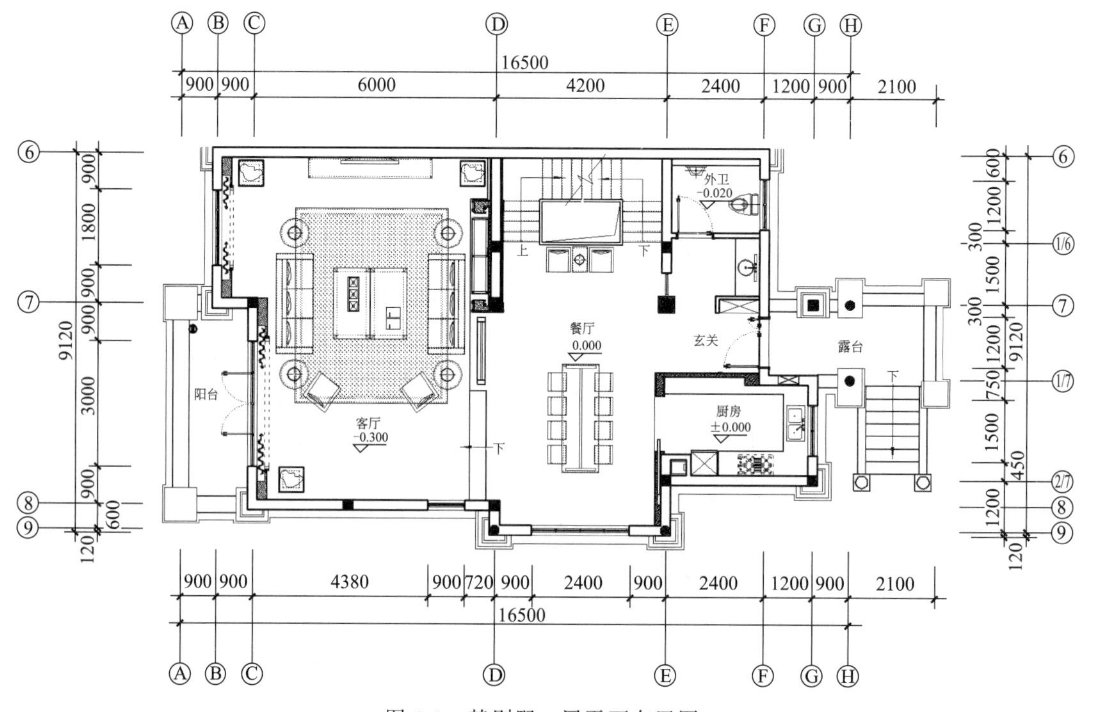

图 4-3　某别墅一层平面布置图

4.1.2　平面图的命名

由于室内平面图表达的内容较多，很难在一张图纸上表达完整，也为了方便表达施工过程中各施工阶段、各施工内容，以及各专业供应方阅图的需求，可将平面图细分为各项分平面图，各项分平面图内容仅指设计所需表示的范围，如原始建筑平面图、平面布置图、平面隔墙图、地坪装修图、立面索引平面图、开关插座布置图等。当设计对象较为简易时，视具体情况可将某几项内容合并在同一张平面图上来表达。

（1）原始建筑平面图

① 表达出原建筑的平面结构内容，绘出承重墙、非承重墙及管井位置等。

② 表达出建筑轴线编号及轴线间的尺寸。

③ 表达出建筑标高。

④ 标示出指北针等。

图 4-4 所示为某住宅的原始结构图，图中将不能拆移的墙体填充为黑色。此图还绘制了入户门，标明了管道位置，细部尺寸在现场核实后再标明。需要说明的是，这幅图是一栋住宅楼的某一层的局部，和这套住宅无关的内容都省略了，包括相邻的住宅、单元走道、楼梯等。

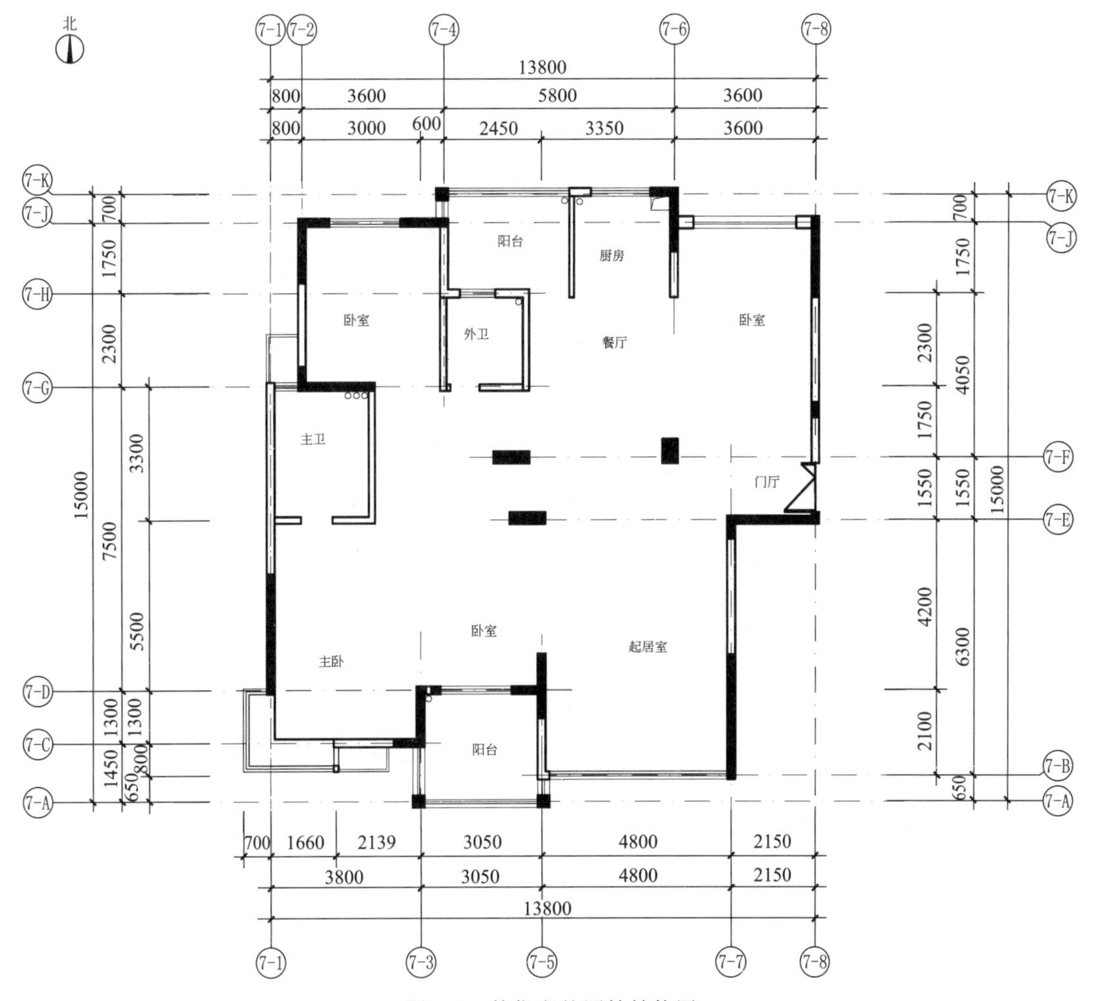

图 4-4　某住宅的原始结构图

（2）平面布置图

① 详细表达出该部分剖切线以下的平面空间布置内容及关系。

② 表达出隔墙、隔断、固定家具、固定构件、活动家具、窗帘的形状和位置。

③ 表达出活动家具及陈设品图例。

④ 表达出门扇的开启方式和方向。

⑤ 表达出电脑、电话、光源、灯饰等设施的图例。

⑥ 表达出地坪上的陈设（如地毯）的位置、尺寸及编号。

⑦ 表达出立面中各类壁灯、镜前灯等的平面投影位置及图形。

⑧ 表达出暗藏于平面、地面、家具及装修中的光源。

⑨ 注明装修地坪标高。

⑩ 表达出各功能区域的编号及文字注释，如“客厅”、“餐厅”等注释字样。

图 4-5 所示为某住宅平面布置图，是室内设计施工图纸中最为重要的图样，清晰地反映出各功能区域的安排、流动路线的组织、通道和间隔的设计、门窗开启方式和方向、固定和活动家具、装饰陈设品的布置及地面标高等。

（3）平面隔墙图

① 表达出该部分按室内设计要求重新布置的隔墙位置，以及被保留的原建筑隔墙位置，

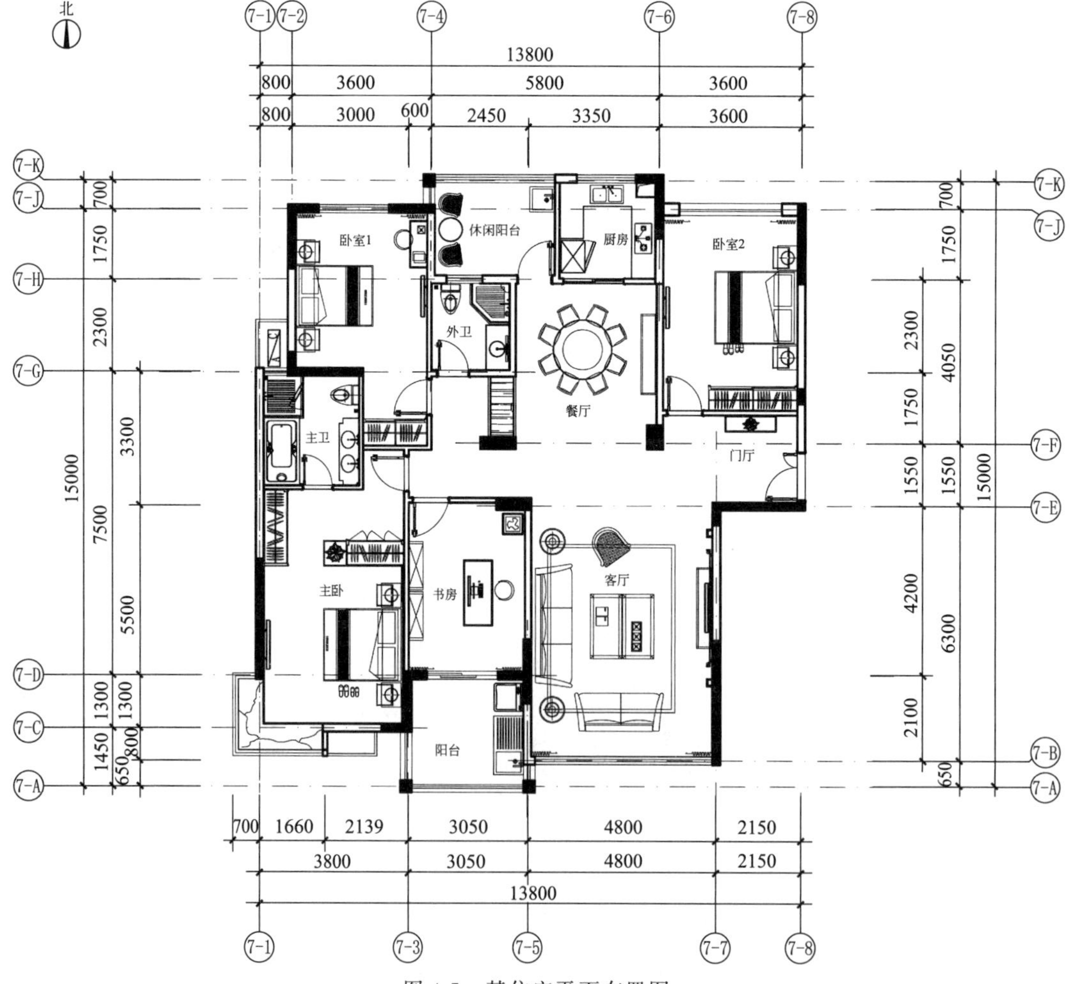

图 4-5 某住宅平面布置图

表达出承重墙与非承重墙的位置。

② 原墙拆除以虚线表示。

③ 表达出隔墙材质图例及龙骨排列。

④ 表达出门洞、窗洞的位置及尺寸。

⑤ 表达出隔墙的详细定位尺寸。

⑥ 表达出建筑轴号及轴线尺寸。

⑦ 表达出各地坪装修标高的关系。

图 4-6 所示为标出详细的内部隔墙尺寸的平面隔墙图。

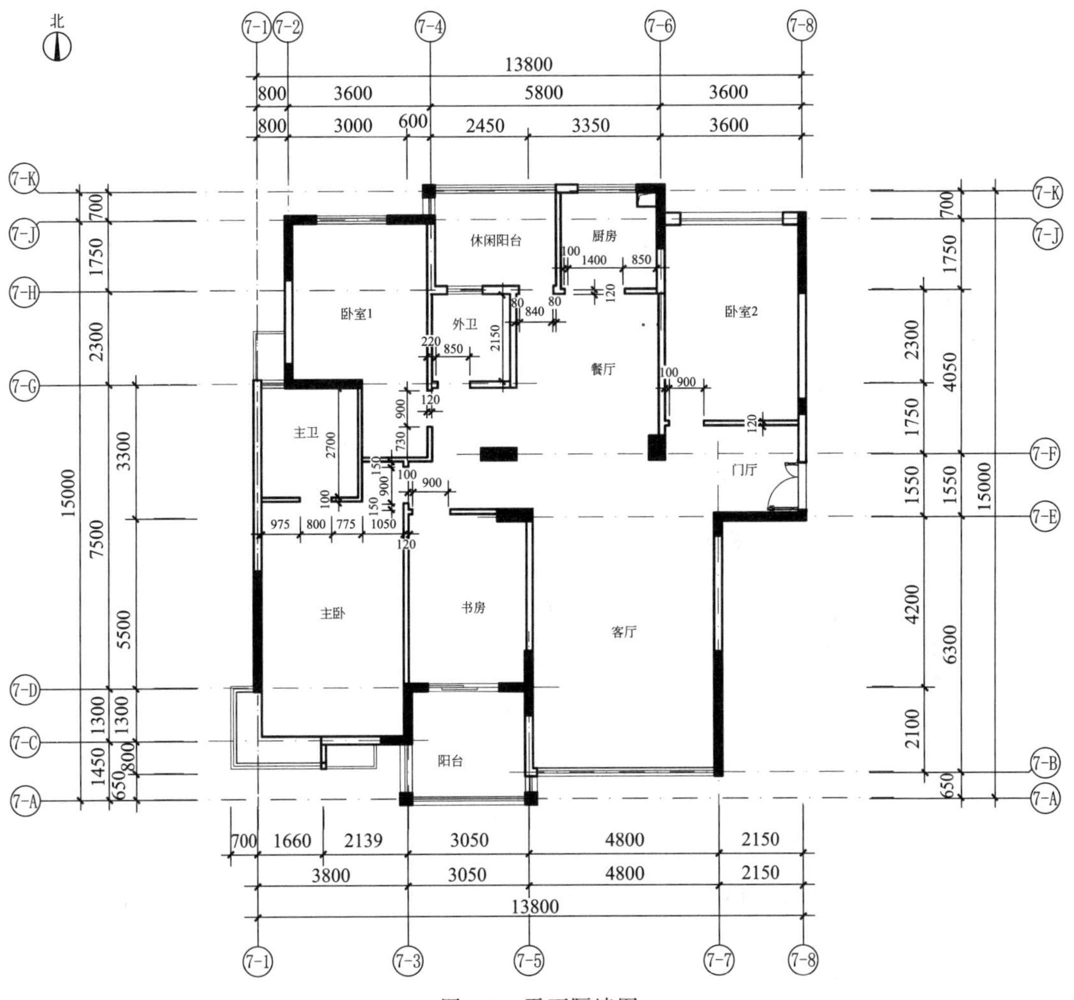

图 4-6　平面隔墙图

(4) 地坪装修图

① 表达出该部分地坪界面的空间内容及关系。

② 表达出地坪材料的品种、规格。

③ 表达出埋地式内容（如埋地灯、暗藏光源、地插座等）。

④ 表达出地坪拼花或大样索引号。

⑤ 表达出地坪装修所需的构造节点索引。

⑥ 注明地坪标高关系。

⑦ 注明轴号及轴线尺寸。

图 4-7 所示地坪装修图是平面布置图的必要补充，省略了活动家具的绘制，只绘制出了固定家具和地面材料的铺装。如客厅，门厅、餐厅等使用了地砖，卧室、书房都使用实木地板铺装，并表示出实木地板铺装方向，卫生间、阳台和厨房使用了防滑砖。

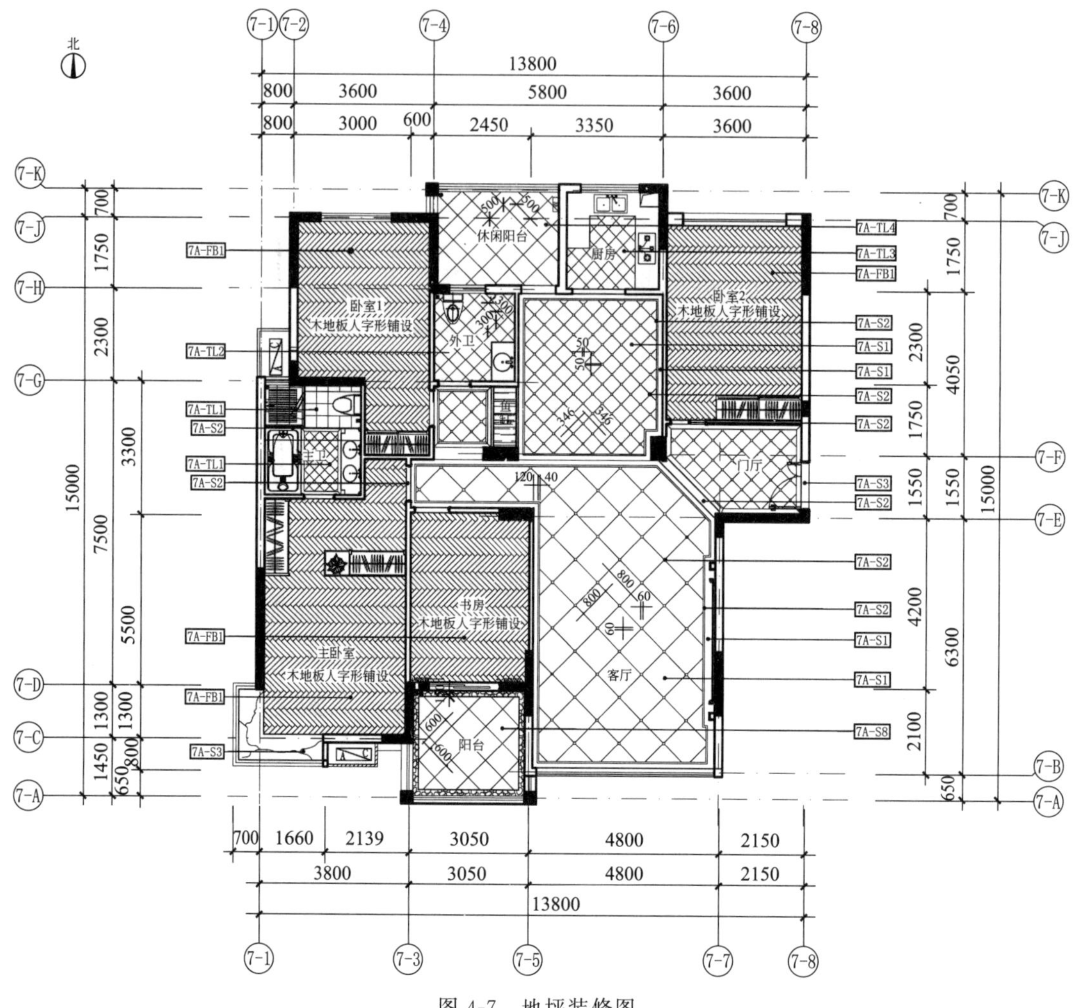

图 4-7　地坪装修图

（5）立面索引平面图

① 详细表达出该部分剖切线以下的平面空间布置内容及关系。

② 表达出隔墙、隔断、固定构件、固定家具、窗帘等。

③ 详细表达出各立面、剖立面的索引号和剖切号，表达出平面中需被索引的详图号。

④ 表达出地坪的标高关系。

⑤ 注明轴号及轴线尺寸。

⑥ 不表示任何活动家具、灯具、陈设品等。

⑦ 以虚线表达出在剖切位置线之上的，需强调的立面内容、地面铺装材料图内容。

立面索引平面图如图 4-8 所示。

（6）开关插座布置图

① 表达出该部分剖切线以下的平面空间布置内容及关系。

② 表达出各墙，地面的开关，强、弱电插座的位置及图例。

③ 不表示地坪材料的排版和活动的家具、陈设品。

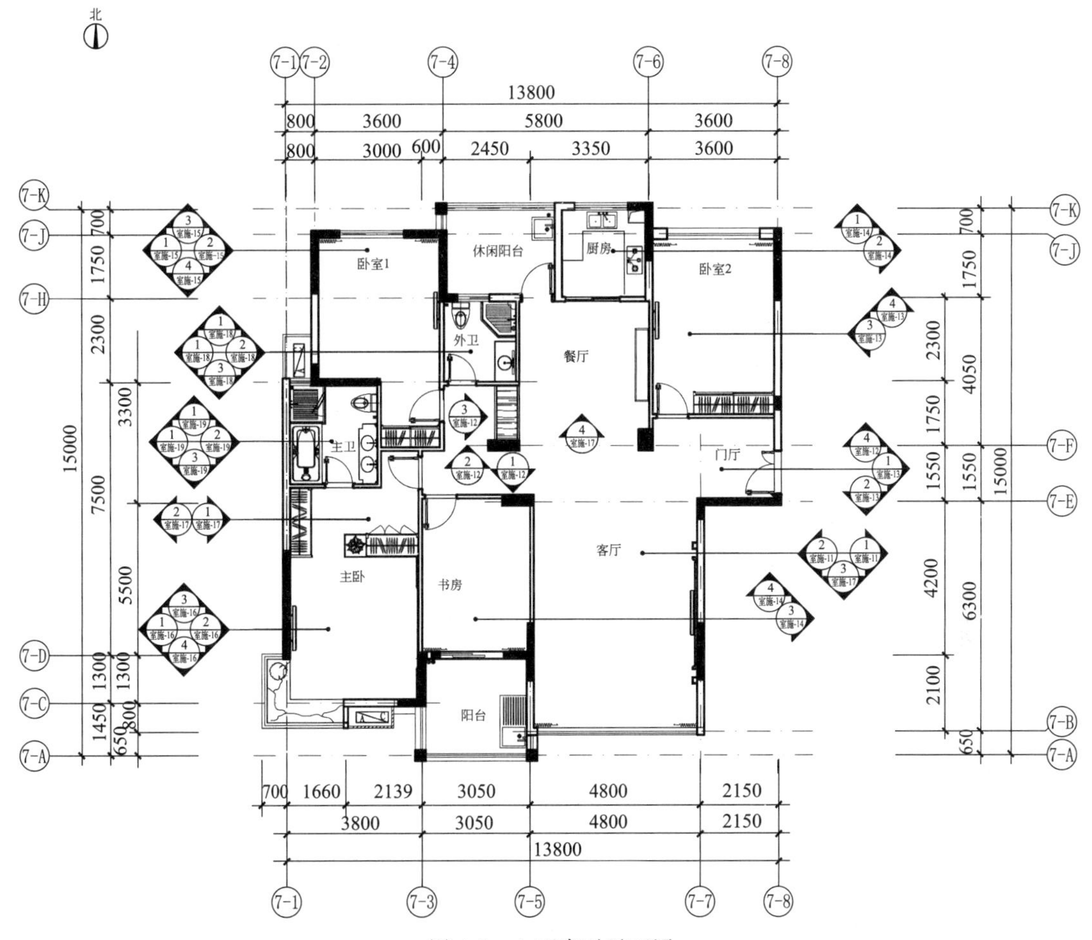

图 4-8　立面索引平面图

④ 注明地坪标高关系。

⑤ 注明轴号及轴线尺寸。

⑥ 表达出开关、插座在本图纸中的图表注释。

图 4-9 省略了除墙体、尺寸的其他元素，插座和弱电都以符号的形式表示在图中，且靠墙放置。插座和弱电在室内装饰设计制图中没有统一的国家标准，所以在图的右下角绘制图例来说明图中的符号。

4.1.3　平面图的图示方法

平面图上的内容是通过图线来表达的，其图示方法主要有以下几种。

① 被剖切的断面轮廓线，通常用粗实线表示。在可能情况下，被剖切的断面内应画出材料图例，常用的比例是 1∶100 和 1∶200。墙、柱断面内留空面积不大，画材料图例较为困难，可以不画或在描图纸背面涂红；钢筋混凝土的墙、柱断面可用涂黑来表示，以示区别，如图 4-10 所示。

不同材料的墙体相接或相交时，相接及相交处要画断，如图 4-11 所示。反之，同种材料的墙体相接或相交时，则不必在相接与相交处画断，如图 4-12 所示。

② 未被剖切图的轮廓线，即形体的顶面正投影，如楼地面、窗台、家电、家具陈设、卫生设备、厨房设备等的轮廓线，实际上与断面有相对高差，可用中实线表示。

③ 纵横定位轴线用来控制平面图的图像位置，用单点长划线表示，其端部用细实线画

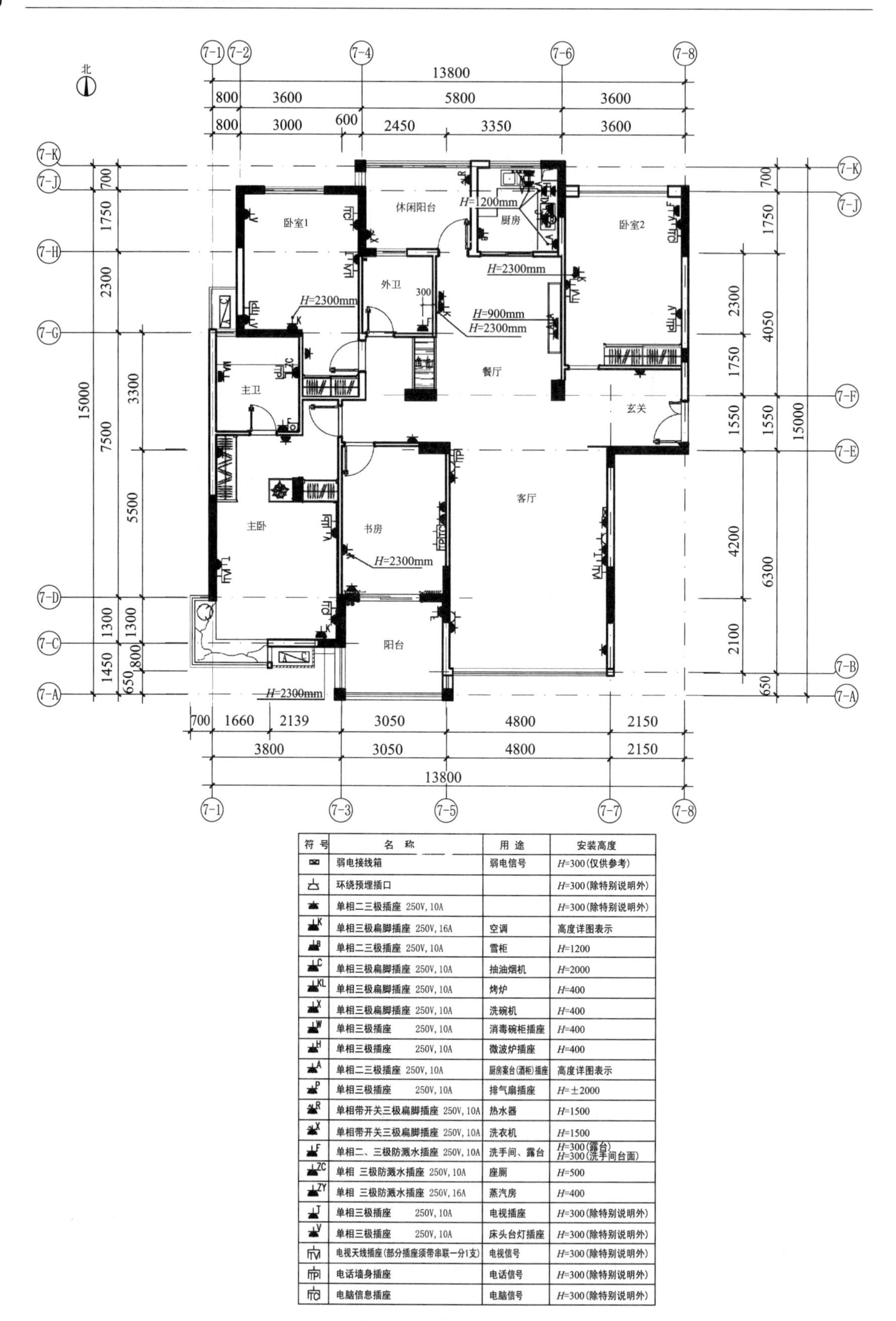

符号	名称	用途	安装高度
	弱电接线箱	弱电信号	H=300(仅供参考)
	环绕预埋插口		H=300(除特别说明外)
	单相二三极插座 250V, 10A		H=300(除特别说明外)
K	单相三极扁脚插座 250V, 16A	空调	高度详图表示
B	单相二三极插座 250V, 10A	雪柜	H=1200
C	单相三极扁脚插座 250V, 10A	抽油烟机	H=2000
KL	单相三极扁脚插座 250V, 10A	烤炉	H=400
X	单相三极扁脚插座 250V, 10A	洗碗机	H=400
W	单相三极插座 250V, 10A	消毒碗柜插座	H=400
H	单相三极插座 250V, 10A	微波炉插座	H=400
A	单相二三极插座 250V, 10A	厨房案台(酒柜)插座	高度详图表示
P	单相三极插座 250V, 10A	排气扇插座	H=±2000
R	单相带开关三极扁脚插座 250V, 10A	热水器	H=1500
X	单相带开关三极扁脚插座 250V, 10A	洗衣机	H=1500
F	单相二、三极防溅水插座 250V, 10A	洗手间、露台	H=300(露台) H=300(洗手间台面)
ZC	单相 三极防溅水插座 250V, 10A	座厕	H=500
ZY	单相 三极防溅水插座 250V, 16A	蒸汽房	H=400
T	单相三极插座 250V, 10A	电视插座	H=300(除特别说明外)
V	单相三极插座 250V, 10A	床头台灯插座	H=300(除特别说明外)
TV	电视天线插座(部分插座须带串联一分1支)	电视信号	H=300(除特别说明外)
P	电话墙身插座	电话信号	H=300(除特别说明外)
C	电脑信息插座	电脑信号	H=300(除特别说明外)

图 4-9 开关插座布置图

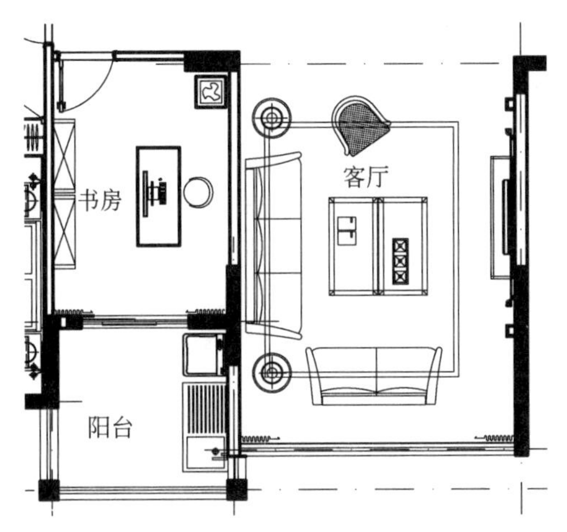

图 4-10 钢筋混凝土墙、柱表示

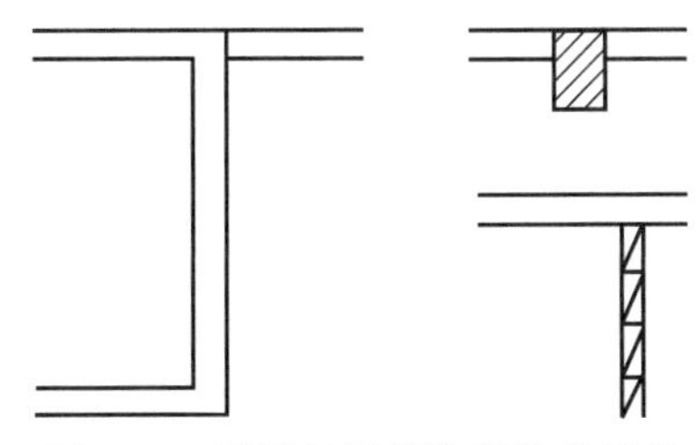

图 4-11 不同材料墙体相接或相交

图 4-12 同种材料的墙体相接或相交

圆圈，用来写定位轴线的编号。起主要承重作用的墙、柱部位一般都设定位轴线，非承重次要墙柱部位可另设附加定位轴线。平面图上横向定位轴线编号用阿拉伯数字，自左至右按顺序编写；纵向定位轴线编号用大写的拉丁字母，自下而上按顺序编写。其中，I、O、Z 三个字母不得用作轴线编号，以免分别与 1、0、2 三个数字混淆。至于附加定位轴线的编号，在第 3 章已有讲述，此处不再重复。

④ 平面图上的尺寸标注一般分布在图形的内外。凡上下、左右对称的平面图，外部尺寸只标注在图形的下方与左侧。不对称的平面图，就要根据具体情况而定，有时甚至图形的四周都要标注尺寸。

尺寸分为总尺寸、定位尺寸、细部尺寸三种。总尺寸是建筑物的外轮廓尺寸，是若干定位尺寸之和。定位尺寸是指轴线尺寸，是建筑物构配件如墙体、门、窗、洞口、洁具等，相应于轴线或其他构配件，用以确定位置的尺寸。细部尺寸是指建筑物构配件的详细尺寸。

平面图上的标高，首先要确定底层平面上起主导作用的地面为零点标高，即用 ±0.000 来表示。其他水平高度则为其相对标高，低于零点标高者在标高数字前冠以“－”号，高于零点标高者直接标注标高数字，如图 4-13 所示。

这些标高数字都要标注到小数点后的第三位。所有尺寸线和标高符号都用细实线表示。线性尺寸以“mm”为单位，标高数字以“m”为单位。

⑤ 平面图上门窗符号出现较多，一般 M 代表门，C 代表窗，如图 4-14 所示。

⑥ 楼梯在平面图上的表示随层不同。底层楼梯只能表现下段可见的踏步面与扶手，在剖切处用折断线表示，以上梯段则不用表示出来。在楼梯起步处用细实线加箭头表

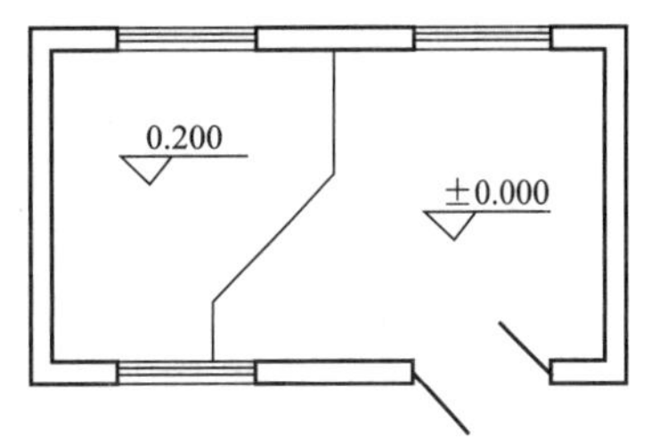

图 4-13 平面图标高

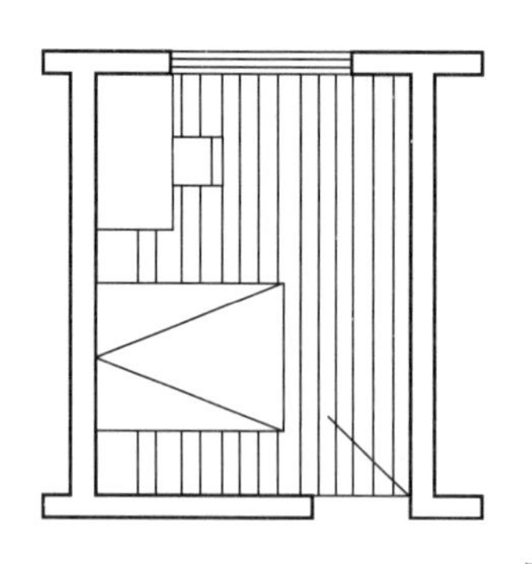

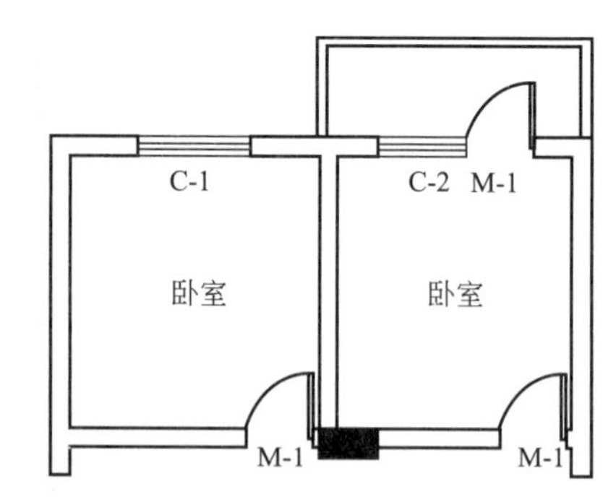

图 4-14 平面图门窗表示

示上楼方向，并标注“上”字。中间层楼梯应表示上、下梯段踏步面与扶手，用折断线区别上、下梯段的分界线，并在楼梯口用细实线加箭头画出各自的走向和“上”、“下”的标注。顶层楼梯应表示出自顶层至下一层的可见踏步面与扶手，在楼梯口用细实线加箭头表示下楼的走向，并标注“下”字，如图 4-15 所示。

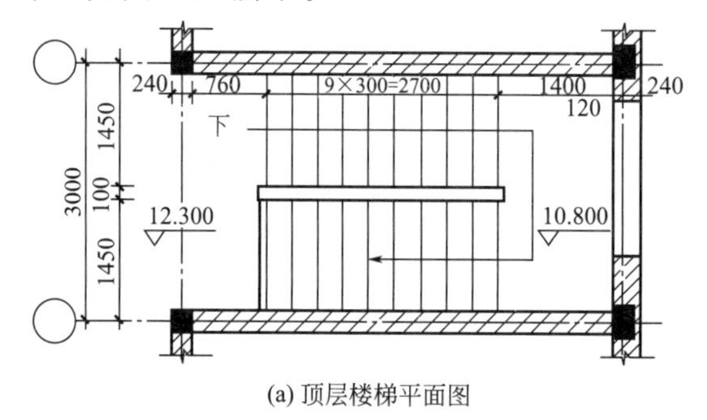

(a) 顶层楼梯平面图

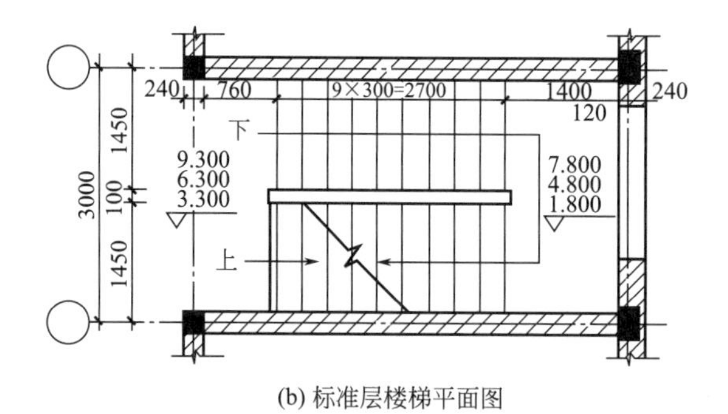

(b) 标准层楼梯平面图

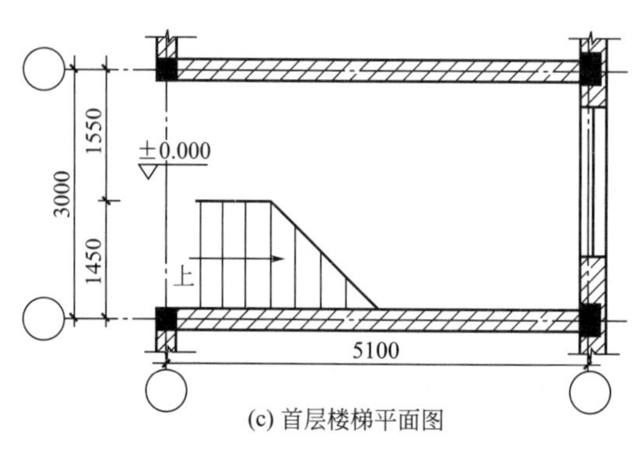

(c) 首层楼梯平面图

图 4-15 楼梯平面图

⑦ 平面图中常用的家具、洁具、绿化图块见表 4-1。

表 4-1　平面图中常用的家具、洁具、绿化图块

名称		参照图例
沙发		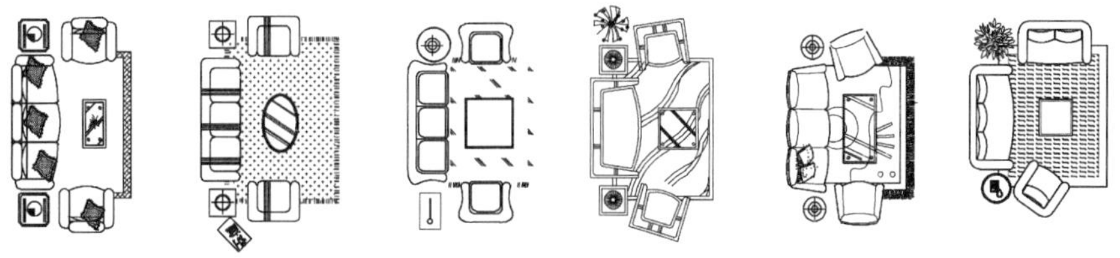
床		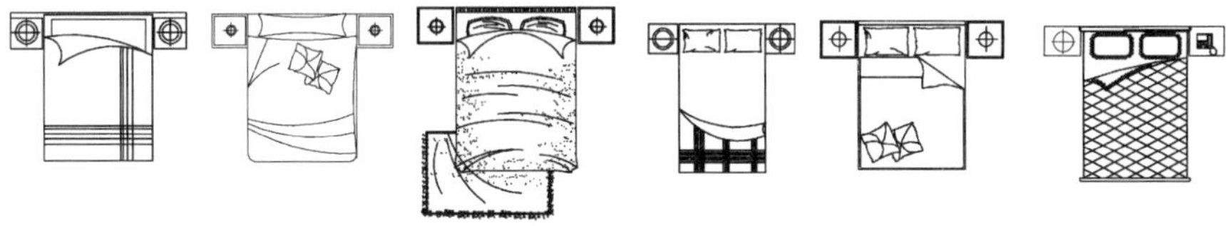
衣柜		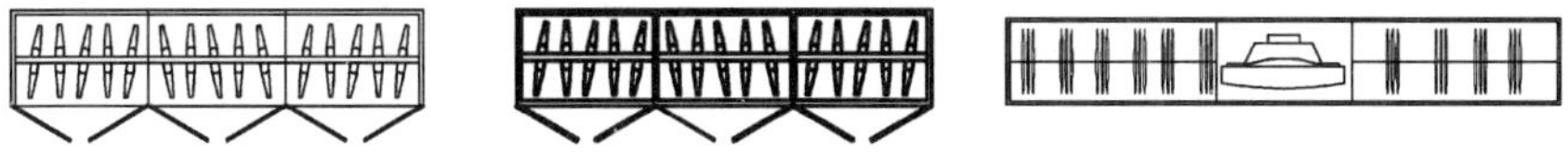
休闲桌椅		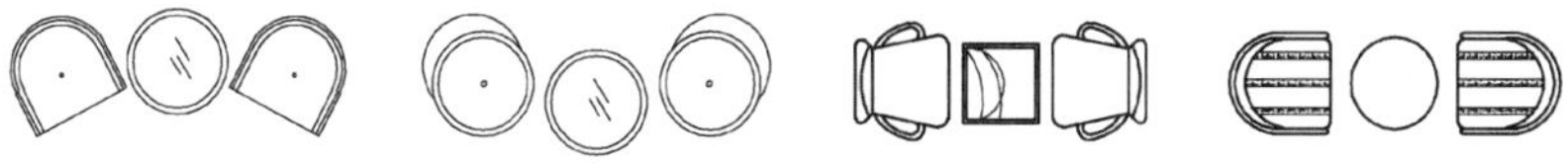
大便器	坐式	
	蹲式	
小便器		
台盆		
浴缸	长方形	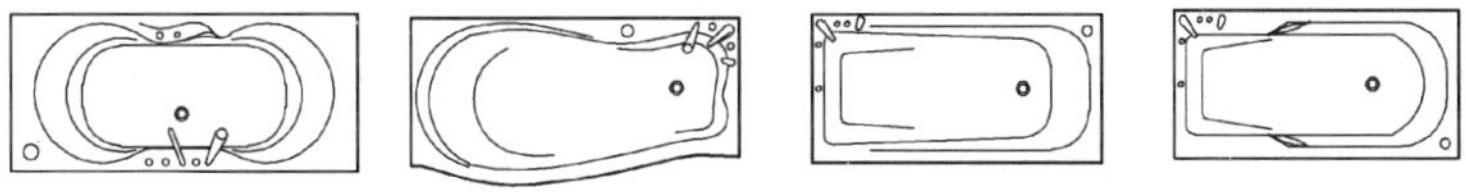
	三角形	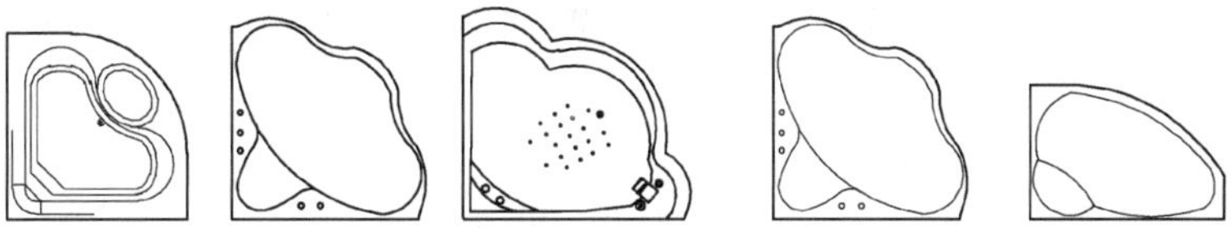
	圆形	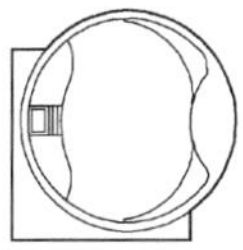
厨房用品	煤气灶	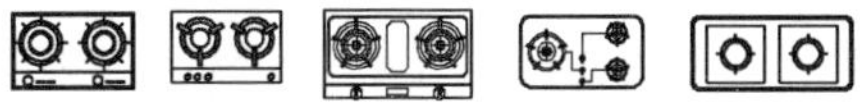
	洗碗池	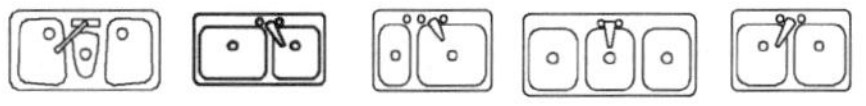

续表

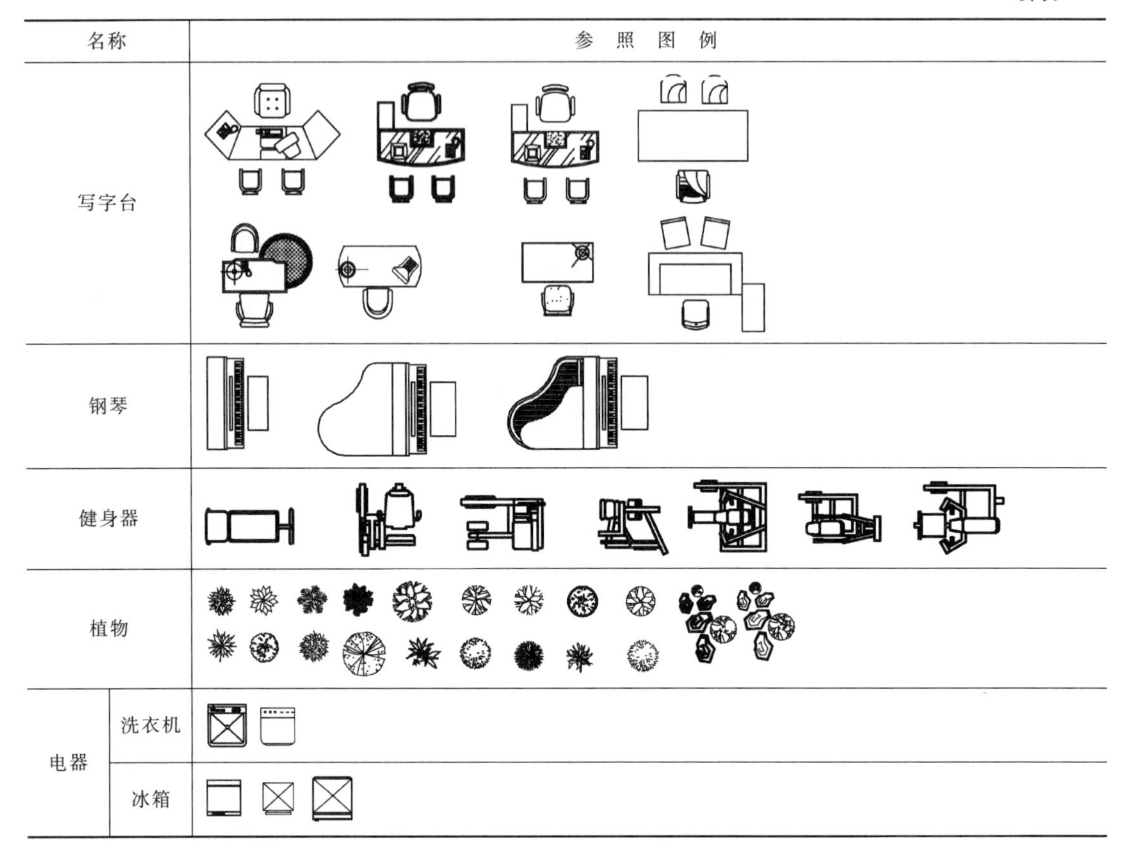

名称		参照图例
写字台		
钢琴		
健身器		
植物		
电器	洗衣机	
	冰箱	

4.2 CAD绘制平面图

4.2.1 平面图绘制内容及要点

（1）平面图的绘制内容

① 室内空间的组合关系及各部分的功能关系，室内空间的大小、平面形状、内部分隔、家具陈设、门窗位置及其他设施的平面布置等。

② 标注各种必要的尺寸，主要家具陈设的平面尺寸，装修构造的定位尺寸、细部尺寸及标高等，并让施工者充分了解垂直构件的结构位置。

③ 反映地面装饰铺装材料名称及规格、施工工艺要求等。

④ 各立面位置及各房间名、详图索引符号、图例等。

（2）平面图的绘制要点

① 应采用正投影法按比例绘制。

② 平面布置图中的定位轴线编号应与建筑平面图的轴线编号一致。

③ 比例：常用比例为1∶50、1∶100、1∶200等。

④ 图线：柱子、墙体等用粗实线；未被剖到的但可见的建筑结构的轮廓、门、窗子用中实线；家具、陈设、电器的外轮廓线用中实线，结构线和装饰线用细实线；门弧、窗台、地面材质如地砖、地毯、地板等用细实线；各种符号、尺寸线、引出线按照制图规范设置。

⑤ 需要画详图的部位应画出相应的索引符号。

4.2.2　原建筑平面图的绘制步骤

下面以某住宅平面图为例，介绍 CAD 绘制平面图的步骤。

（1）绘图环境设置

1）单位设置　菜单栏下选择“格式”｜“单位”命令，弹出“图形单位”对话框，如图 4-16 所示设置，然后点击“确定”按钮。

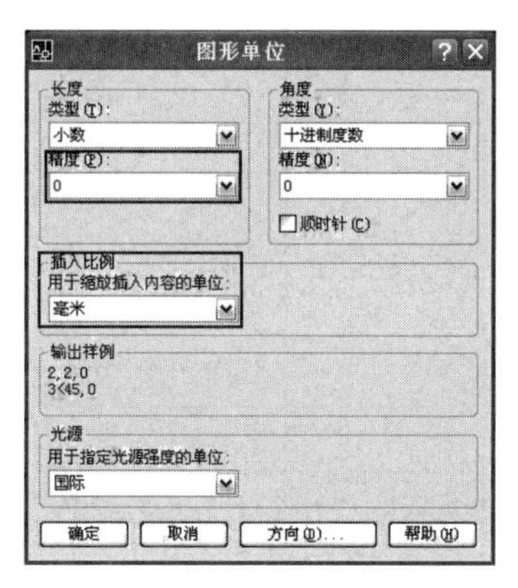

图 4-16　单位设置对话框

2）图层设置　为了方便管理图形和线型设置，在绘图之前利用（LA）命令，打开“图层”对话框，对图层进行设置。可以按照表 4-2 设置图层，其中图层名、色号可以根据绘图习惯进行设置，无统一的标准，线型、线宽按绘图标准进行设置，在绘图过程中，如果有新的内容，可以再建立新的图层。

表 4-2　图层设置样式

图层名	色号	线型	线宽/mm	内　容
墙体线	6 号(洋红)	实线	0.35	墙体、柱子的轮廓
门	2 号(黄色)	实线	0.18	门扇轮廓
门弧	4 号(青色)	实线	0.09	门扇开合轨迹
窗	2 号(黄色)	实线	0.18	窗子轮廓
窗台或飘窗	4 号(青色)	实线	0.09	窗台轮廓和形状
家具 A、陈设 A	5 号(蓝色)	实线	0.18	家具、陈设、花卉、设备外轮廓
家具 B、陈设 B	8 号(深灰色)	实线	0.09	家具、陈设、花卉、设备的结构线和装饰线
管井	4 号(青色)	实线	0.09	烟道、通风道、管井等的符号
尺寸	3 号(绿色)	实线	0.09	尺寸标注线
标高	3 号(绿色)	实线	0.09	标高符号和文字
文字	6 号(洋红)	实线	0.09	说明文字

（2）绘制轴线

图层选择“中轴线”，执行直线（L）命令，分别绘制一条水平直线和一条垂直直线，点划线的比例较小，选中轴线，然后鼠标右击，打开点击下拉菜单中的“特性”命令，设置“线型比例”为 50，如图 4-17 所示。执行偏移（O）命令绘制其他轴线，执行修剪（TR）命令，按照墙体的布局，修剪中轴线，完成，如图 4-18 所示。

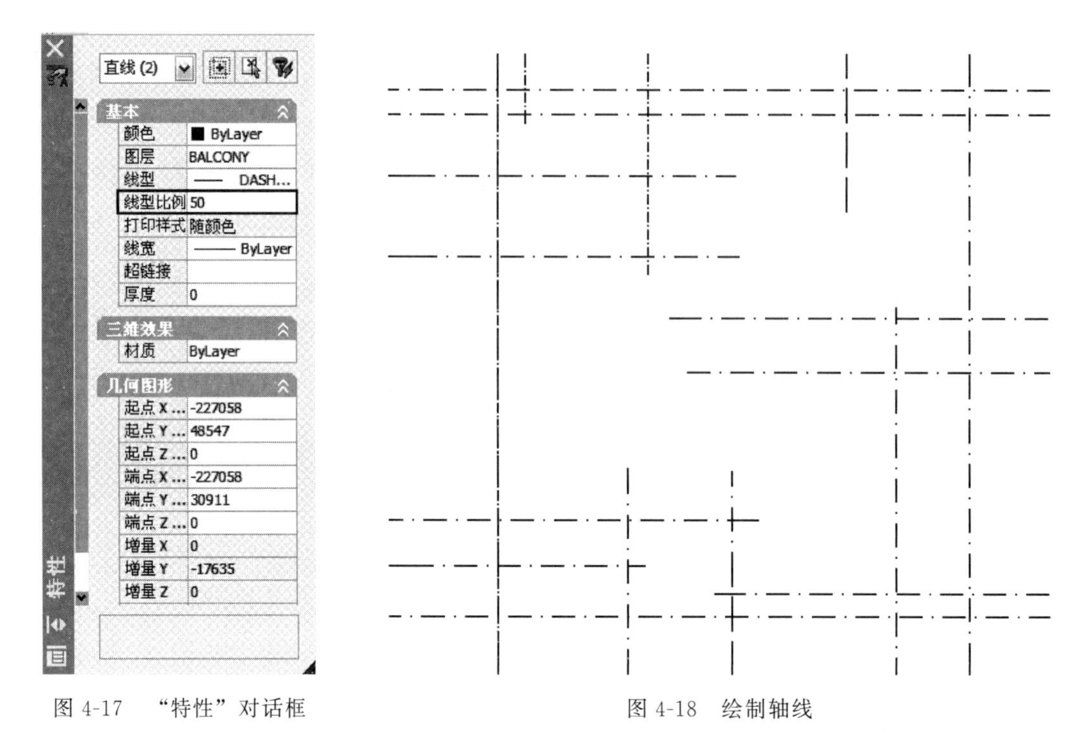

图 4-17 “特性”对话框　　图 4-18 绘制轴线

（3）绘制墙线

用直线（L）、偏移（O）、修剪（TR）、圆角（F）等命令画出建筑主体结构，如图 4-19 所示。

（4）绘制窗线

执行直线（L）、偏移（O）、修剪（TR）、圆角（F）等命令画窗户和窗台及飘窗，如图 4-20所示。

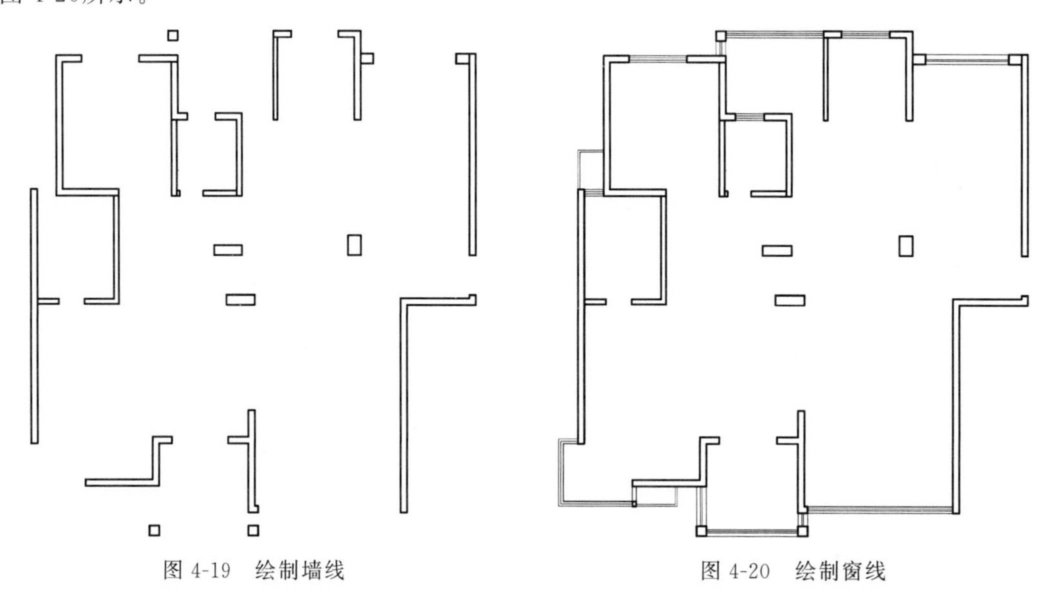

图 4-19 绘制墙线　　图 4-20 绘制窗线

（5）绘制门、管井符号

一般毛坯房只有入户门，而无房间门，因此，在原始平面图中只需要画入户门即可，如

图 4-21 所示。执行填充（H）命令，将柱子与承重墙填充，如图 4-22 所示。

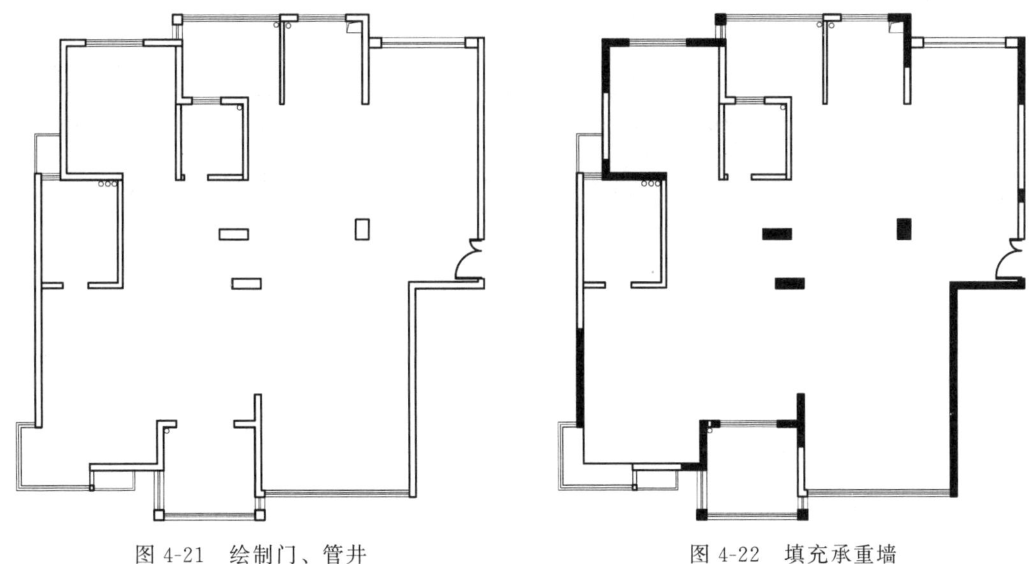

图 4-21　绘制门、管井　　　　图 4-22　填充承重墙

（6）尺寸设置

执行标注样式设置（D）命令，弹出“标注样式管理器”对话框，如图 4-23 所示。在“样式”一栏中有 CAD 软件默认的 ISO-25 样式，我们可以直接使用这个样式，也可以新建一个样式，本例中，我们使用 ISO-25 样式。点击“修改”按钮，进入“修改标注样式”对话框。

进入到“文字”栏，将“文字高度”设置为 300，文字高度用以确定尺寸数字的大小，“文字样式”选择为宋体。“从尺寸线偏移”数值改为 100，这个值规定了数字离尺寸线的距离。此栏的其他数值，都使用默认设置，如图 4-24 所示。

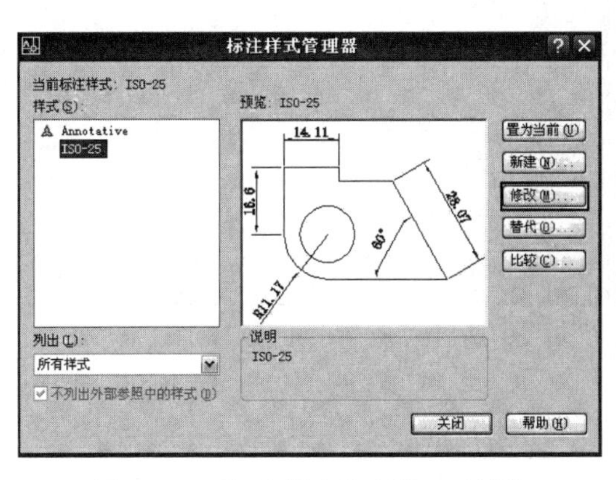

图 4-23　“标注样式管理器”对话框

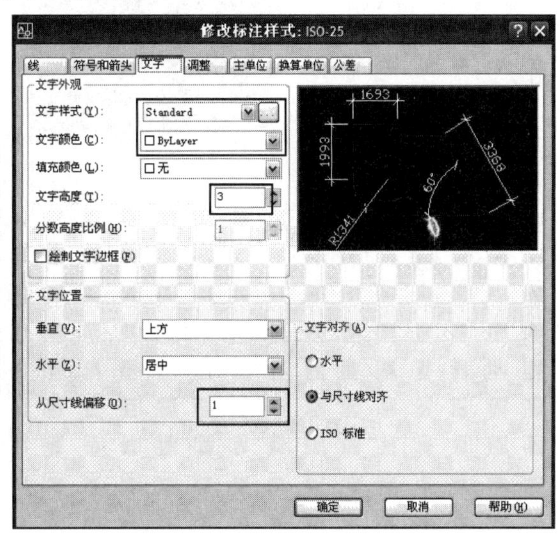

图 4-24　“文字栏”设置

把对话框切换到“符号和箭头”栏，将箭头栏中的“第一个”和“第二个”，均设置为“建筑标记”，“箭头”大小设置为 250，如图 4-25 所示。

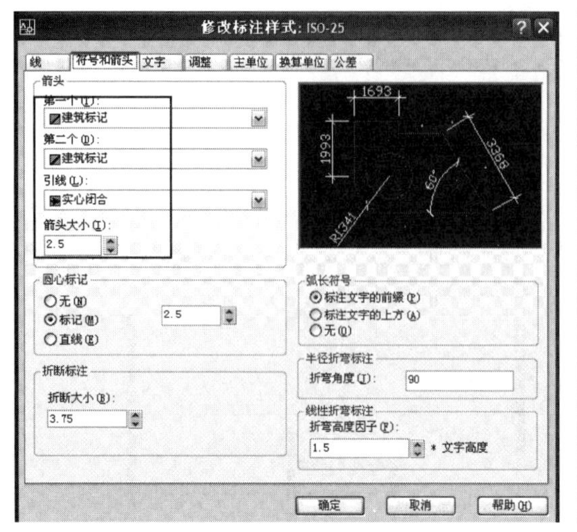

图 4-25 “符号和箭头”栏设置

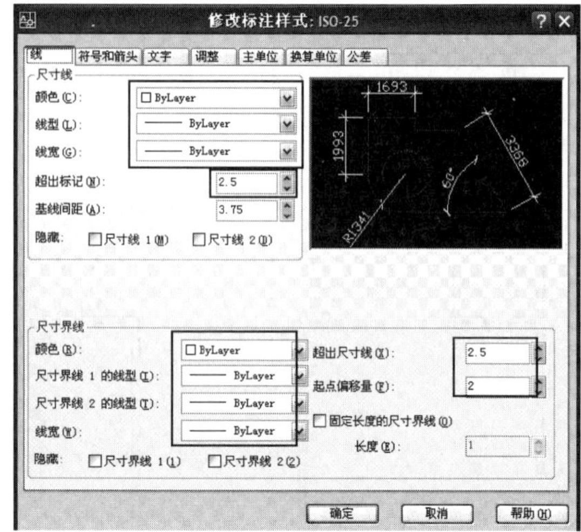

图 4-26 “线”栏设置

把对话框切换到“线”栏，把“超出标记”设置为250，“超出尺寸线”设置为250，其他参数沿用默认设置，如图 4-26 所示。

把对话框切换到“调整”这一栏，在“文字位置”栏里，选中“尺寸线上方，不带引出线”，其他数值均为默认，如图 4-27 所示。

把对话框切换到“主单位”栏，将此栏中“精度”设置为“0”，这样尺寸的数值就精确到个位，其他数值均为默认，如图 4-28 所示。

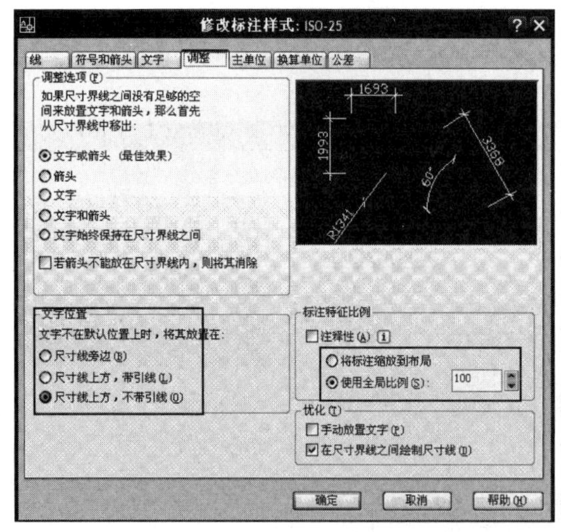

图 4-27 “调整”栏设置

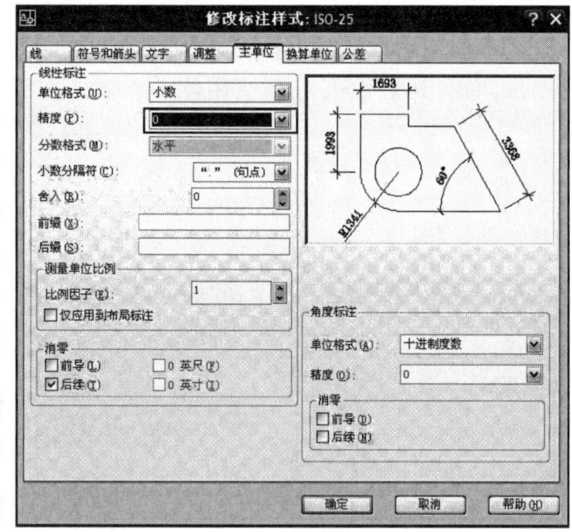

图 4-28 “主单位”栏设置

(7) 尺寸标注

尺寸标注一般分为三层，最里面一层标注小尺寸，中间一层标注为大尺寸，最外面一层标注为总尺寸，如图 4-29 所示。

(8) 绘制轴号

执行圆 (C) 和文字 (MT) 命令，绘制轴号，如图 4-30 所示。

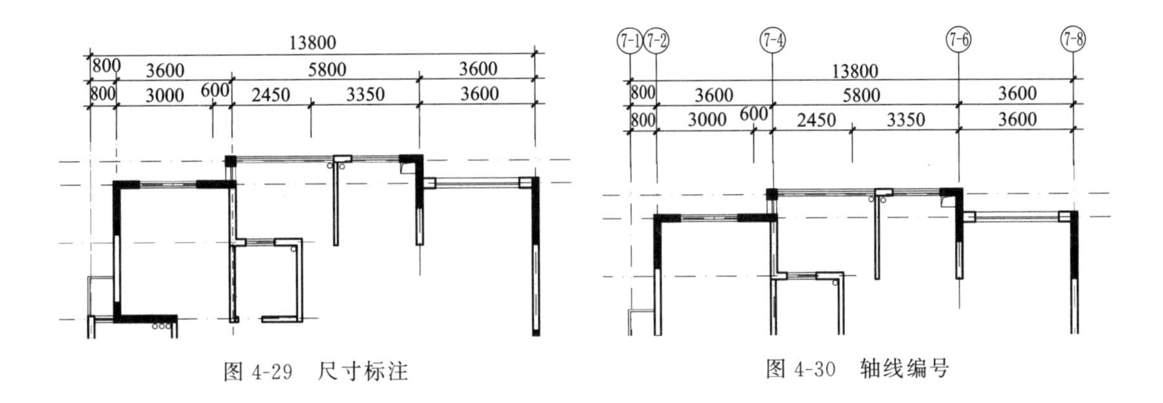

图 4-29　尺寸标注　　　　图 4-30　轴线编号

（9）标注标高、指北针、文字、完成全图

标注标高、指北针、文字、完成全图，如图 4-31 所示。

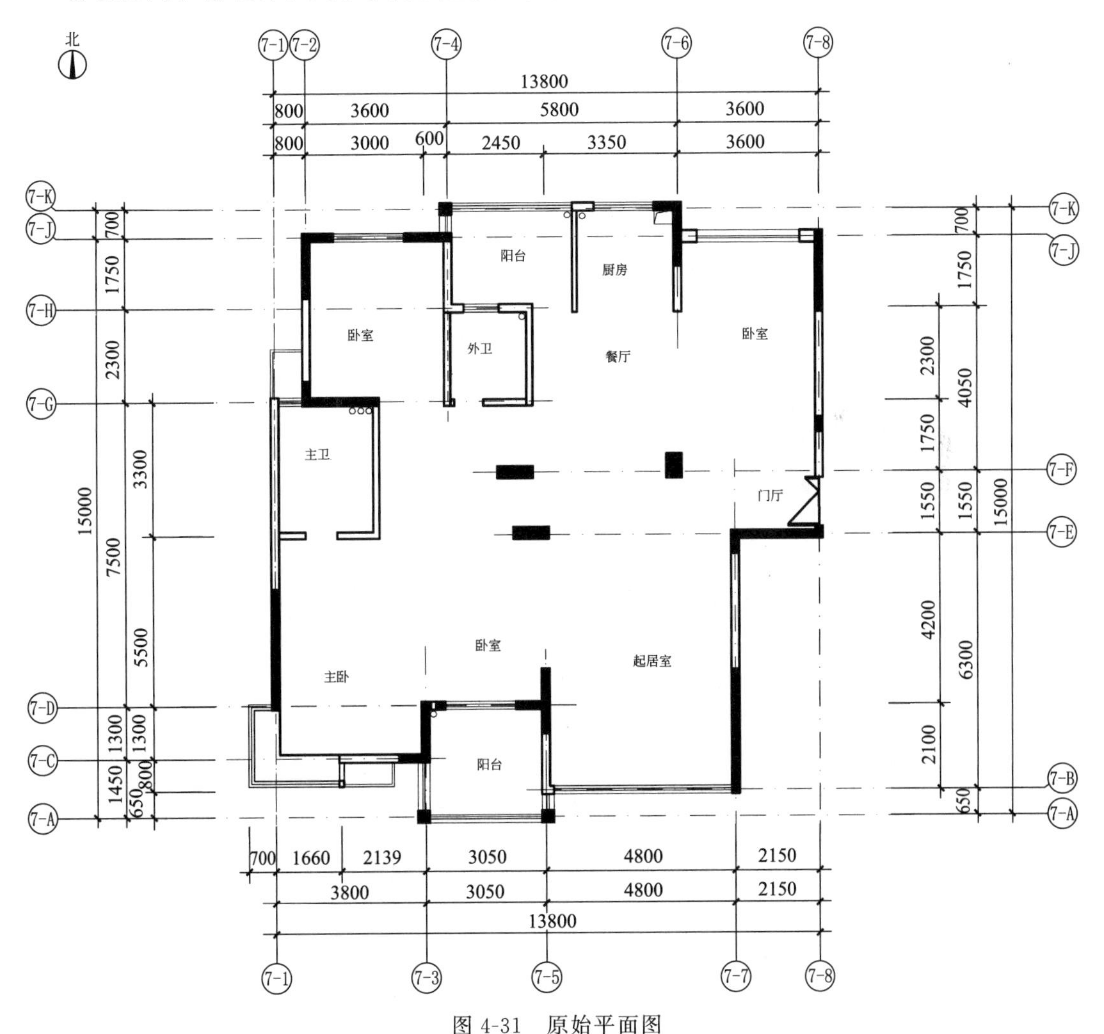

图 4-31　原始平面图

（10）放入图框，图纸命名及图面调整，完成全图

放入图框，图纸命名及图面调整，完成全图，如图 4-32 所示。

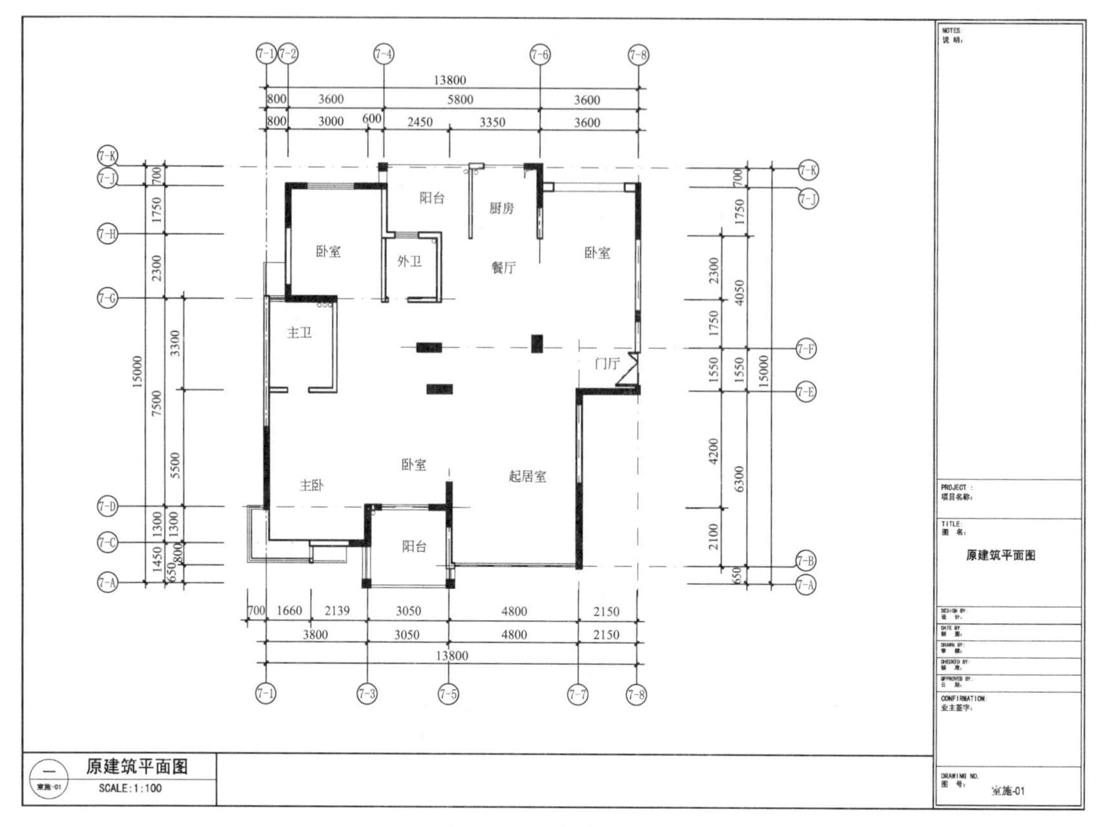

图 4-32　原建筑平面图

4.2.3　平面布置图绘制步骤

平面布置图是在原建筑平面图的基础上绘制，以下为平面布置图的绘图步骤。

(1) 修改、整理原建筑平面图

将原建筑平面图拷贝，按设计方案将墙体等建筑结构进行调整，如图 4-33 所示。

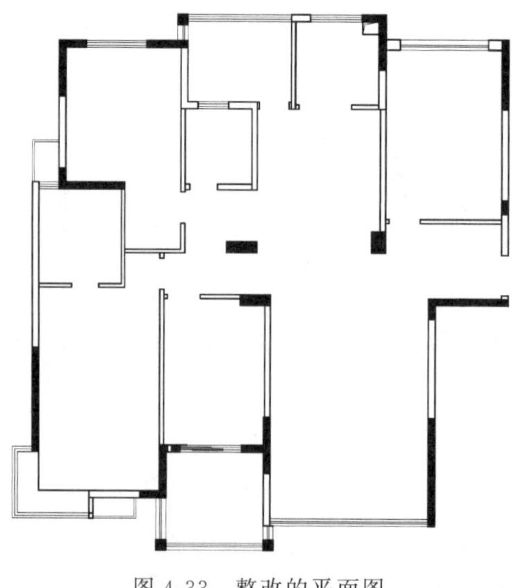

图 4-33　整改的平面图

（2）绘制门、窗和固定家具

利用直线（L）、偏移（O）、修剪（TR）等绘制出固定家具，包括门、衣柜、隔断、书柜、橱柜等，如图 4-34 所示。

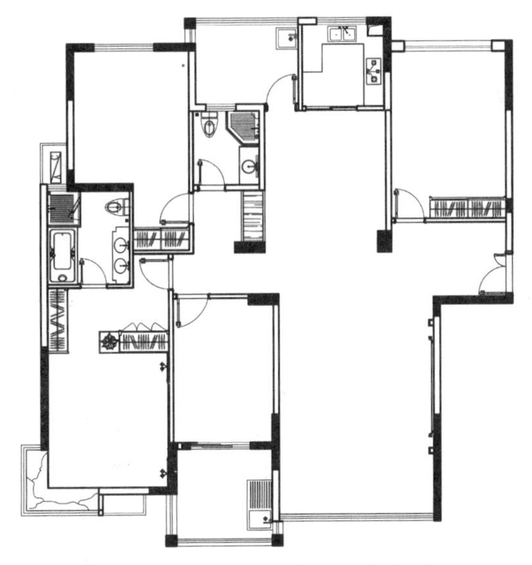

图 4-34　绘制门、窗和固定家具

（3）插入图块

本例的图块有沙发、低柜、双人床、书桌椅、电视柜、电视、休闲椅等，如图 4-35 所示，将沙发、低柜、空调图块插入到客厅的适合位置，将双人床、低柜、书桌、衣柜插入到卧室的位置。

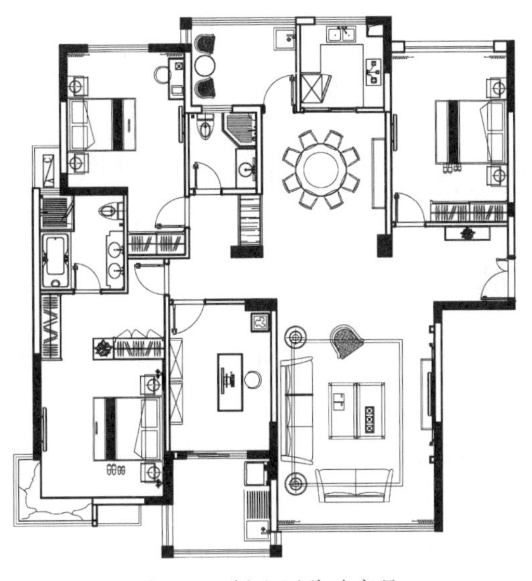

图 4-35　插入可移动家具

（4）整理图层，修改完善尺寸标注，注写文字说明、图名比例等

整理图层，修改完善尺寸标注，注写文字说明、图名比例等，如图 4-36 所示。

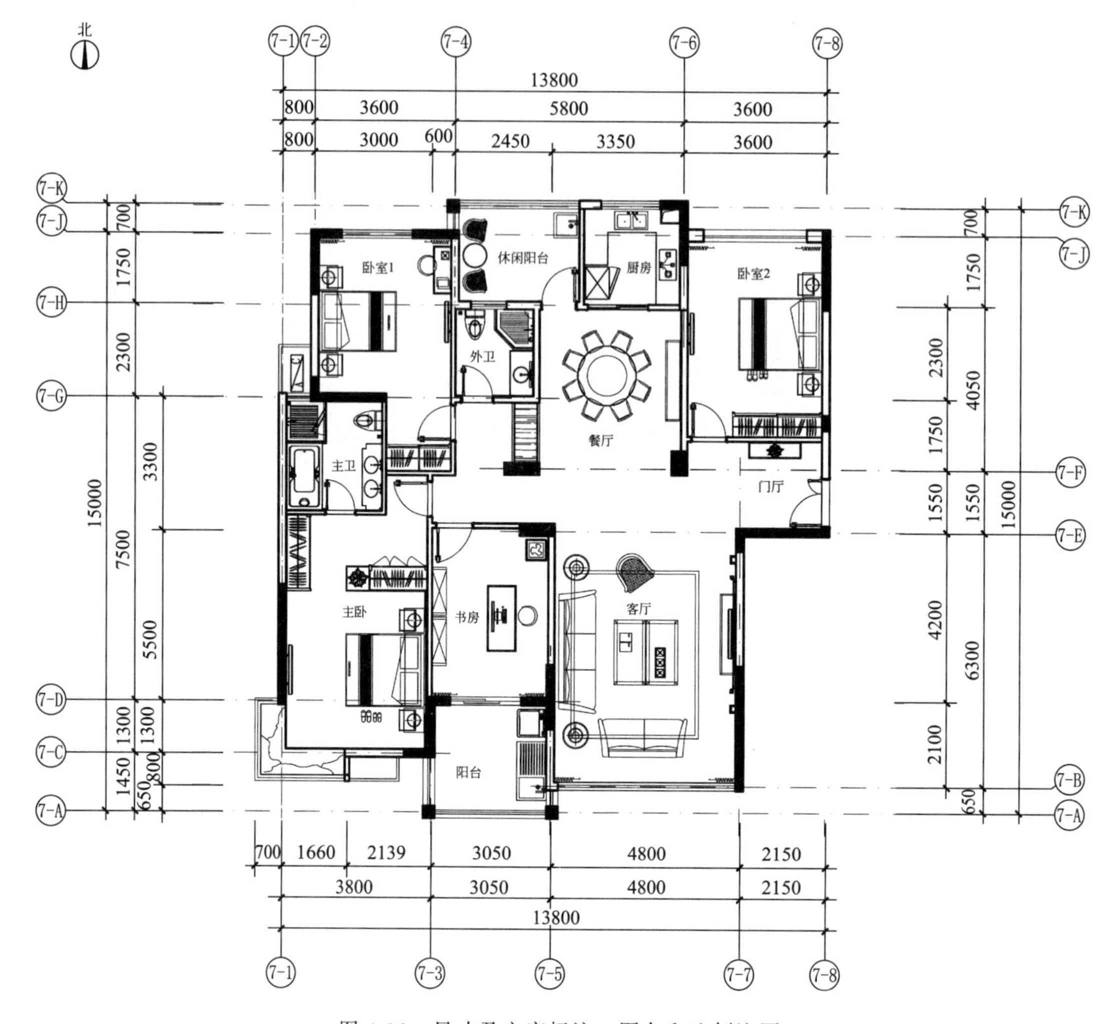

图 4-36 尺寸及文字标注，图名和比例注写

（5）放入图框，图纸命名及图面调整，完成全图放入图框，图纸命名及图面调整，完成全图，如图 4-37 所示。

4.3 平面图绘制实例

1）原始平面图绘制 按客户提供的建筑平面图或根据现场情况绘制原始结构平面图，如图 4-38 所示。

2）室内设计现场勘测平面图绘制 绘制室内原始平面图之后，设计师应亲自到现场进行勘测并观察现场环境。测量的同时要了解客户的一些基本需求，研究用户的要求是否可行，以便更加科学、合理地进行设计。这样在后面的设计过程中会更有针对性，目标会更明确，能减少方案修改的次数。

室内设计中所涉及的装修项目大致分为墙面、顶面、地面、门、窗等几个部分，每个项目现场勘测内容测量要点有所不同。

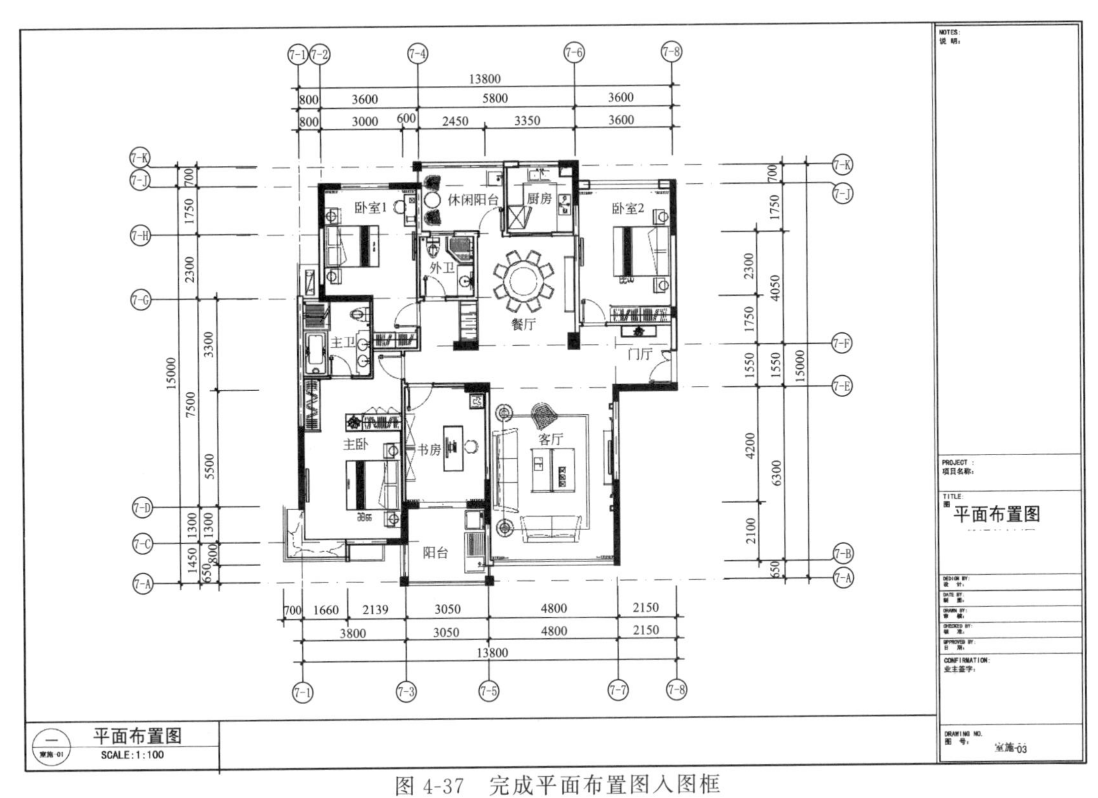

图 4-37　完成平面布置图入图框

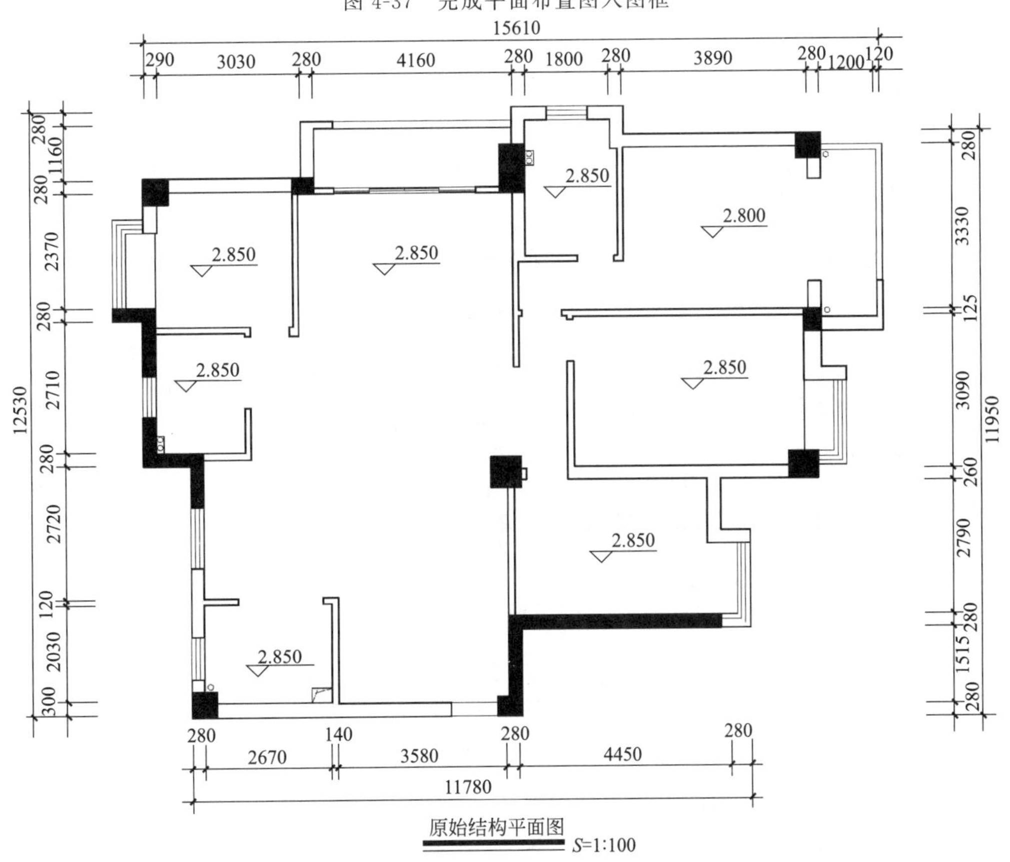

图 4-38　原始结构平面图

① 墙面。测量的时候尽量详尽地把每一面墙的尺寸测量准确，以方便后期的方案设计和预算报价；墙面上的门洞、窗洞都应当标记清楚，并注明宽与高；墙面上的空调洞、煤气表、配电盒、给水进水口等都应有所注明；卫生间、厨房的主下水管道位置及大小，原建筑的洗盆、水池、蹲便器排污管的准确位置，都应当注明；还有各部位墙体的厚度也应弄清楚。

② 顶面。测量中最重要的就是层高的测量，有些房间如卫生间是下沉式，会与其他室内空间的层高有所不同，要特别注意；其次就是每一根梁的高与宽，也要测量，以方便吊顶方案设计。

③ 地面。要注意地漏的位置、地面的高差变化，设计师依据测量获得的数据，按照比例绘制出室内各房间平面图，平面图中标明房间长、宽并详细注明门、窗、建筑构件的位置和尺寸，同时标明地面及顶面的标高变化，通过这张图纸为后续设计提供参考，如图 4-39 所示。

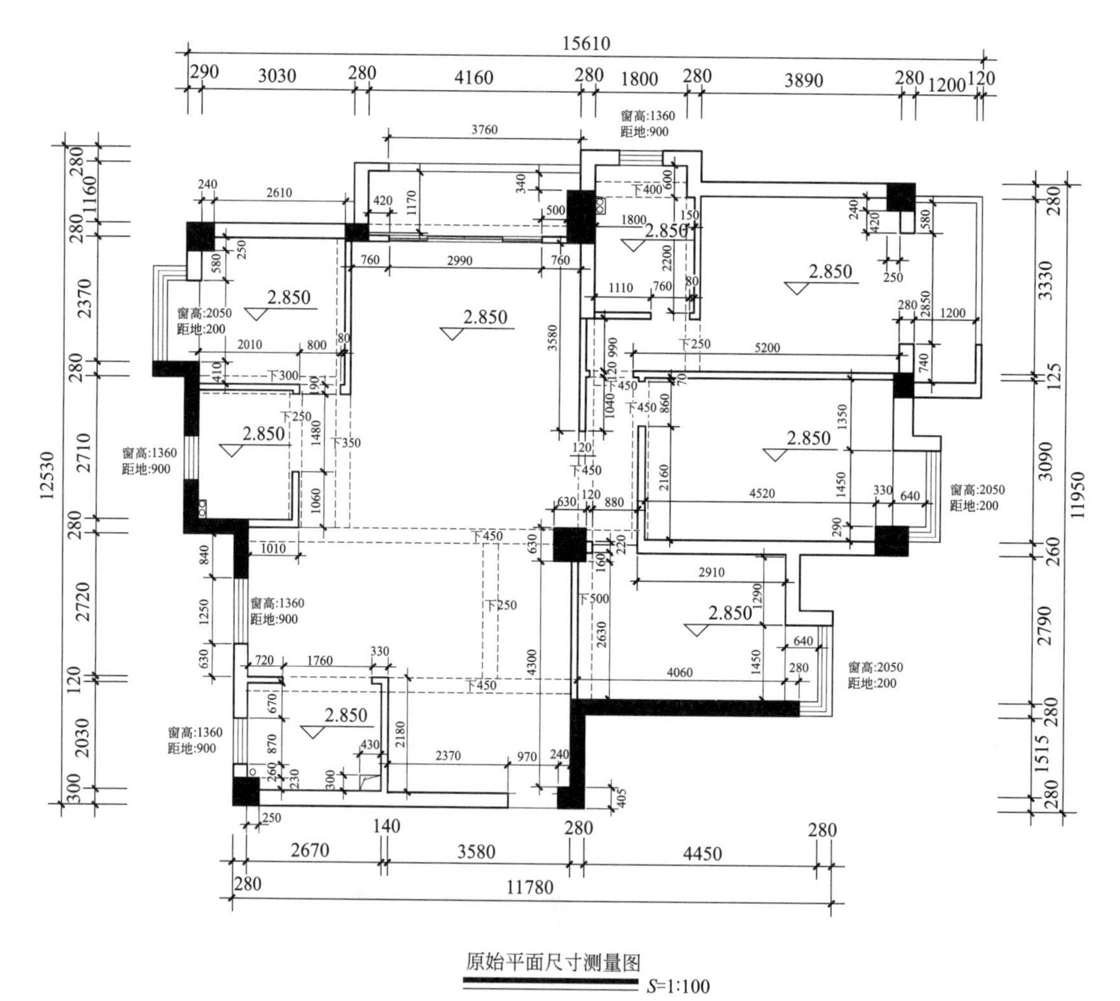

图 4-39 原始平面尺寸测量图

3）室内设计平面布置图绘制 如图 4-40 所示。

4）室内地坪装修图绘制 如图 4-41 所示。

5）室内设计插座图绘制 如图 4-42 所示。

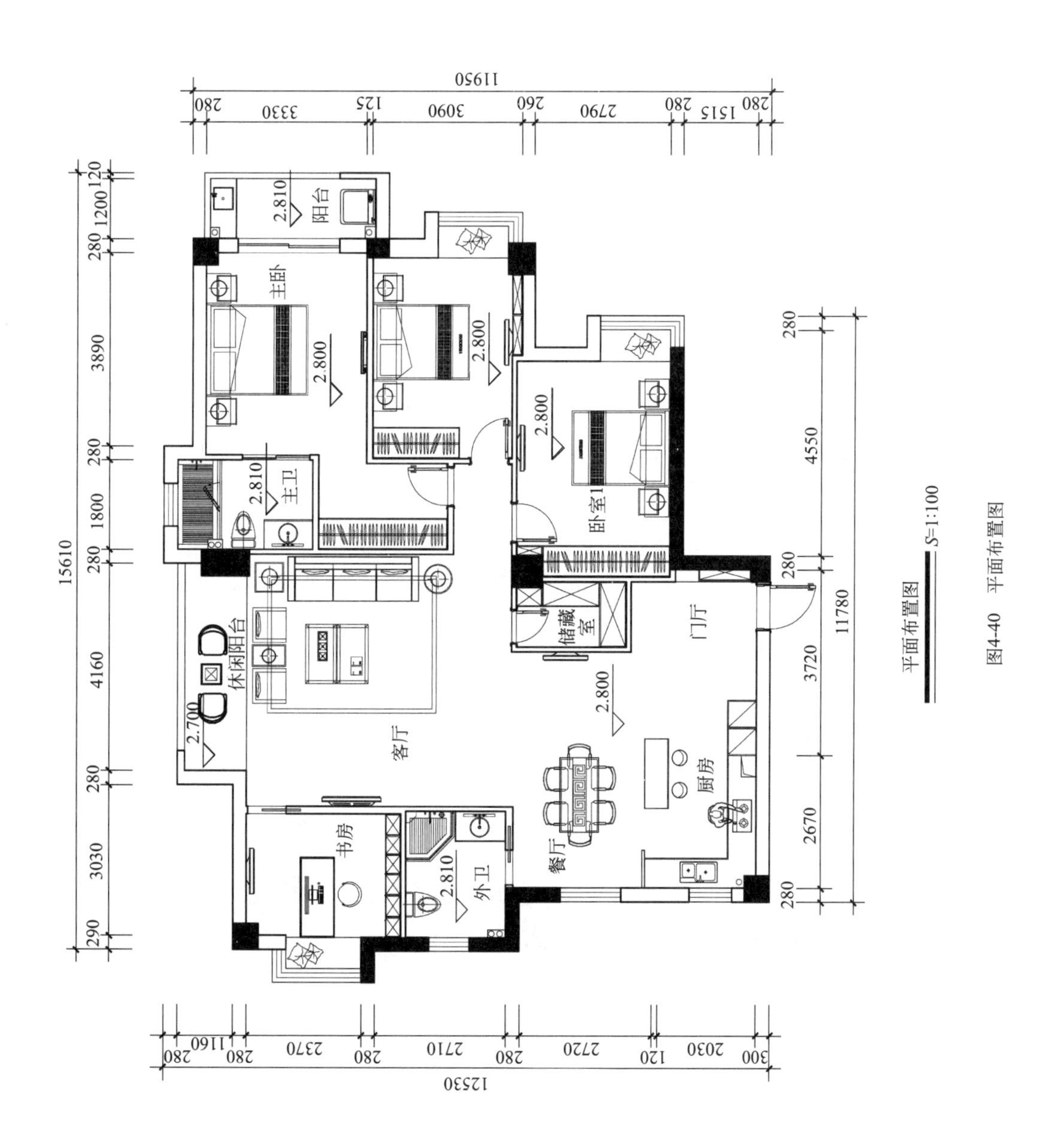

图4-40　平面布置图

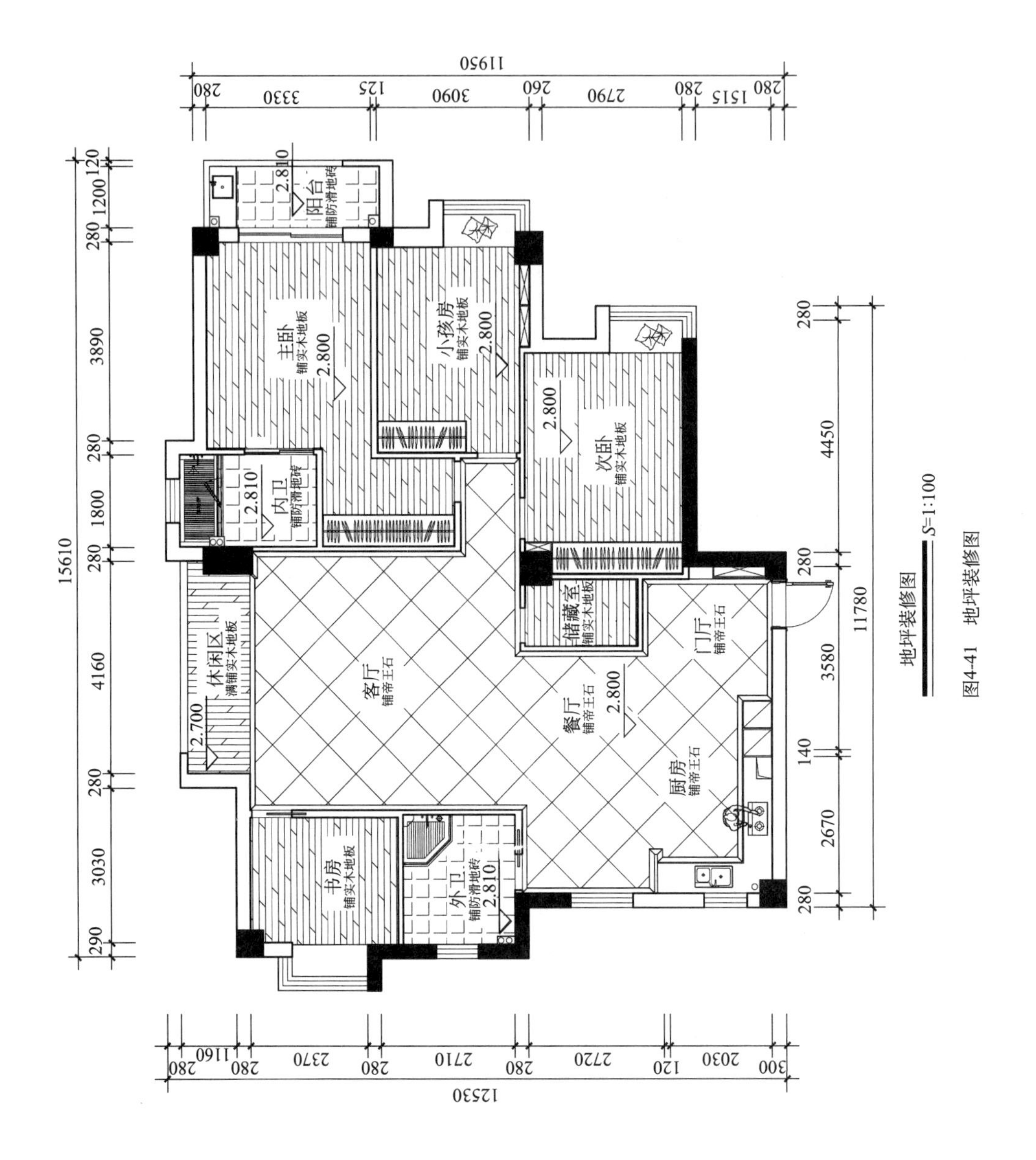

11950
280
3330
125
3090
260
2790
280
1515
280
阳台
铺防滑地砖
2.810
主卧
铺实木地板
2.800
小孩房
铺实木地板
2.800
次卧
铺实木地板
2.800
内卫
铺防滑地砖
2.810
储藏室
铺实木地板
门厅
铺帝王石
客厅
铺帝王石
餐厅
铺帝王石
2.800
厨房
铺帝王石
休闲区
满铺实木地板
2.700
书房
铺实木地板
外卫
铺防滑地砖
2.810
15610
120
1200
280
3890
280
1800
280
4160
280
3030
290
11780
280
4450
280
3580
140
2670
280
12530
280
1160
280
2370
280
2710
280
2720
120
2030
300
地坪装修图
S=1:100

图4-41 地坪装修图

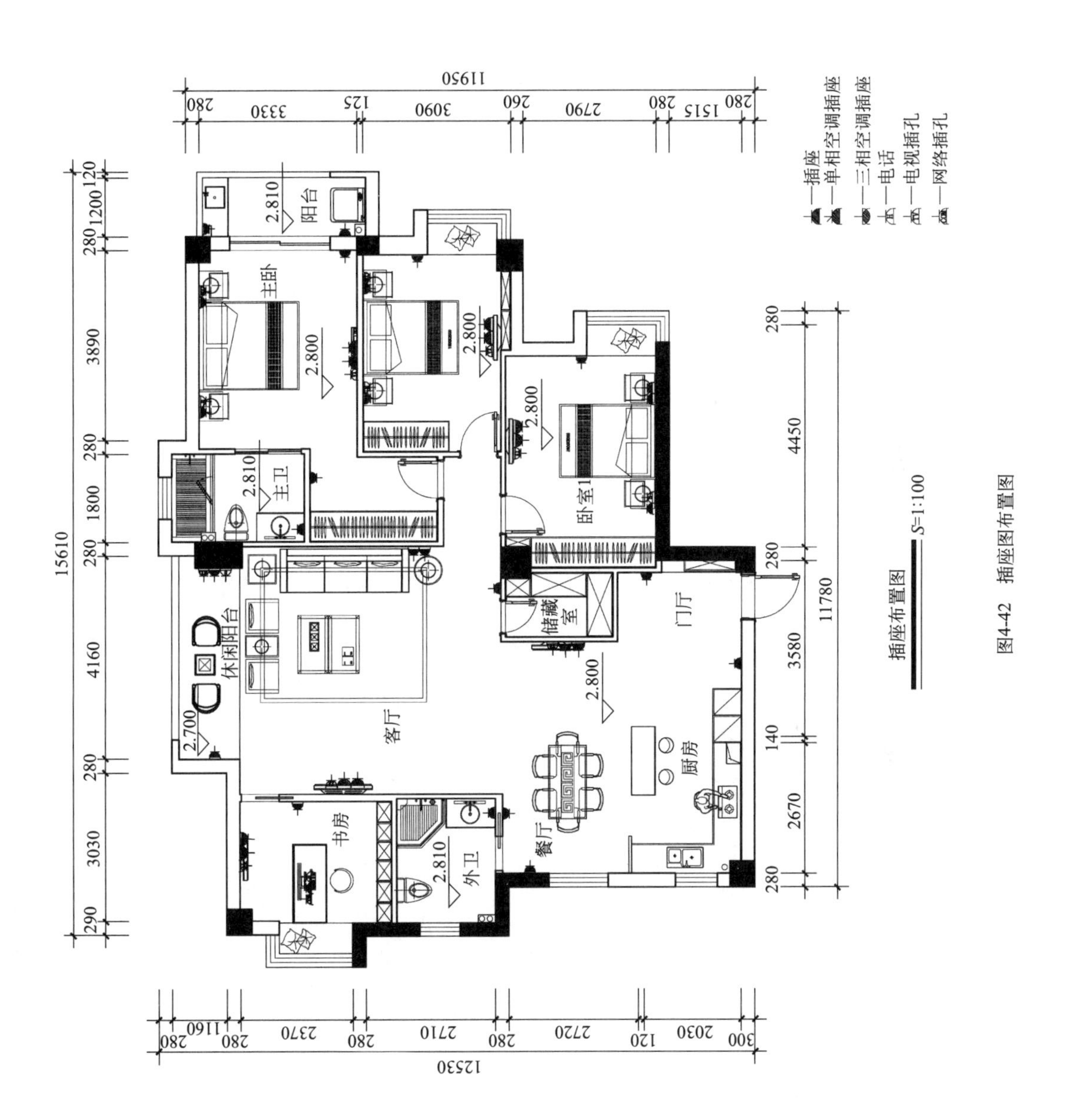
插座布置图
S=1:100
—插座
—单相空调插座
—三相空调插座
—电话
—电视插孔
—网络插孔
阳台
主卧
主卫
卧室1
储藏室
门厅
休闲阳台
客厅
厨房
餐厅
书房
外卫
11950
12530
15610
11780

图4-42 插座图布置图

第5章　室内设计顶棚平面图的识读与绘制

5.1　室内设计顶棚图的识读

5.1.1　顶棚平面图的形成

顶棚平面图是假想用一水平剖切面离顶棚1.5m的位置水平剖切后，去掉下半部分，自上而下所得到的水平面的镜像正投影图，即顶棚平面的倒影图。顶棚平面图也可称为天花平面图或吊顶平面图，如图5-1所示。

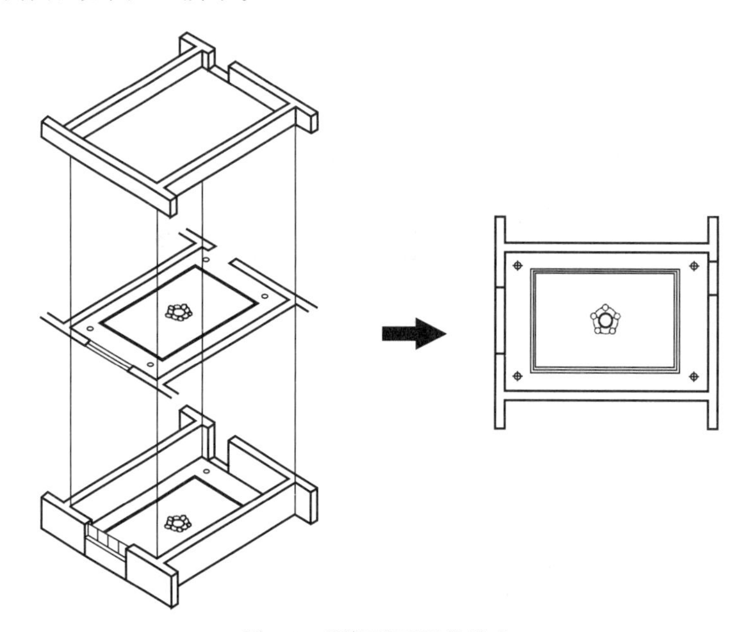

图5-1　顶棚平面图的形成

顶棚设计既要有较高的净空，扩大空间效果，提高空气质量，避免压抑感，又要把在视觉范围内的梁柱处理好，并需巧妙选择灯具的照度、造型、品种，对空间的整体效果加以烘托。顶棚图还要准确完整地表达出顶棚造型、空间层次、电气设备、灯具、音响位置与种类、使用装饰材料、尺寸标注等，如图5-2所示。

5.1.2　顶棚平面图的命名

由于室内平面图表达的内容较多，很难在一张图纸上表达完善，也为了方便表达施工过程中各施工阶段、各施工内容，以及各专业供应方阅图的需求，可将顶棚平面图细分为各项分顶棚平面图，如顶棚装修布置图、顶棚装修尺寸图、顶棚装修索引图、顶棚灯控布置图等。当设计较简易时，视具体情况可将上述某几项内容合并在同一张顶棚平面图上来表达。

（1）顶棚装修布置图

① 表达出剖切线以上的建筑与室内空间的造型及其关系。

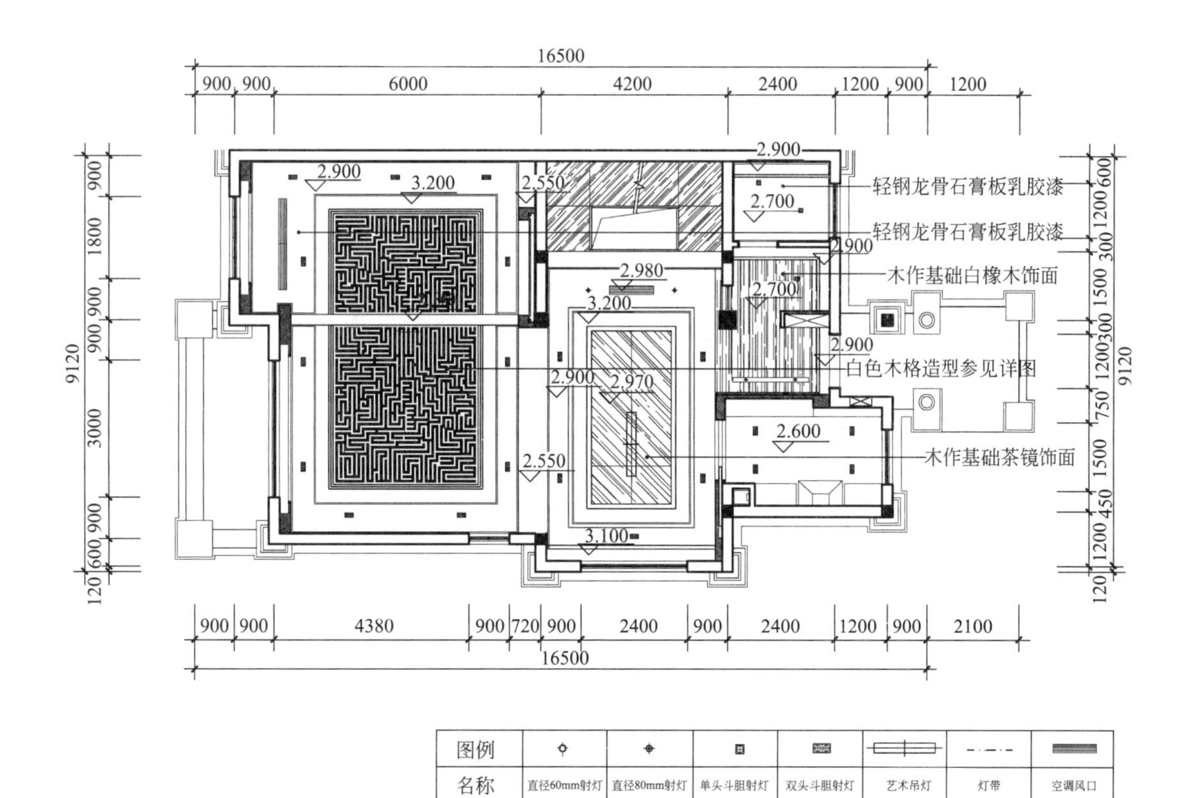

图 5-2　顶棚平面图

② 表达出顶棚的造型、材料、灯位图例。

③ 表达出门、窗、洞口的位置

④ 表达出窗帘及窗帘盒。

⑤ 表达出各顶面的标高关系。

⑥ 表达出风口、烟感、温感、喷淋、广播、检修口等设备安装位置。

图 5-3 表示出了顶棚的装修情况，有二级吊顶、暗藏灯槽、吊灯、筒灯、射灯等各种灯具，复杂的吊顶上用引出线方式标高表示出吊顶各部分的高度及材料，在右下方绘制了图例说明图中的灯具符号。

(2) 顶棚装修尺寸图

① 表达出该部分剖切线以上的建筑与室内空间的造型及关系。

② 表达出详细的装修、安装尺寸。

③ 表达出顶棚的灯位图例及其他装饰物并注明尺寸。

④ 表达出窗帘、窗帘盒及窗帘轨道。

⑤ 表达出门、窗、洞口的位置。

⑥ 表达出风口、烟感、温感、喷淋、广播、检修口等设备安装（需标注尺寸）。

⑦ 表达出顶棚的装修材料及排版。

⑧ 表达出顶棚的标高关系。

图 5-4 所示为顶棚装修尺寸图。

(3) 顶棚装修索引图

① 表达出该部分剖切线以上的建筑与室内空间的造型及关系。

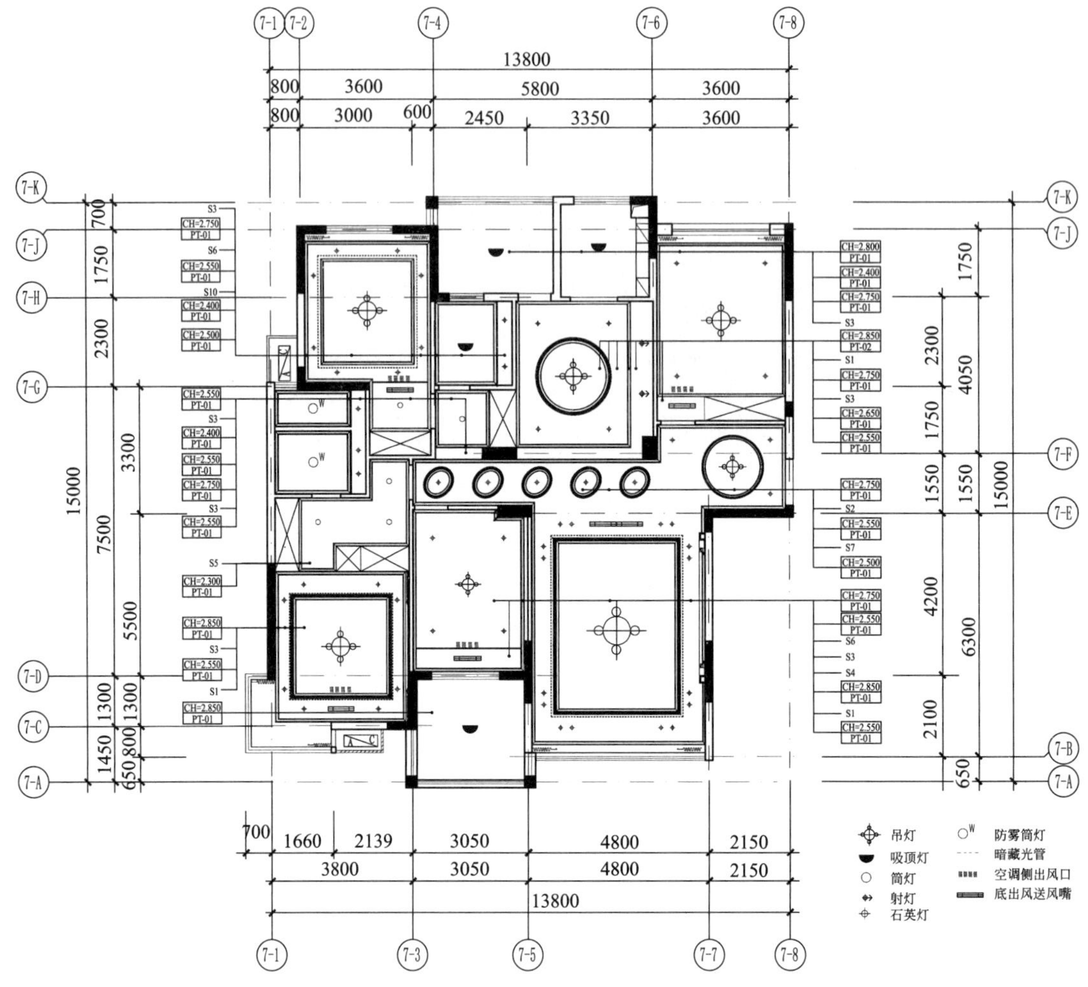

图 5-3　顶棚装修布置图

② 表达出顶棚装修的节点剖切索引号及大样索引号。

③ 表达出顶棚的灯位图例及其他装饰物（不注尺寸）。

④ 表达出窗帘及窗帘盒。

⑤ 表达出门、窗、洞口的位置。

⑥ 表达出风口、烟感、温感、喷淋、广播、检修口等设备安装（不注尺寸）。

⑦ 表达出平顶的装修材料索引编号及排版。

⑧ 表达出平顶的标高关系。

（4）顶棚灯控布置图

① 表达出该部分剖切线以上的建筑与室内空间的造型及关系。

② 表达出每一光源的位置及图例（不注尺寸）。

③ 表达出开关与灯具之间的控制关系。

④ 表达出各类灯光、灯饰在本图纸中的图表。

⑤ 表达出窗帘及窗帘盒。

⑥ 表达出门、窗、洞口的位置。

⑦ 表达出顶棚的标高关系。

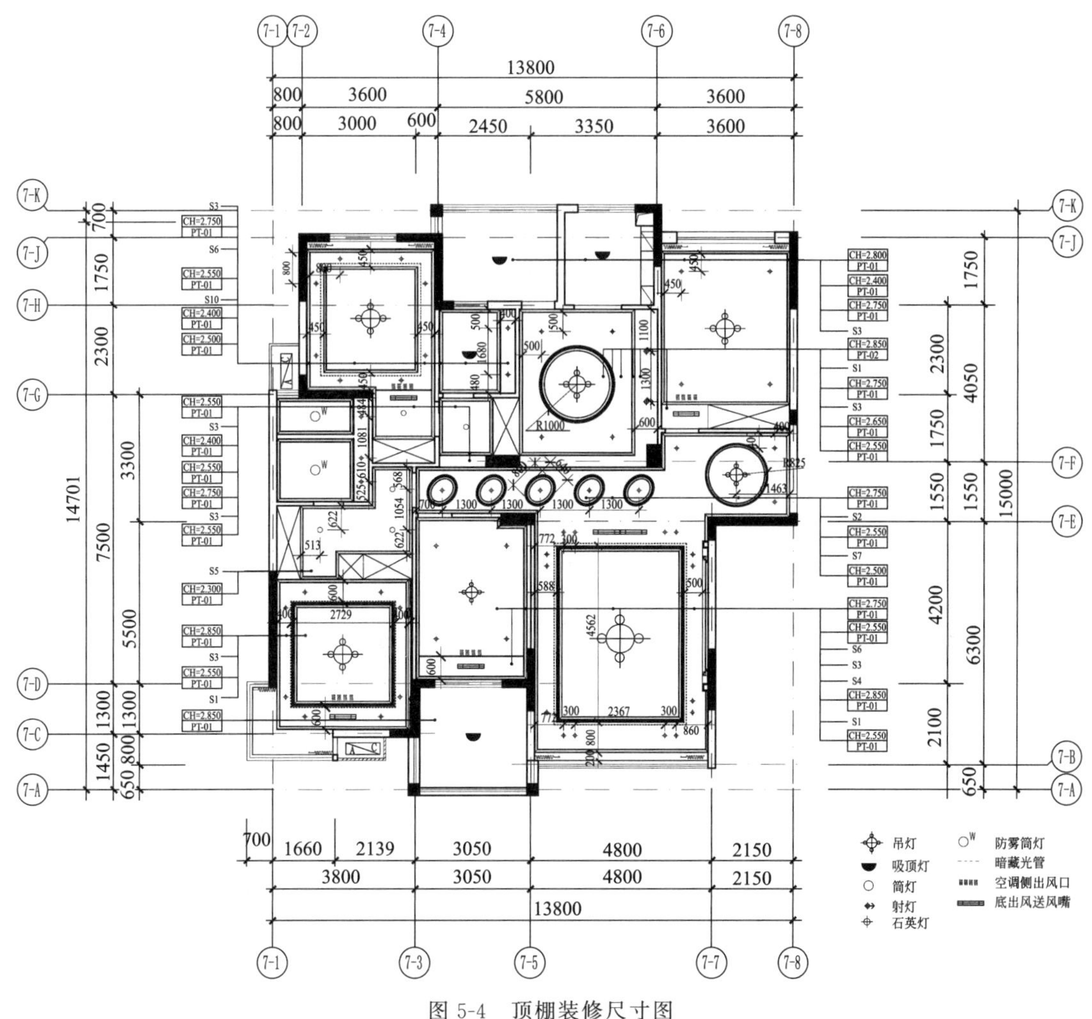

图 5-4 顶棚装修尺寸图

⑧ 以弧形细虚线绘制出需连成一体的光源设置。

图 5-5 所示为顶棚灯控布置图。

5.1.3 顶棚平面图的图示方法

（1）符号标注、尺寸标注、文字标注

1）符号标注　顶棚平面图的符号有索引符号、剖切符号、标高符号、材料索引符号等。索引符号、剖切符号要与相关图形对应，如图 5-6 所示。

索引符号是为了清晰地表示顶棚平面图中的某个局部或构配件而注明的详图编号，看图时可以查找相互有关的图纸，对照阅读，便可一目了然，如表 5-1 所示。

2）尺寸标注　顶棚平面图尺寸标注是对顶棚造型的尺度进行详细注解，是装饰施工的重要依据，如图 5-7 所示，尺寸标注详尽、准确，里面层尺寸表示灯具安装距离和造型的尺寸，外面大尺寸表示顶棚造型之间的距离。

顶棚平面图上的标高，如图 5-7 所示的 2.900 即为表示该造型离地面的距离为 2.9m，依此类推。

3）文字标注　顶棚平面图中文字标注主要起解释说明的作用，如“轻钢龙骨石膏板乳

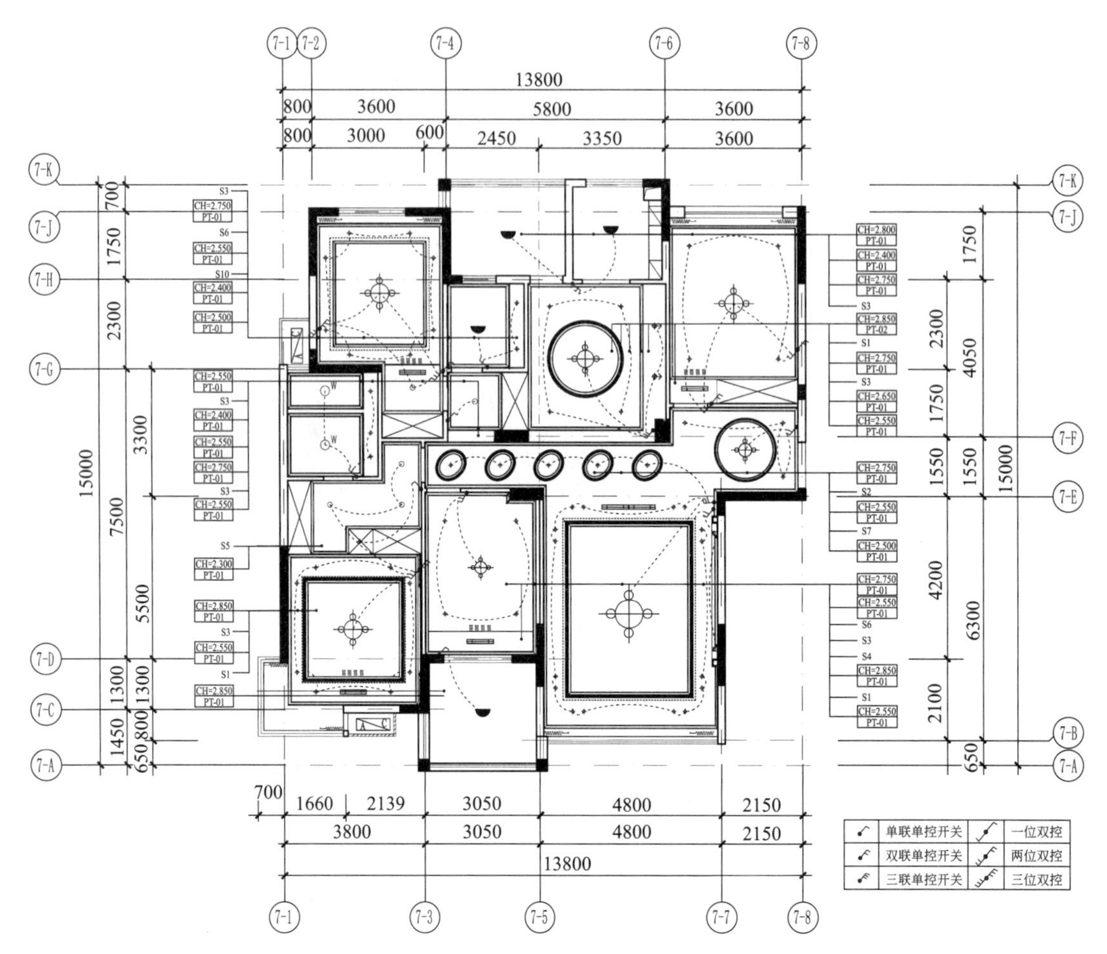

图 5-5 顶棚灯控布置图

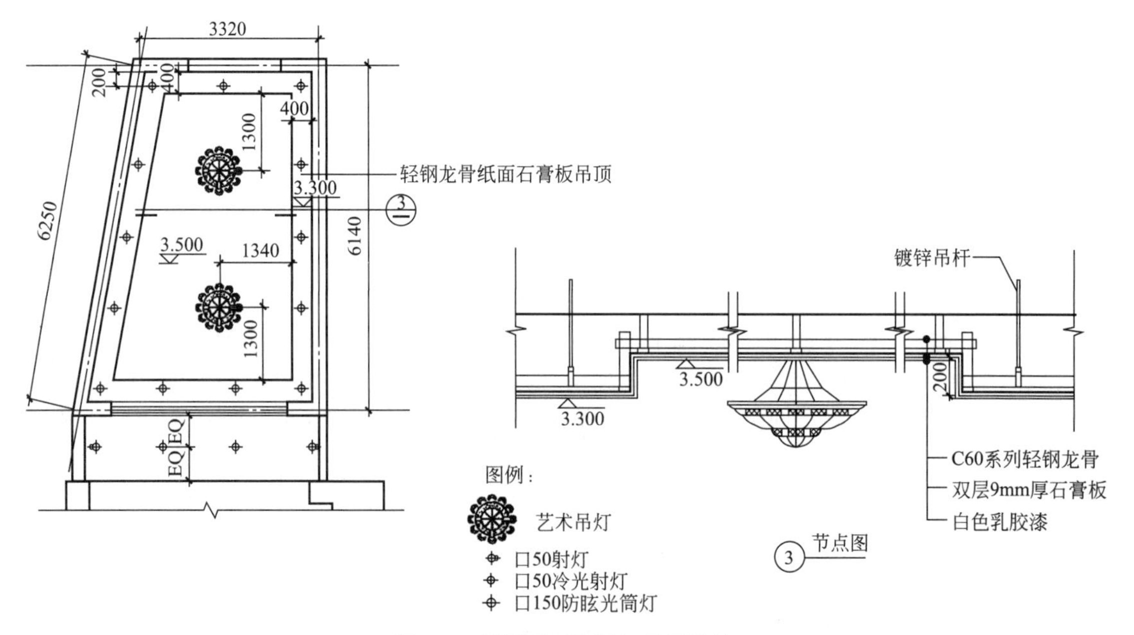

图 5-6 顶棚平面图剖切符号识读

表 5-1 索引及详图符号

名称	符号	说明
详图的索引符号	5/— 详图的编号；详图在本张图样上 5/— 局部剖面详图的编号；剖面详图在本张图样上	详图在本张图样上
	2/5 详图的编号；详图所在图样的编号 4/3 局部剖面详图的编号；剖面详图所在图样的编号	详图不在本张图样上
	J106 3/4 标准图册的编号；标准详图的编号；详图所在图样的编号	标准详图
详图符号	5 —详图的编号	被索引的在本张图样上
	5/3 详图的编号；被索引的图样编号	被索引的不在本张图样上

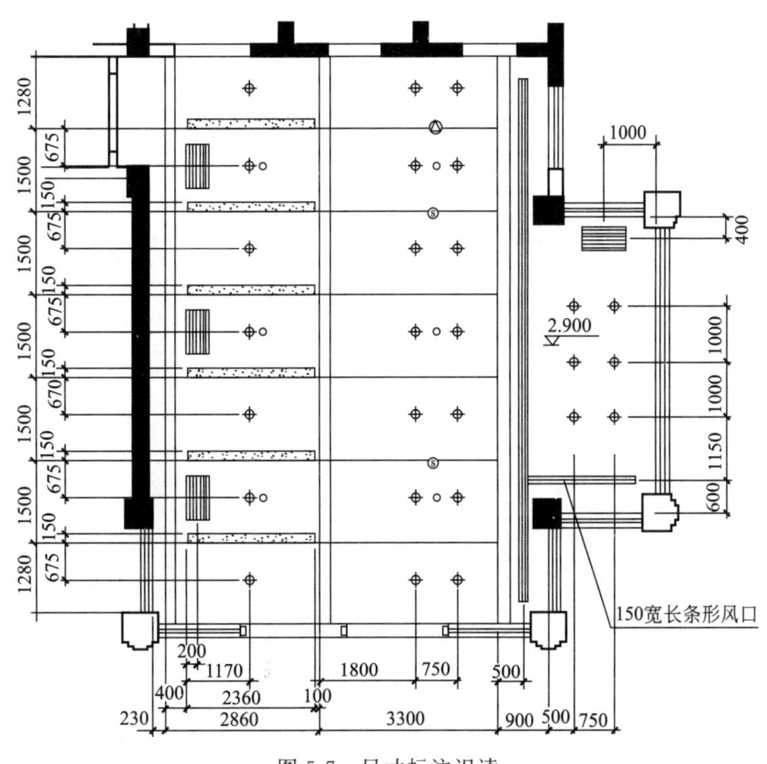

图 5-7 尺寸标注识读

胶漆”就是对顶棚简易施工做法的一种表达方式，如图 5-8 所示。

（2）灯具及机电图例

顶棚布置图的灯具平面图实为仰视图或俯视图，它反应灯具的平面形状和尺寸，如表 5-2所示为常用的灯具图例，表 5-3 所示为常用的机电图例。需要指出的是，灯具及机电表示符号，在室内设计制图尚未有统一的国家标准，可根据实际情况、设计习惯、设计团队的要求，自行调整。

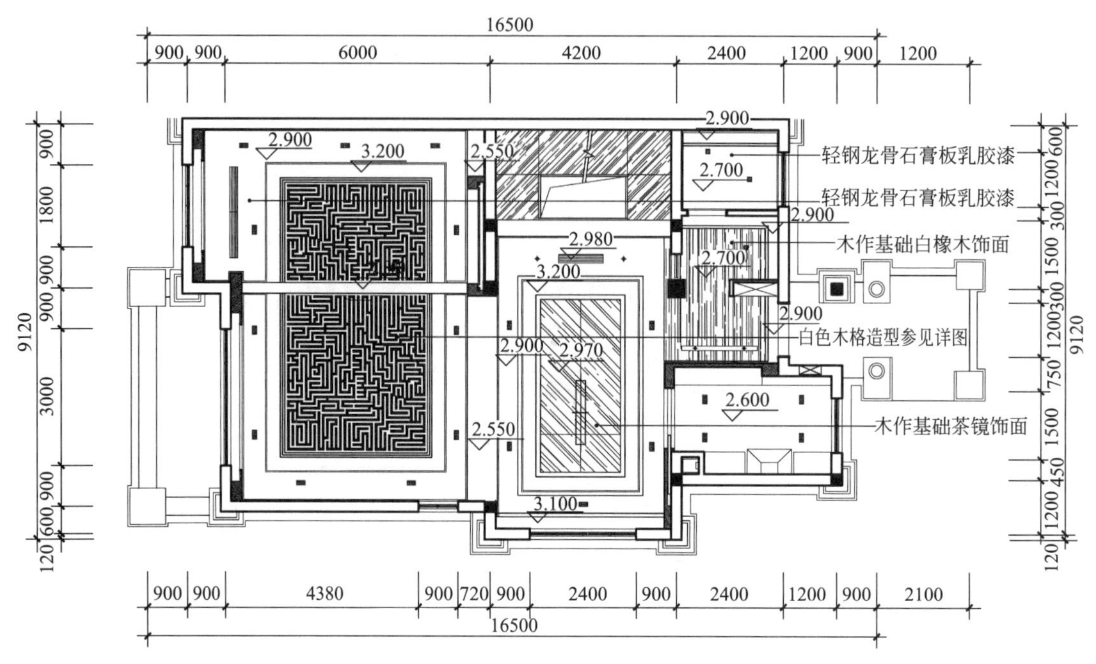

图 5-8 顶棚平面图

表 5-2 常用的灯具图例

序号	名称	图例	序号	名称	图例
1	吊灯		11	格栅射灯	(单头) (双头) (三头)
2	吸顶灯		12	荧光灯	
3	筒灯		13	聚光灯	
4	射灯		14	单头斗胆灯	
5	壁灯		15	双头斗胆灯	
6	台灯		16	浴霸	
7	落地灯		17	水下灯	
8	暗藏灯带		18	踏步灯	
9	轨道射灯		19	格栅荧光灯	600×600 (正方形) 600×1200 (长方形)
10	草坪灯		20	可调角度射灯	

表 5-3　常用的机电图例

序号	名称	图例	序号	名称	图例
1	单联单控开关		21	喷淋(下喷)	
2	双联单控翘板开关		22	喷淋(上喷)	
3	三联单控翘板开关		23	喷淋(侧喷)	
4	四联单控翘板开关		24	风扇	
5	单联双控翘板开关		25	烟感探头	S
6	双联双控翘板开关		26	火警铃	F
7	三联双控翘板开关		27	门铃	DB
8	四联双控翘板开关		28	照明配电箱	
9	声控开关		29	下送风口	A/C
10	配电箱		30	侧送风口	A/C
11	电话分线箱		31	下回风口	A/R
12	调光器开关	SD	32	侧回风口	A/R
13	微型开关	MS	33	下送风口	A/C
14	温控开关	T	34	侧送风口	A/C
15	插卡取电开关	CC	35	下回风口	A/R
16	请勿打扰指示牌开关	DND	36	侧回风口	A/R
17	服务呼叫开关	FW	37	干粉灭火器	
18	紧急呼叫开关	JJ	38	消防栓	XHS
19	背景音乐开关	YY	39	下水点位	
20	排风扇		40	顶棚扬声器	

5.2 CAD绘制顶棚平面图

5.2.1 顶棚平面图绘制的内容及要点

（1）顶棚平面图绘制的内容

作为室内空间最大的视觉界面，由于与人接触较少，较多情况下只受视觉的支配，因此在造型和材质的选择上可以相对自由，但由于顶棚与建筑结构关系密切，受其制约较大，顶棚同时又是各种灯具、设备相对集中的地方，处理时不能不考虑这些因素的影响。

顶棚平面图表达的内容有以下几个方面：

① 反映室内空间组合的标高关系和顶棚造型在水平方向形状和大小，以及装饰材料名称及规格、施工工艺要求等；

② 反映顶棚上的灯具、通风口、自动喷淋头、烟感报警器、扬声器等的名称、规格和能够明确其位置的尺寸，并配以图例；

③ 标注详图索引符号、剖切符号、图名与比例。

（2）顶棚平面图绘制要点

① 顶棚平面图的比例一般与室内平面图相对应，采用同样的比例；

② 顶棚平面图也要标注轴线位置及尺寸；

③ 应根据顶棚的不同造型，标明其水平方向的尺寸和不同层次顶棚的距地标高；

④ 应标明顶棚的材料及规格，应注意图线的等级，图例亦采用通用图例。

5.2.2 顶棚平面图绘制的步骤

顶棚平面图是在平面布置图的基础上绘制出来的，下面以某住宅的顶棚平面图为例，介绍顶棚平面图的绘图步骤。

1）设置图层　按表5-4设置图层。

表5-4　图层设置

图层名	色号	线型	线宽/mm	内　　容
顶棚造型	5号(蓝色)色号可调	实线	0.18	表示出顶棚图上的造型线
灯具A	6号(洋红)色号可调	实线	0.18	表示出灯具、顶棚设备的外轮廓
灯具B	8号(深灰色)色号可调	实线	0.09	表示出灯具、顶棚设备的结构线和装饰线
灯带	6号(洋红)色号可调	虚线	0.09	表示出隐藏在吊顶造型内的灯带

2）复制图形　执行复制（CO）命令，复制平面布置图，在新复制的图形上进行修改，普通的门窗在顶棚平面图上可以不表示，于是执行直线（L）命令将门洞或窗洞重新恢复为墙体线，飘窗和落地窗与平面布置图的画法一样，如图5-9（a）所示。固定到顶的储物柜或衣柜应该表示出来，如图5-9（b）所示。

3）绘制二级吊顶造型和窗帘盒　为了丰富顶棚装饰，大多采用局部吊顶的设计方法。最为常用的设计是在一个空间四周吊一圈吊顶，以丰富空间的层次，本例中的顶棚设计也沿用此方法。因此，执行偏移（O）、修剪（TR）、圆角（F）等命令绘制各空间的二级吊顶和窗帘盒，如图5-10所示。

4）插入灯具及机电符号图块　执行插入（I）命令将吊灯、筒灯、射灯等符号图块插入到顶棚装修布置图的合适位置，如图5-11所示。

5）整理图形、修改完善、注写文字说明、标高、图名比例等　如图5-12所示。

6）放入图框，图纸命名及图面调整，完成全图　如图5-13所示。

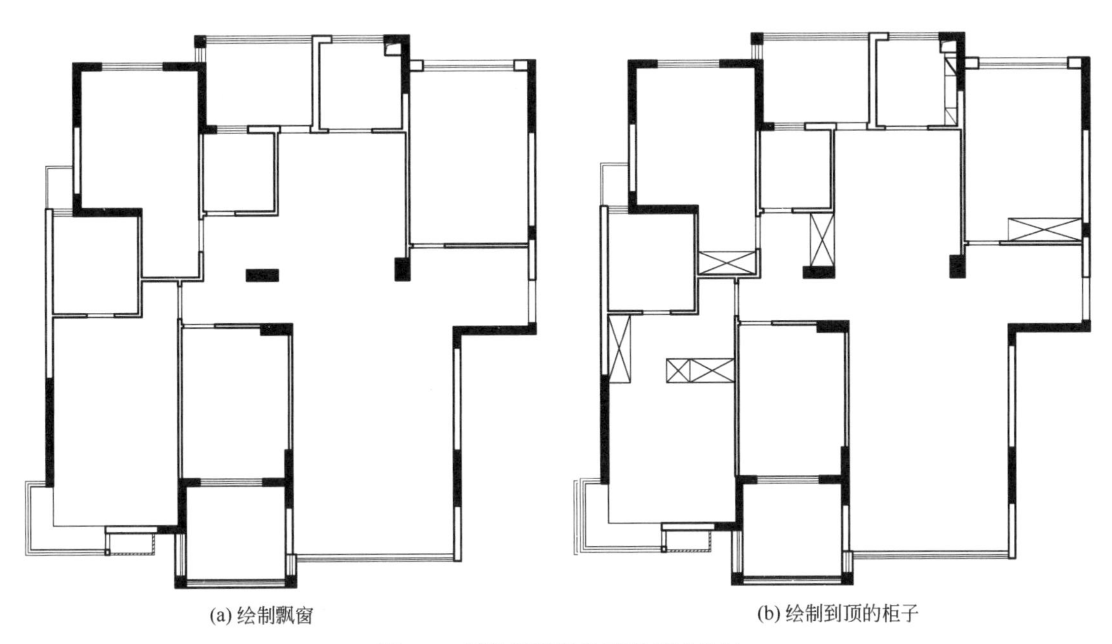

图 5-9　顶棚图飘窗及到顶柜子绘制

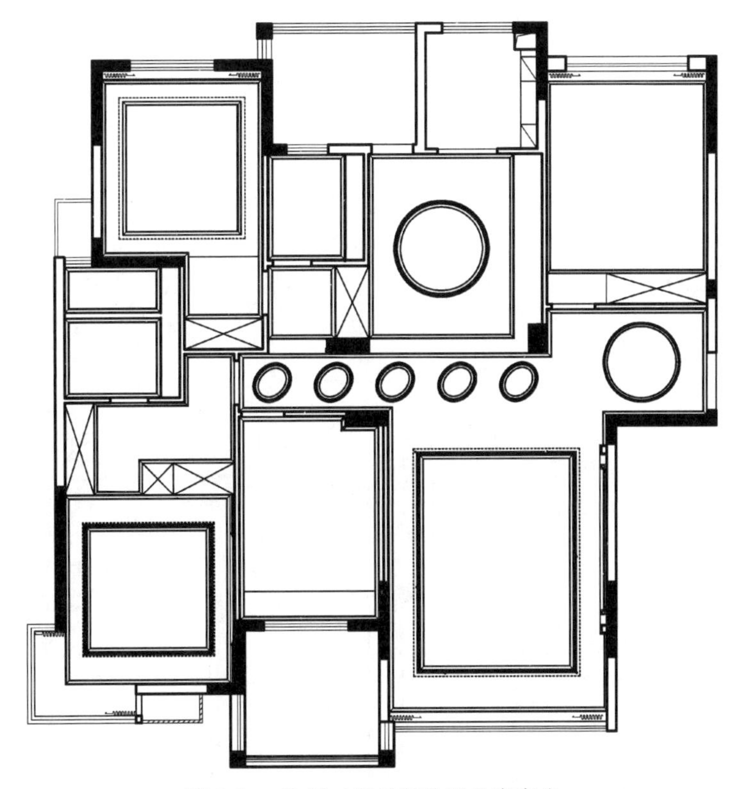

图 5-10　绘制二级吊顶造型及窗帘盒

5.3　顶棚平面图绘制实例

1）顶棚布置图绘制　如图 5-14 所示。

2）顶棚尺寸图绘制　如图 5-15 所示。

3）开关电路图绘制　如图 5-16 所示。

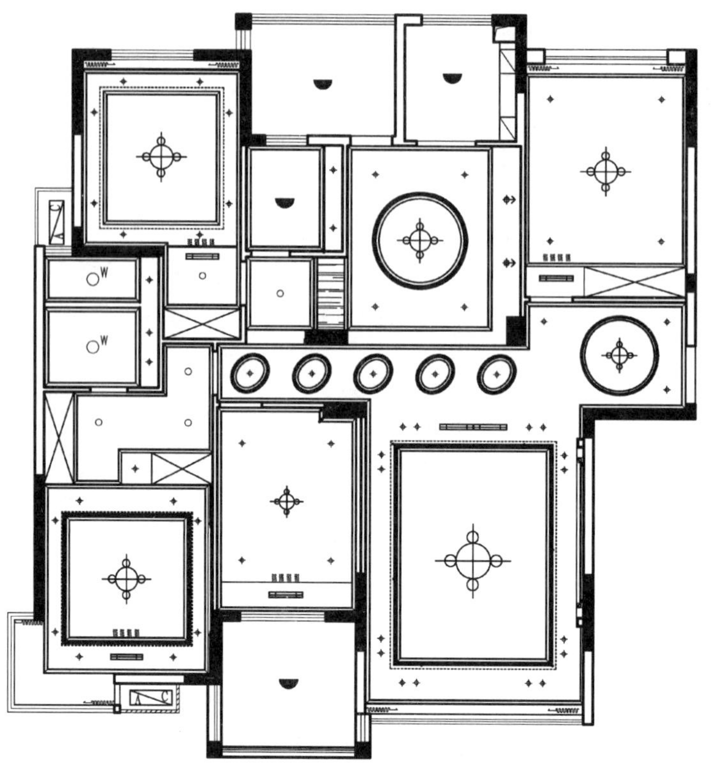

图 5-11 插入灯具及机电符号

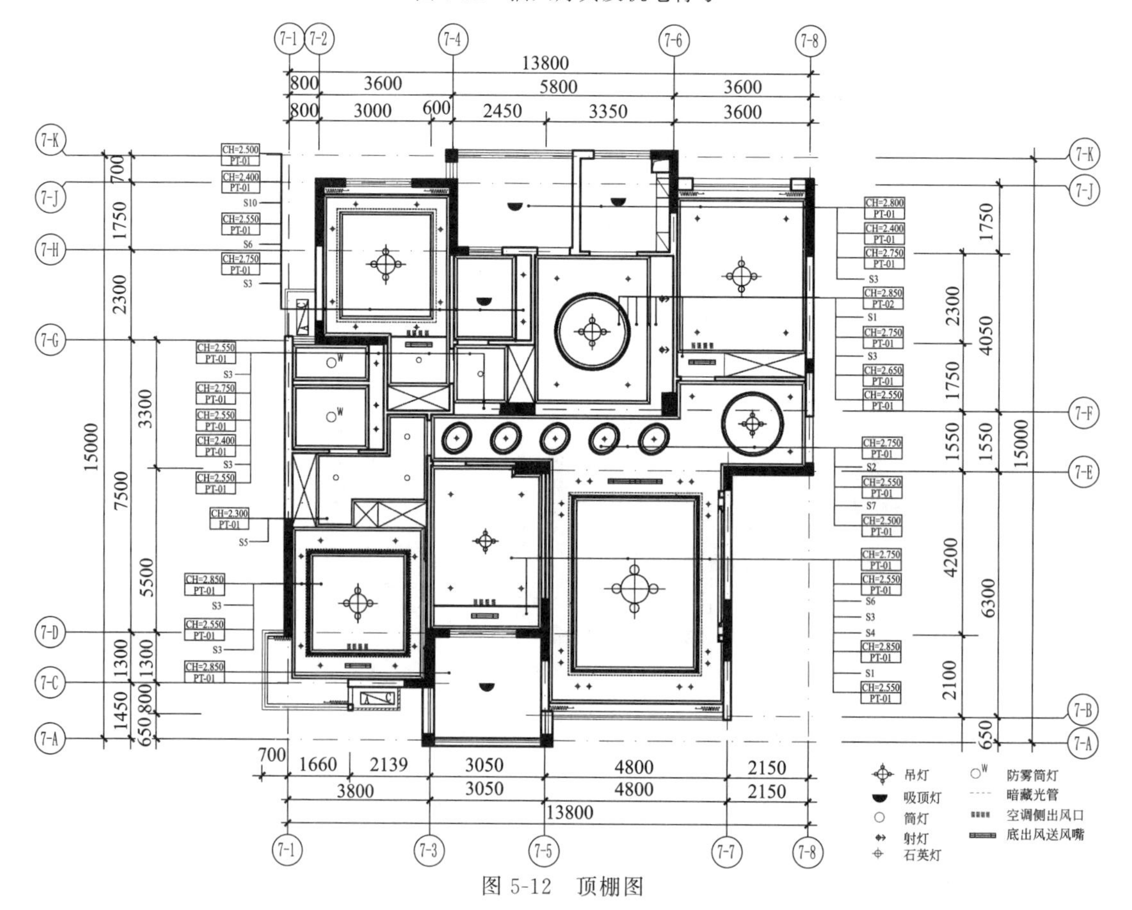

图 5-12 顶棚图

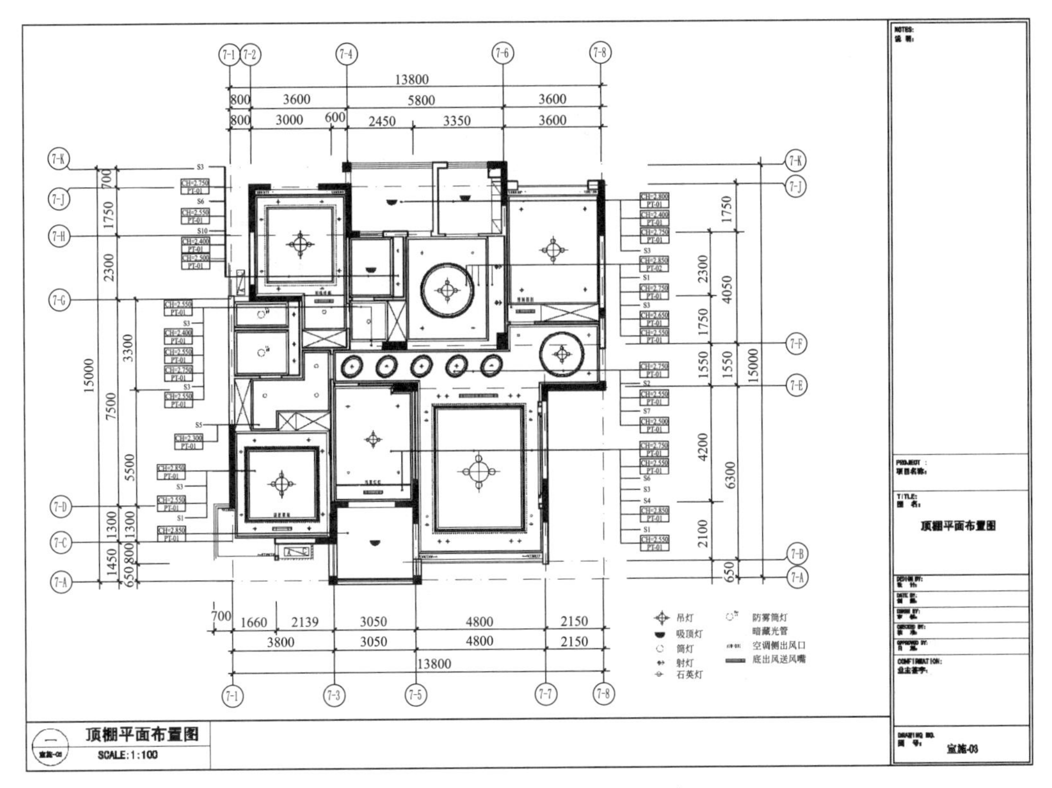

图 5-13　顶棚平面布置图入图框

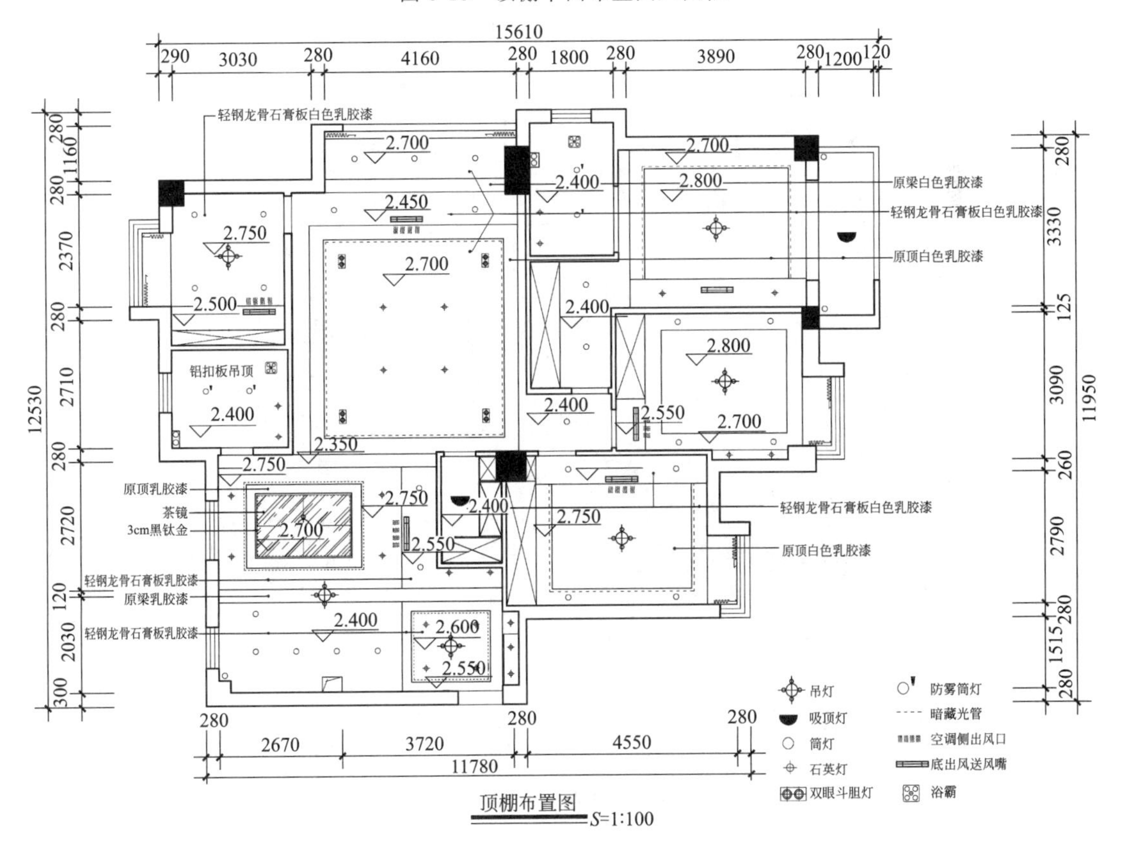

图 5-14　顶棚布置图

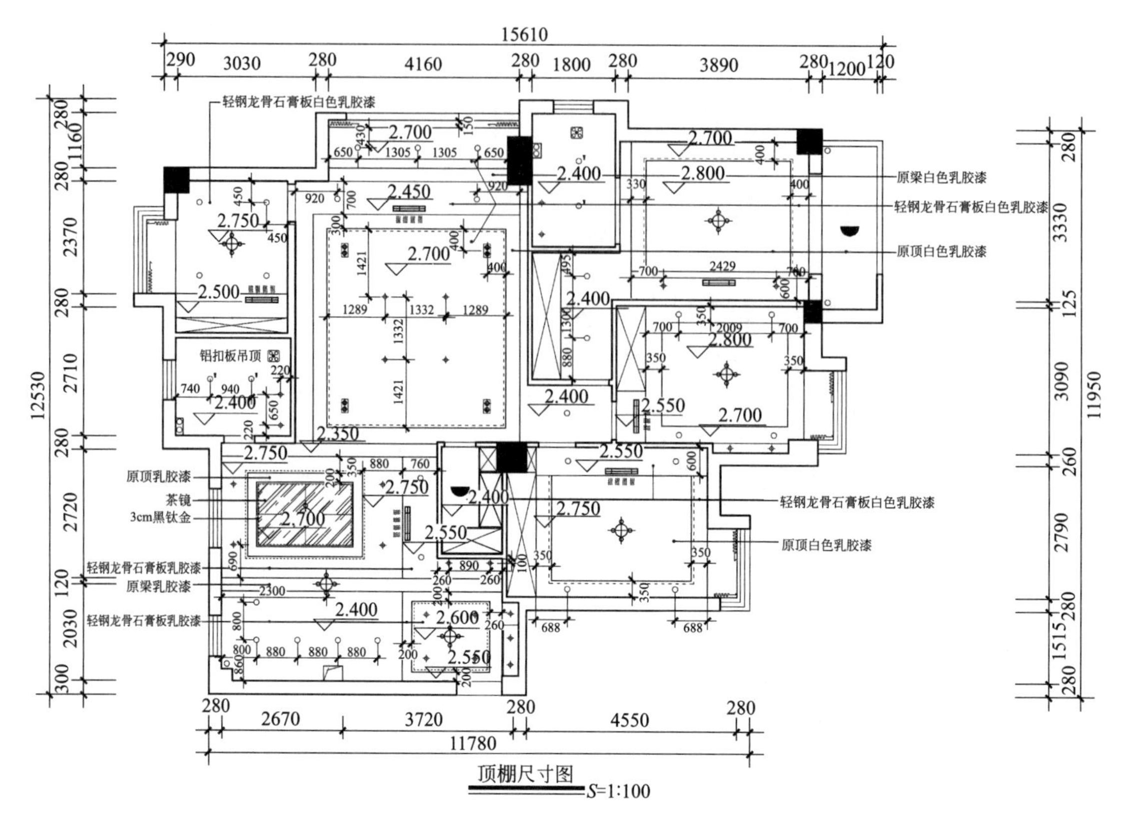

图 5-15 顶棚尺寸图

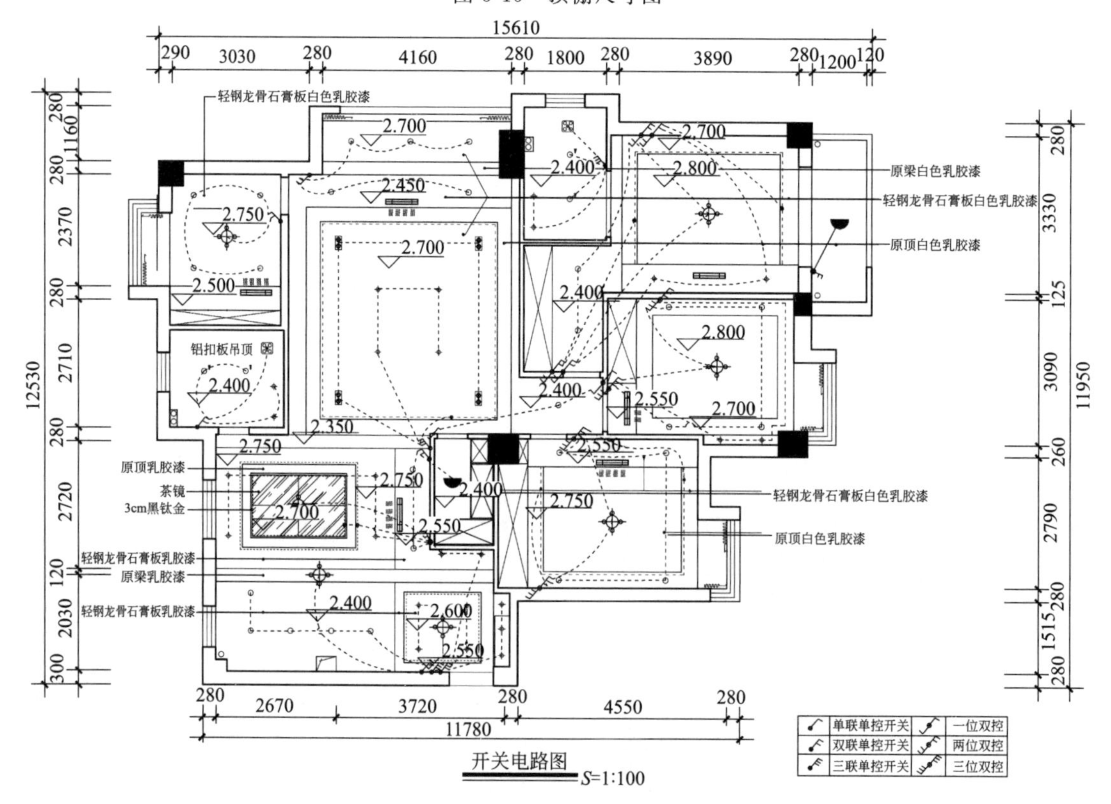

图 5-16 开关电路图

第 6 章　室内设计立面图的识读与绘制

6.1　立面图的形成

立面图是平行于室内各方向垂直界面的正投影图，该图主要表达室内空间的内部形状、空间的高度、门窗的形状与高度、墙面的装修做法及所用材料等。剖立面图是指室内设计中，平行于其内空间立面方向，假想是用一个垂直于轴线的平面，将房屋剖开，所得到的正投影图。

图 6-1 所示为立面图，图中绘制了墙面的衣柜和门等造型，并标示出具体的装修尺寸及使用材料，楼板、梁体、墙体、吊顶的剖面则省略不画。

图 6-2 所示为剖立面图，图中绘制了楼板、梁体、墙体、吊顶的剖视图，绘制了墙面的衣柜和门等造型，并标示出具体的装修尺寸及使用材料。

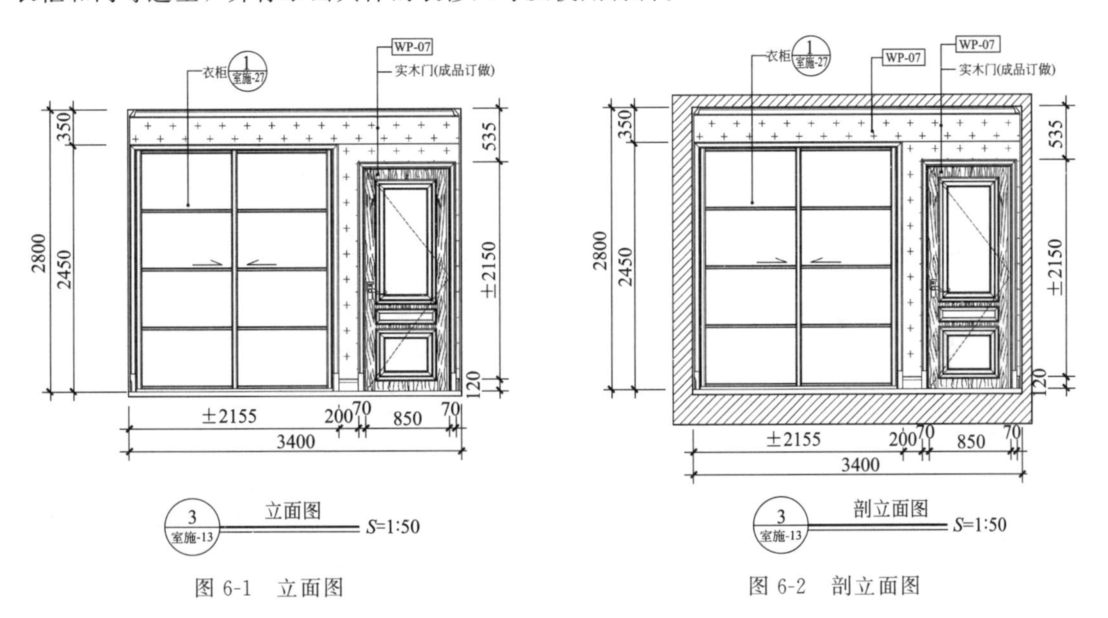

图 6-1　立面图　　　　图 6-2　剖立面图

6.2　立面图的种类

（1）内视剖立面图

内视剖立面图是指在室内空间见到的内墙面图示，多数是表现单一的室内空间，但也容易扩展到相邻空间。图上要画出墙面布置和工程内容，应做到图像清晰、数据完善，同时，还要把视图中的控制标高、详图索引符号等充实到内视立面图中，满足施工需要。图名应标注房间名称、投影方向，如图 6-3 所示。

（2）内视剖立面展开图

设想把构成室内空间所环绕的各个墙面，给予拉平在一个连续的平面图上，即称为内视剖立面展开图，如图 6-4 所示。

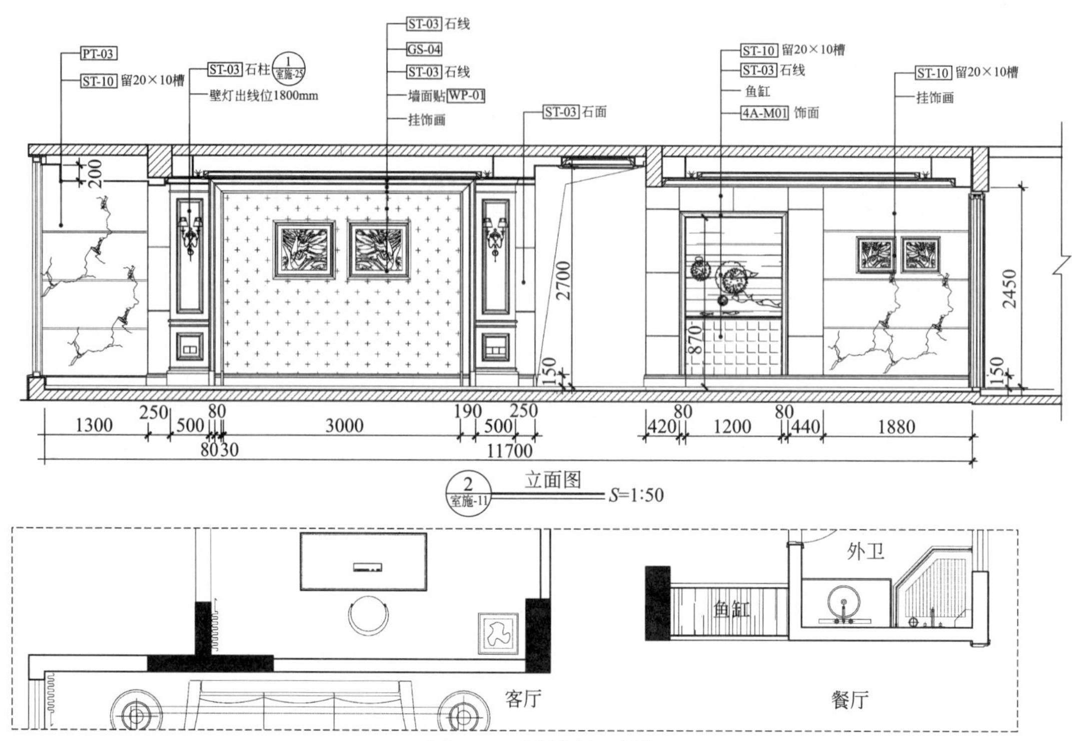

图 6-3 内视剖立面图

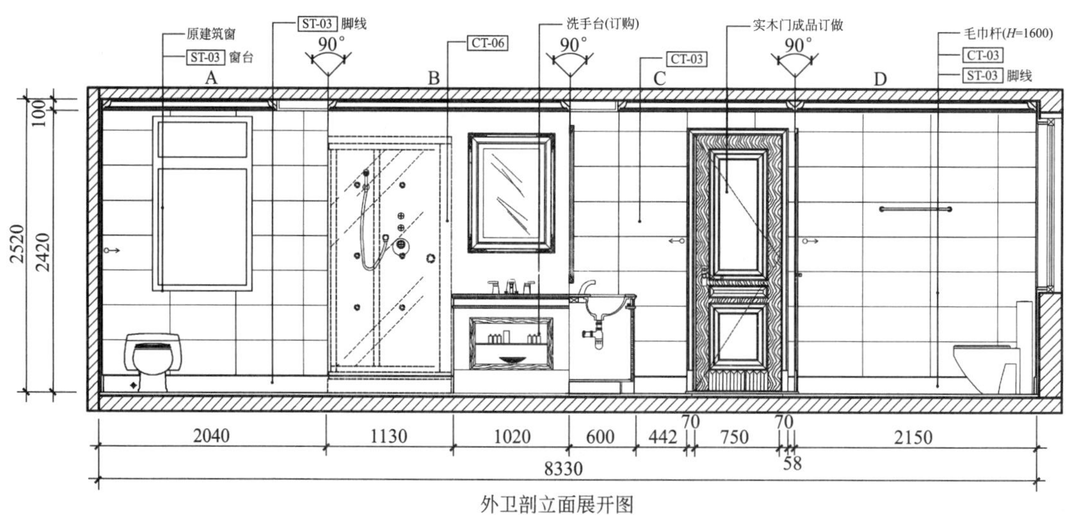

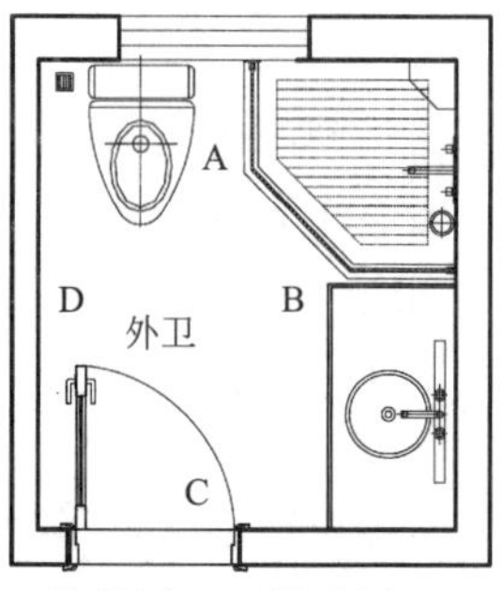

图 6-4 内视剖立面展开图

内视立面展开图把各个墙面的图像连在一起。这样可以研究各墙面间的统一和反差效果，观察各墙面的相互衔接关系，可以了解各墙面的相关装饰做法，室内立面展开图对室内设计和施工有特殊作用

6.3　立面图的识读及图示

（1）立面图识读要点

内视立面图的识读，应从图名、比例、视图方向、装饰面及所用材料、工艺要求、高度尺寸和相关的安装尺寸等方面识读。具体有以下几点。

① 看清图名、比例及视图方向。

② 搞清楚每个立面上有几种不同的装饰面，这些装饰面的造型式样、文字说明、所用材料以及施工工艺要求。

③ 弄清地面标高、吊顶顶棚的高度尺寸。装饰立面图一般都以首层室内地面为零，并以此为基准来标明其他高度，如装饰吊顶顶棚的高度尺寸，楼层底面高度尺寸，装饰吊顶的叠级造型相互关系尺寸等。高于室内基准点的用正号表示，低于室内基准点的用负号表示。

④ 立面上各种不同材料饰面之间的衔接收口较多，要看清收口的方式、工艺和所用材料。收口方法的详图，可在立面剖面图或节点详图上找出。

⑤ 弄清装饰结构与建筑结构的衔接，以及装饰结构之间的连接方法。结构间的固定方式应该看清，以便准备施工时需要的预埋件和紧固件。

⑥ 要注意设施的安装位置、规格尺寸、电源开关、插座的安装位置和安装方式，便于在施工中预留位置。

⑦ 重视门、窗、隔墙、装饰隔断等设施的高度尺寸和安装尺寸，门、窗开启方向不能搞错。配合有关图纸，对这类数据和信息做到心中有数。

⑧ 在条件允许时，最好结合施工现场看施工立面图，如果发现立面图与现场实际情况不符，应及时反映给有关部门，以免造成差错。

（2）门、窗的图示

① 立面图上门的表示，如图 6-5 所示。

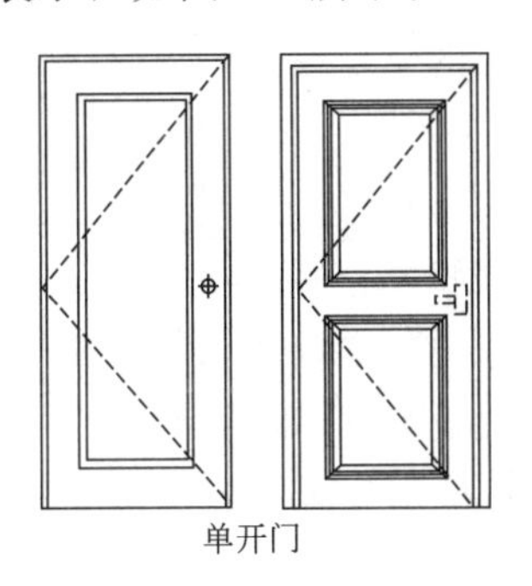

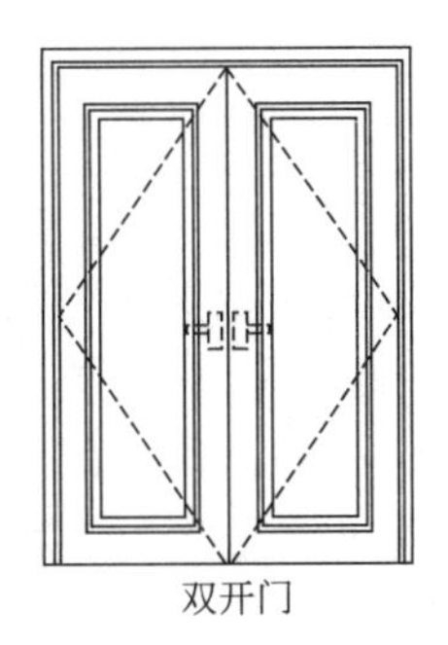

图 6-5　门立面图示

② 立面图上窗户的表示，如图 6-6 所示。

（3）常用家具和陈设图例

常用家具和陈设图例如图 6-7～图 6-12 所示。

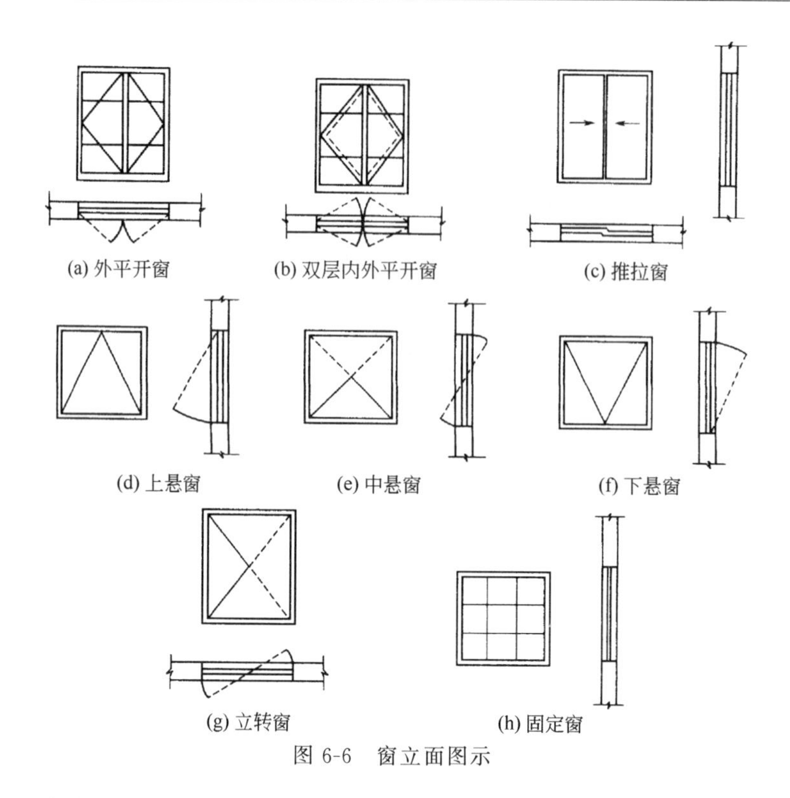

图 6-6 窗立面图示

6.4 CAD 绘制立面图

6.4.1 立面图绘制内容及要点

（1）立面图的绘图内容

① 表达出墙面的结构和造型，以及墙体和顶面、地面的关系。

② 表达出立面的宽度和高度。

③ 表达出需要放大的局部和剖面的符号等。

④ 表明立面上的装饰物体或装饰造型的名称、内容、大小、工艺等。

⑤ 若没有单独的陈设立面图，则在本图上表示出活动家具和各陈设品的立面造型（以虚线绘制主要可见轮廓线），并表示出这些内容的索引编号。

⑥ 表达出该立面的立面图号及图名。

（2）剖立面图的绘图内容

① 表达出被剖切后的建筑及其装修的断面形式（墙体、门洞、窗洞、抬高地坪、装修内包空间、吊顶背后的内包空间等），断面的绘制深度由所绘的比例大小而定。

② 表达出在投视方向未被剖切到的可见装修内容和固定家具、灯具造型及其他。

③ 剖立面的标高符号与平面图的一样，只是在所需要标注的地方作一引线。

④ 表达出详图索引号、大样索引号。

⑤ 表达出装修材料索引编号及说明。

⑥ 表达出该剖面的轴线编号、轴线尺寸。

⑦ 若没有单独的陈设剖立面，则在本图上表示出活动家具、灯具和各陈设品的立面造型（以虚线绘制主要可见轮廓线），并表示出这些内容的索引编号。

⑧ 表达出该剖立面的剖立面图号及标题。

图 6-7　常用客厅沙发图例

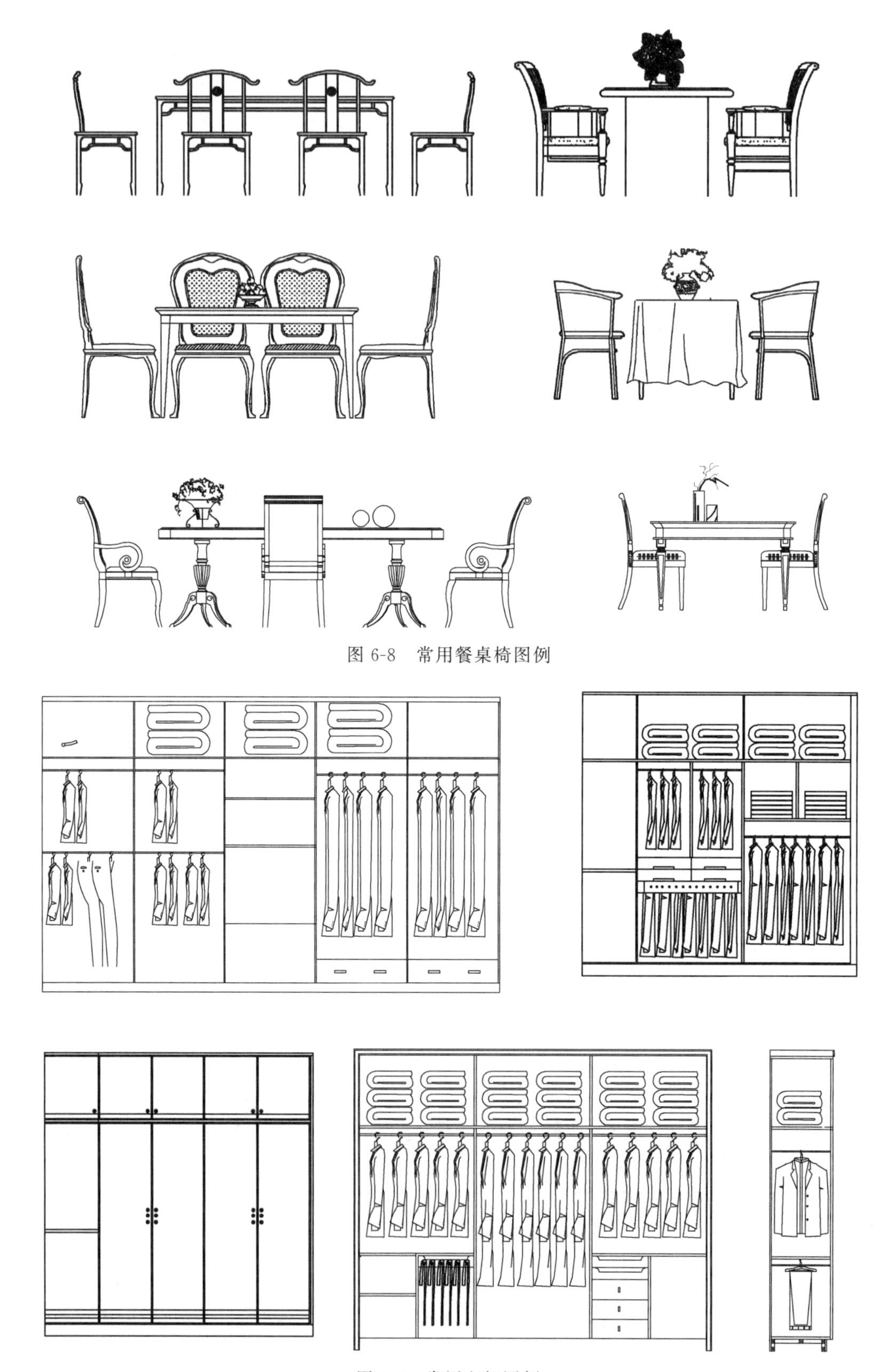

图 6-8 常用餐桌椅图例

图 6-9 常用衣柜图例

图 6-10 常用床图例

图 6-11 常用窗帘图例

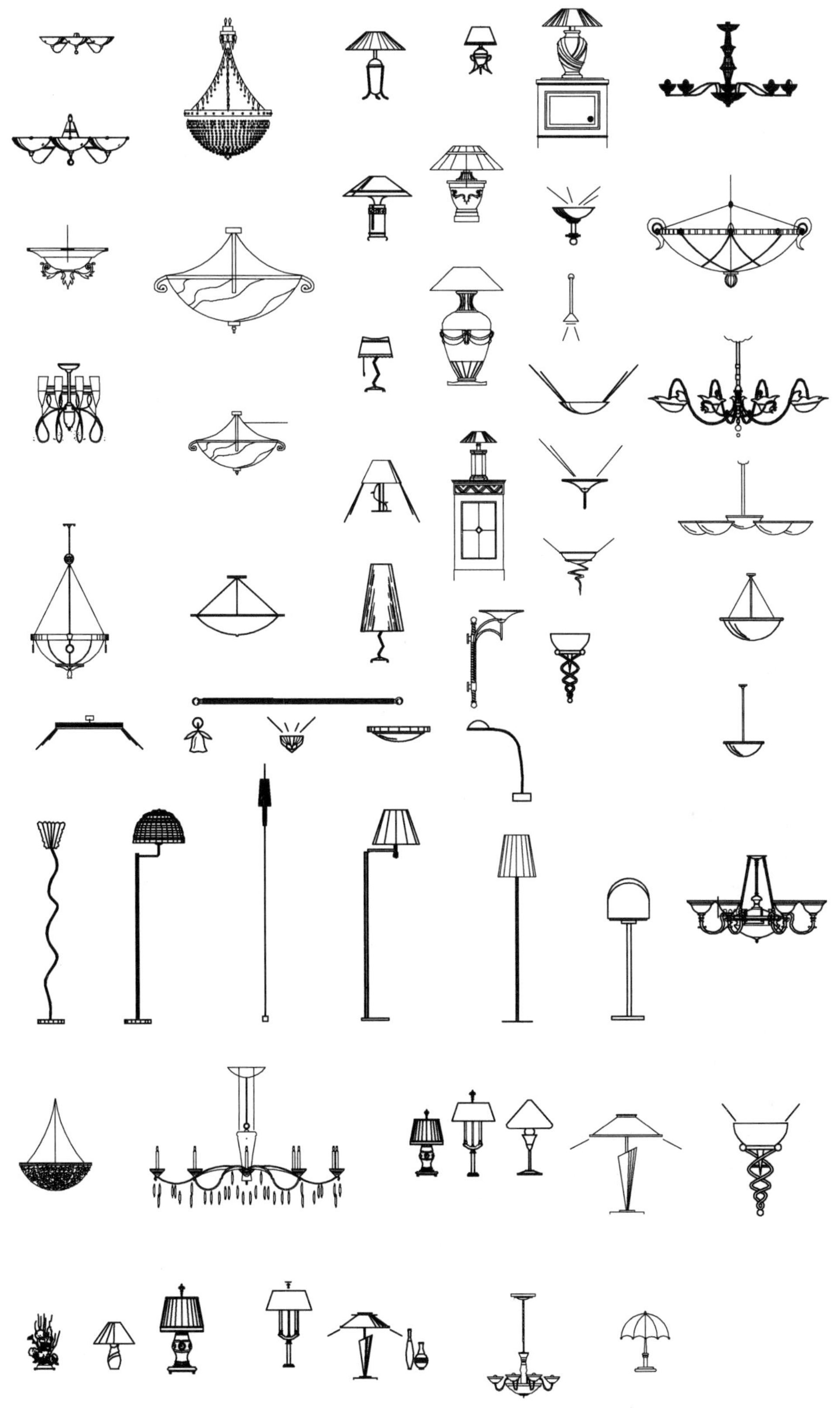

图 6-12　常用灯具图例

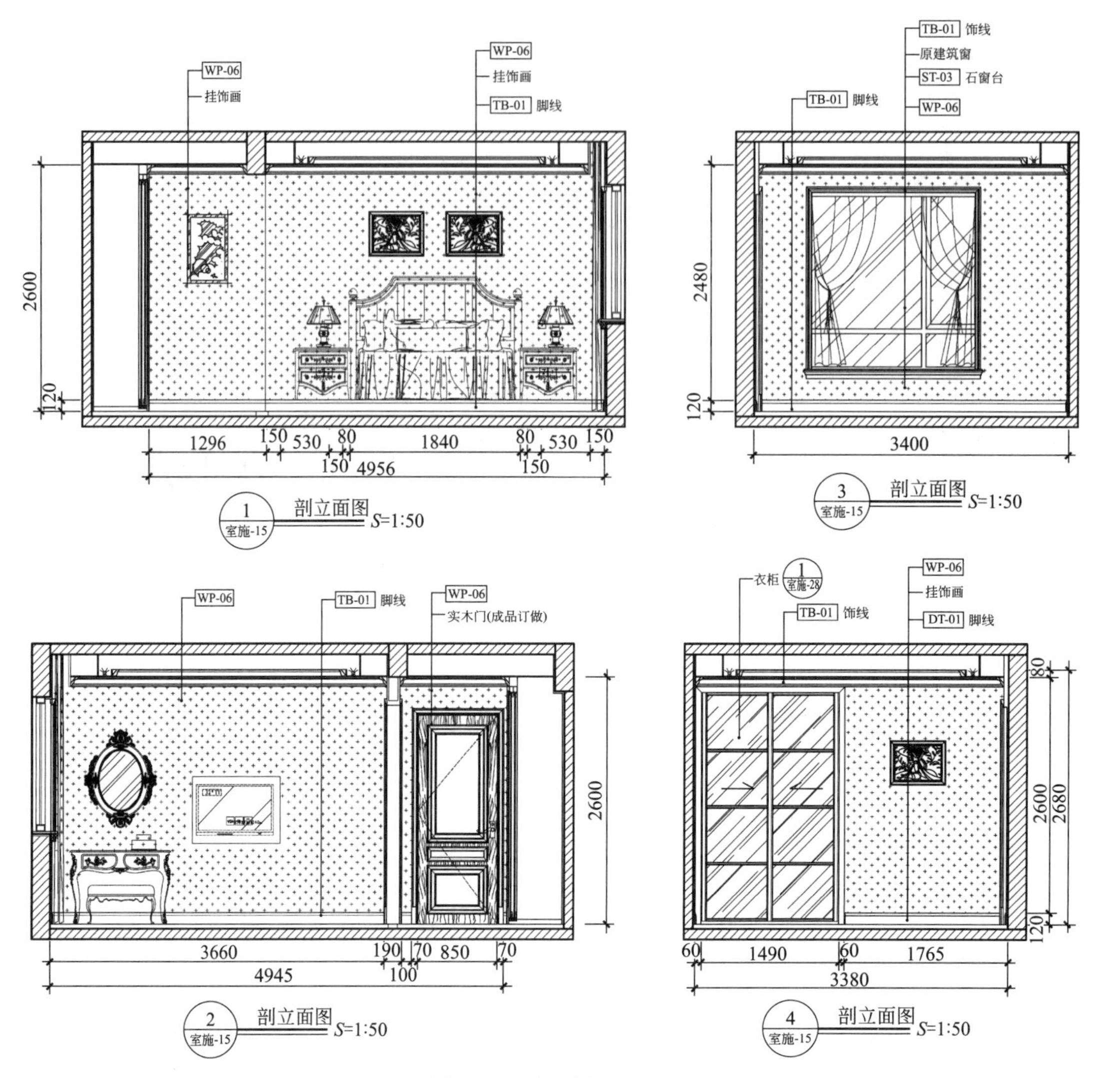

图 6-13　卧室剖立面图

图 6-13 是这套住宅的卧室的几个剖立面，请读者自行阅读。

（3）立面图与剖立面图绘制要点

① 比例：常用比例为 1∶25、1∶30、1∶40、1∶50、1∶100 等。

② 图线：顶、地、墙外轮廓线为粗实线，立面转折线、门窗洞为中实线，填充分割线等为细实线，活动家具及陈设可用虚实线。

③ 剖立面图应包括投影方向可见的室内轮廓线和装修构造、门窗、构配件、墙面做法、固定家具、灯具、必要的尺寸和标高及需要表达的非固定家具、灯具、装饰物件等。

④ 图名应根据平面图中立面索引号编注图名，如图 6-14 所示。

⑤ 对称装饰装修面或物体等，在不影响物象表现的情况下，立面图可绘制一半，在对称轴线处画对称符号，如图 6-15 所示。

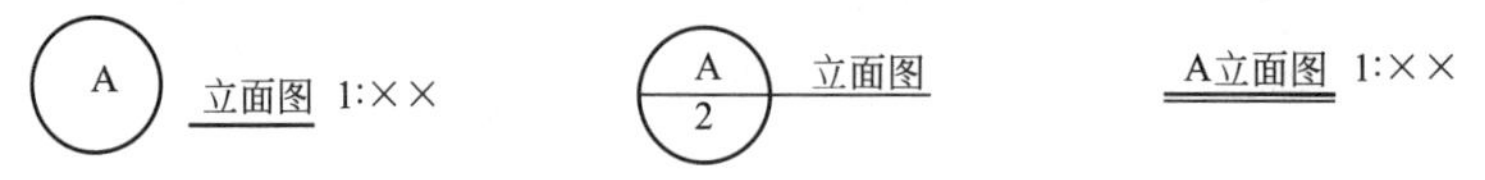

图 6-14　立面图的图名和比例尺标注方法

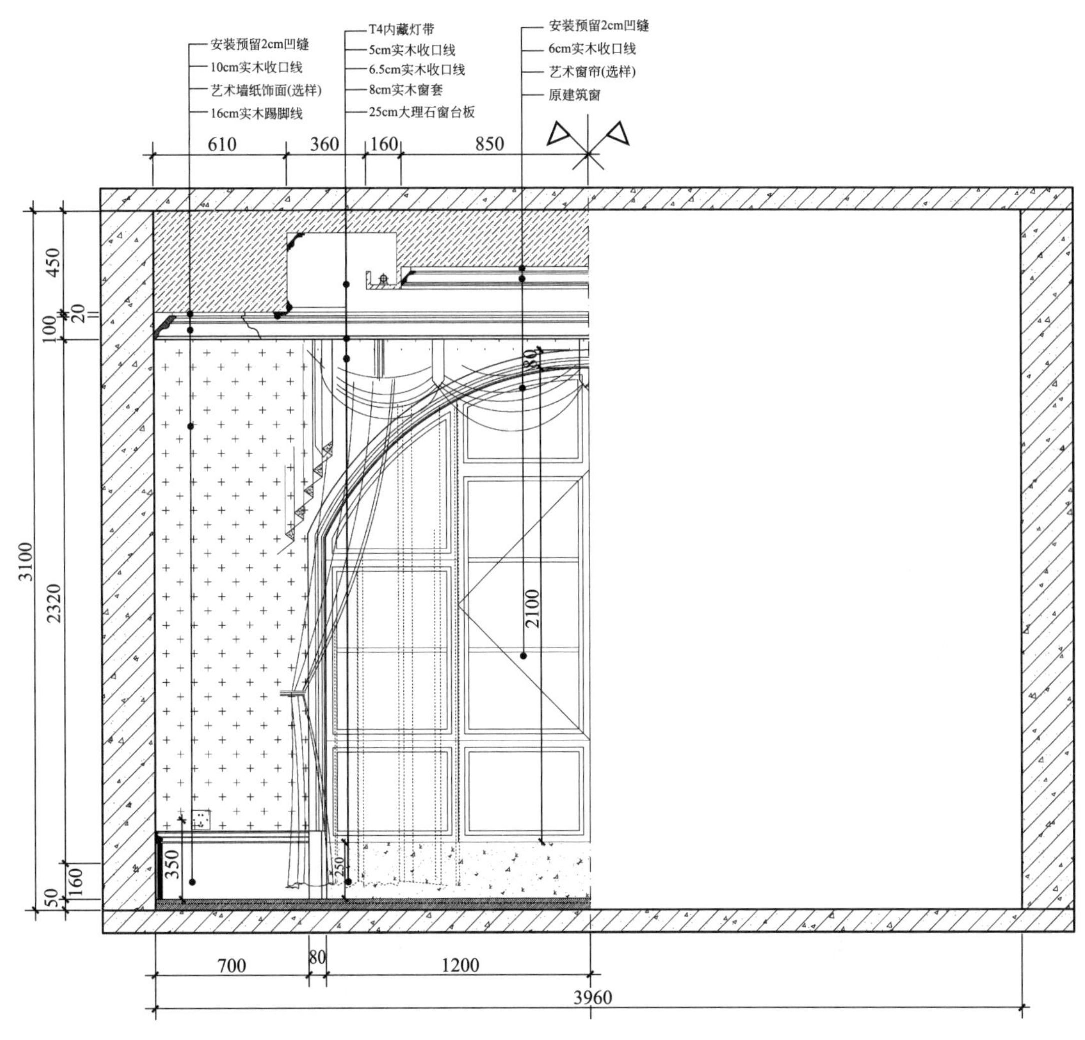

图 6-15　对称立面的表示

6.4.2　立面图绘制的步骤

下面以某住宅客厅的立面为例，介绍 CAD 绘制剖立面图的步骤。

1）图层设置　如表 6-1 所示。

表 6-1　图层设置样式

图层名	色号	线型	线宽/mm	内容
立面剖面线	7 号(白色)	实线	0.35	剖到的建筑立面结构线
立面结构线	4 号(青色)	实线	0.18	未被剖到的但可见的建筑立面结构线
立面家具 A、立面陈设 A	3 号(绿色)	实线	0.18	家具、陈设、花卉、设备的外轮廓线
立面家具 B、立面陈设 B	5 号(蓝色)	实线	0.09	家具、陈设、花卉、设备的结构线和装饰线
尺寸	5 号(蓝色)	实线	0.09	标注尺寸
标高	3 号(绿色)	实线	0.09	标高符号和文字
文字	3 号(绿色)	实线	0.09	文字说明

2）绘制建筑剖面　执行复制（CO）命令，拷贝平面图作为绘制立面图的参照，执行直线（L）命令水平作条直线作为地面线，如图 6-16（a）所示。执行偏移（O）命令，地面线往上偏移 2800，得出立面的高度，如图 6-16（b）所示。

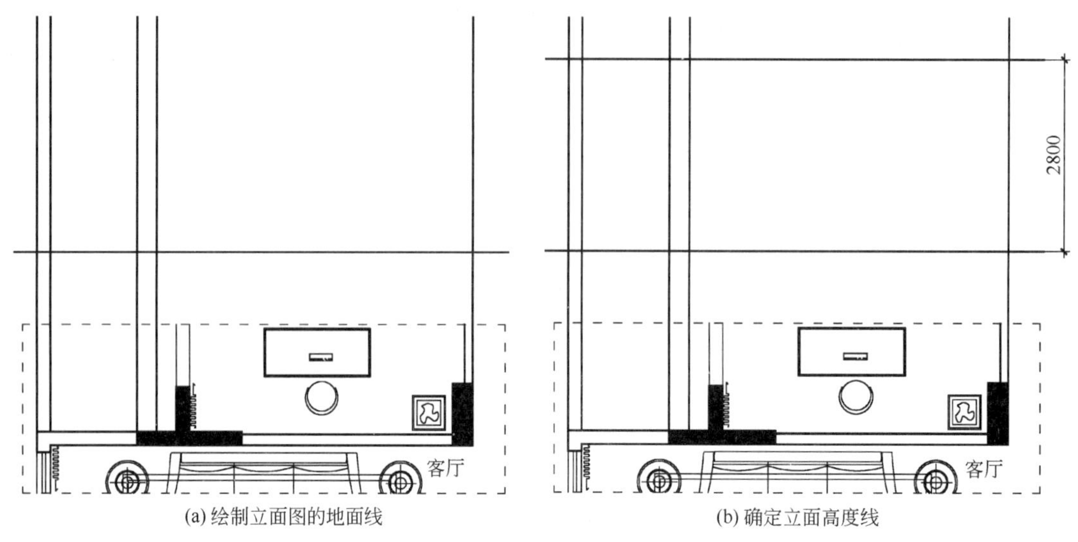

(a) 绘制立面图的地面线　　(b) 确定立面高度线

图 6-16　立面轮廓线绘制

根据窗户和梁的位置，执行偏移（O）和修剪（TR）命令，将立面图整理好，如图 6-17 所示。

3）绘制沙发背景墙造型　执行偏移（O）和修剪（TR）命令，根据沙发背景墙设计，进一步细化背景墙结构，如图 6-18 所示。

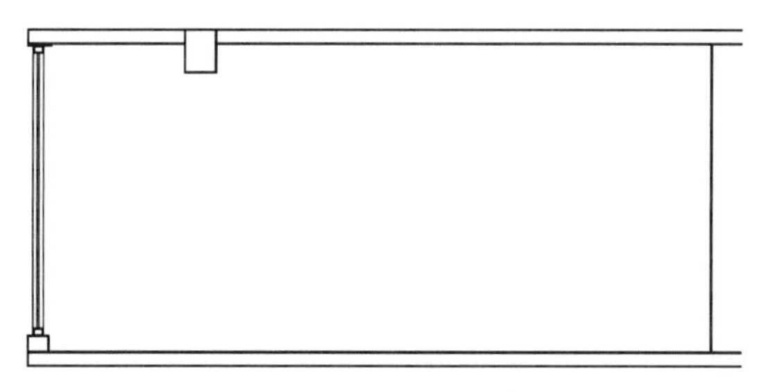

图 6-17　整理立面轮廓线

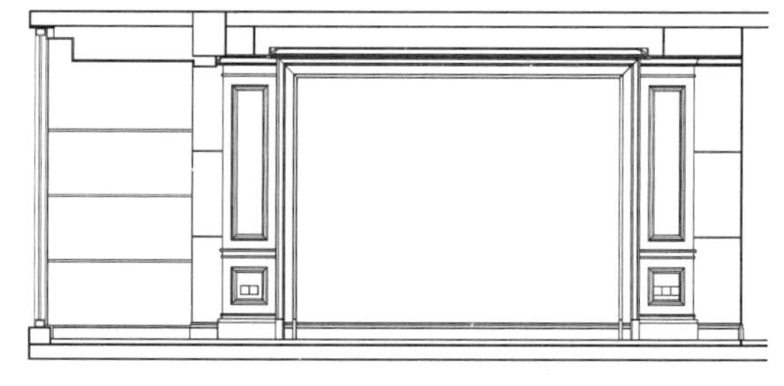

图 6-18　立面图装饰线绘制

4）插入图块　执行插入（I）命令，将壁画图块插入到指定位置，整理如图 6-19 所示。

5）填充图案　执行填充（H）命令，将楼板、石材、墙纸等材质填充，如图 6-20 所示。

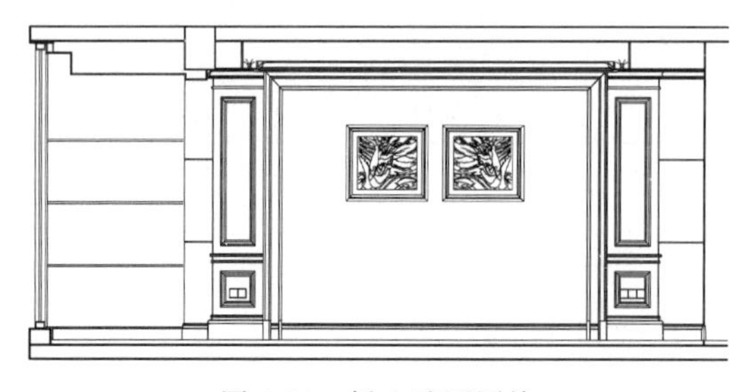

图 6-19　插入壁画图块

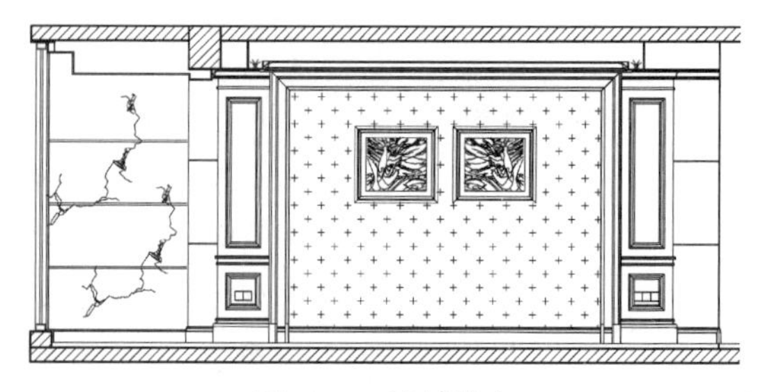

图 6-20　墙纸填充

6）尺寸设置　执行（D）命令，弹出“标注样式管理器”对话框，如图 6-21 所示，在第四章平面图里设置标注“ISO-25”（图 4-23）的基础上新建一个样式，点击“新建”按钮，进入“创建新标注样式”对话框，如图 6-22 所示，在新样式名里，可取比例数字名字，本例立面比例为 1∶50，因此在这取名为 50。

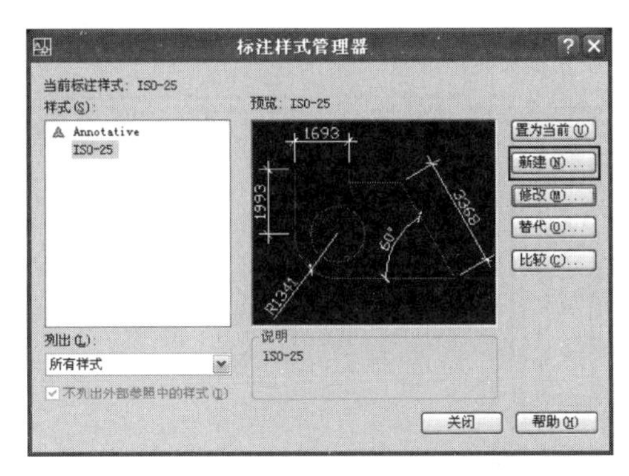

图 6-21　“标注样式管理器”对话框

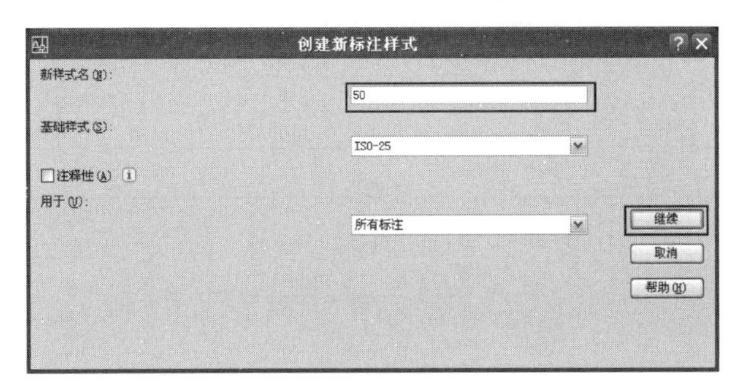

图 6-22　“创建新标注样式”对话框

点击“继续”按钮，跳出新建标注样式对话框，点击“调整”然后把使用全局比例数字设为 50，如图 6-23 所示，点击“确定”，标注设置完毕。

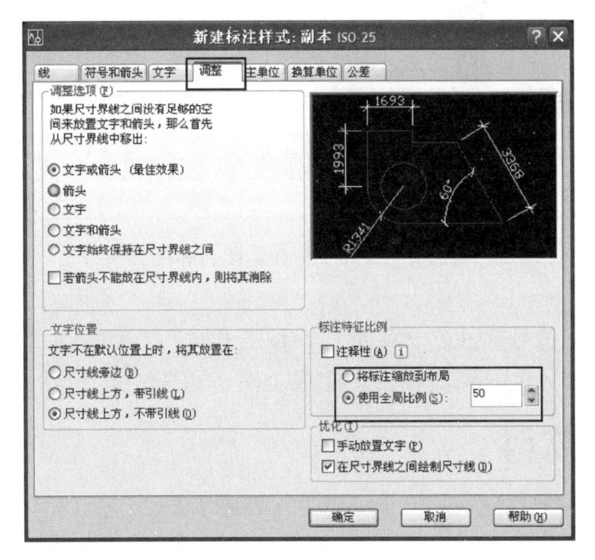

图 6-23　比例数字设置

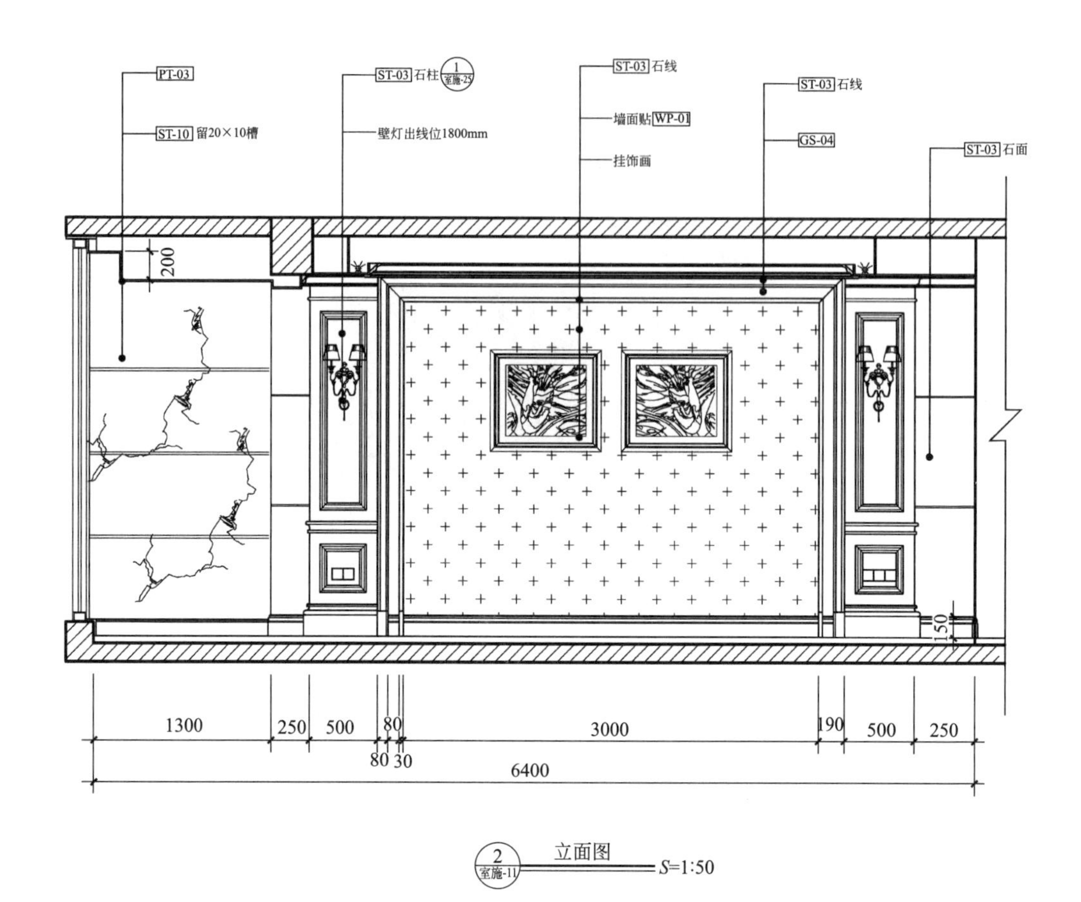

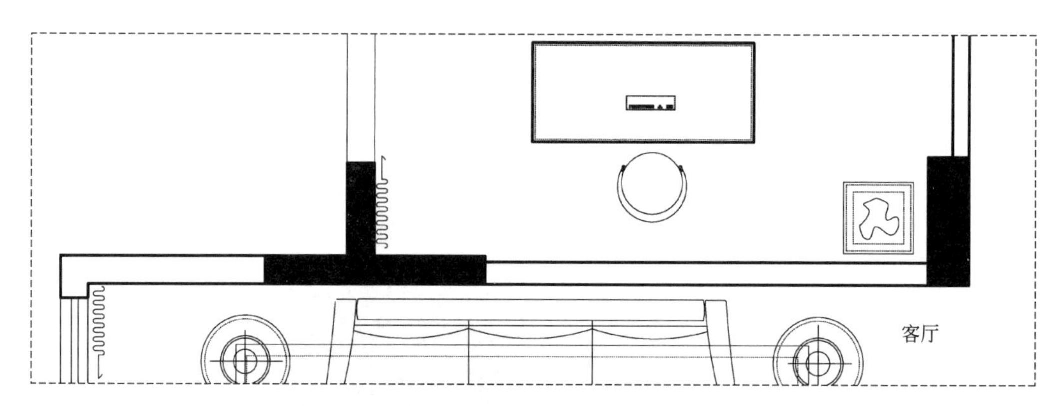

图 6-24 尺寸及文字标注，图名和比例注写

7）添加尺寸标注、符号标注、文字标注、图名和比例 如图 6-24 所示。

8）放入图框，图纸命名及图面调整，完成全图 如图 6-25 所示。

6.5 立面图绘制实例

室内设计剖立面图的绘制如图 6-26～图 6-31 所示。

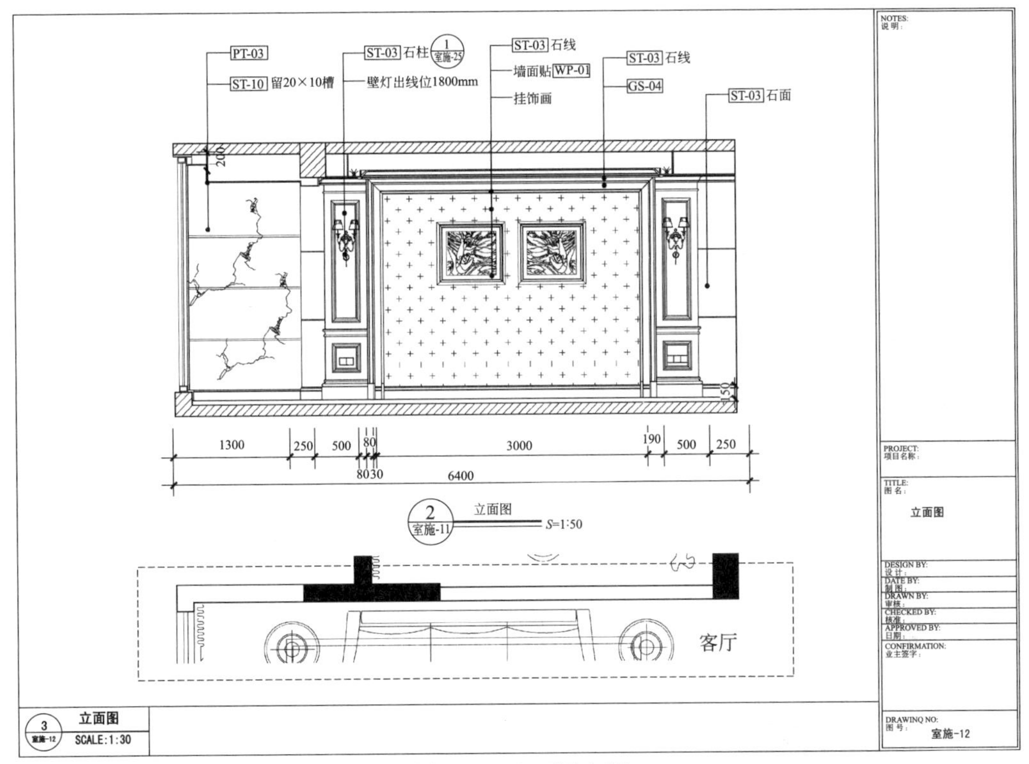

图 6-25　立面图入框

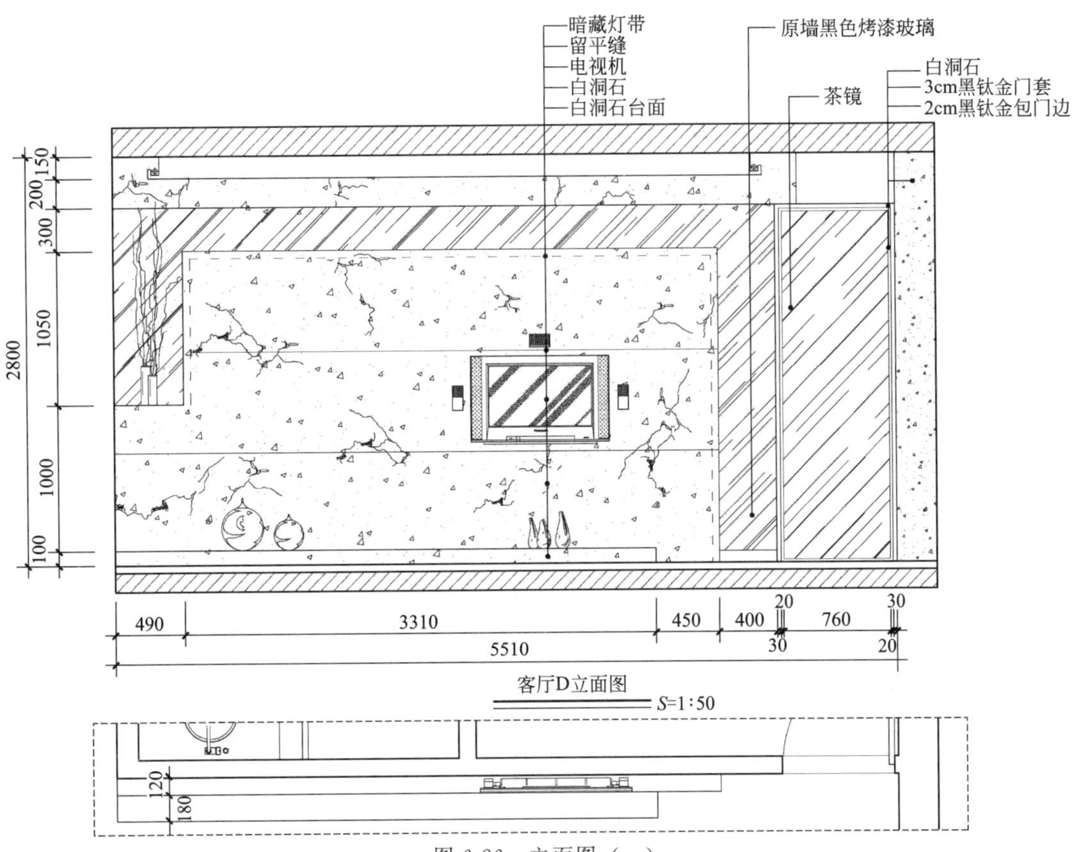

图 6-26　立面图（一）

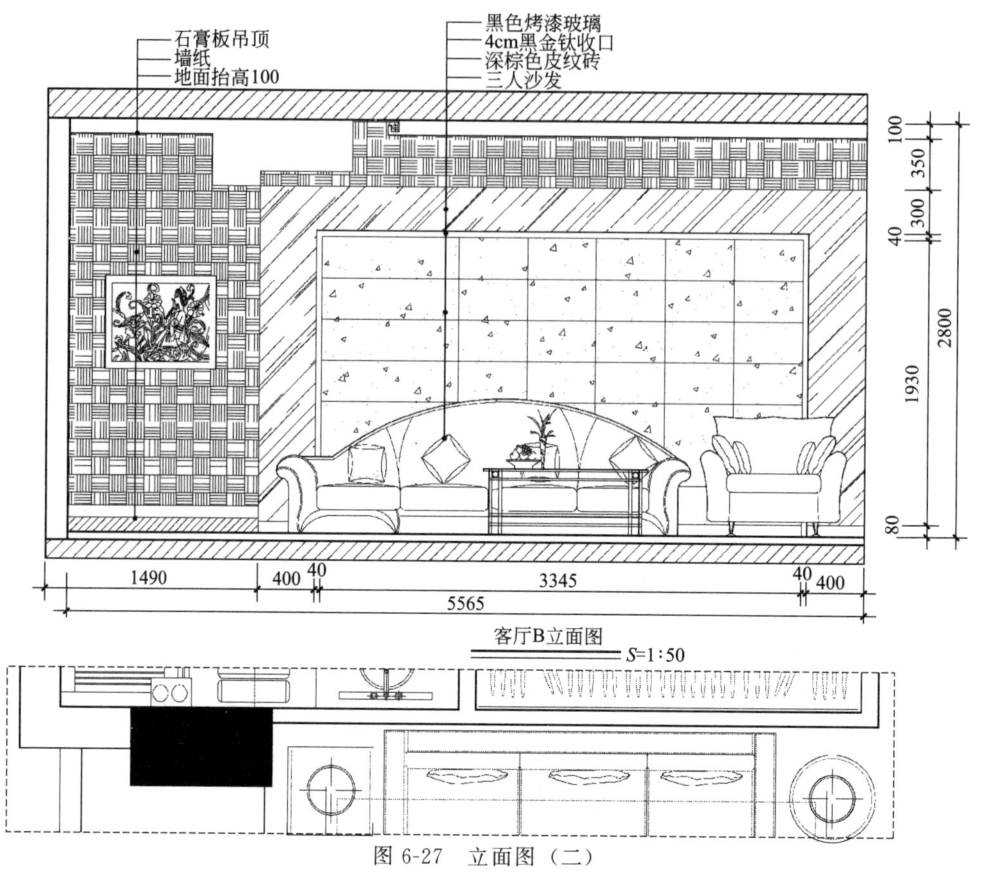

图 6-27　立面图（二）

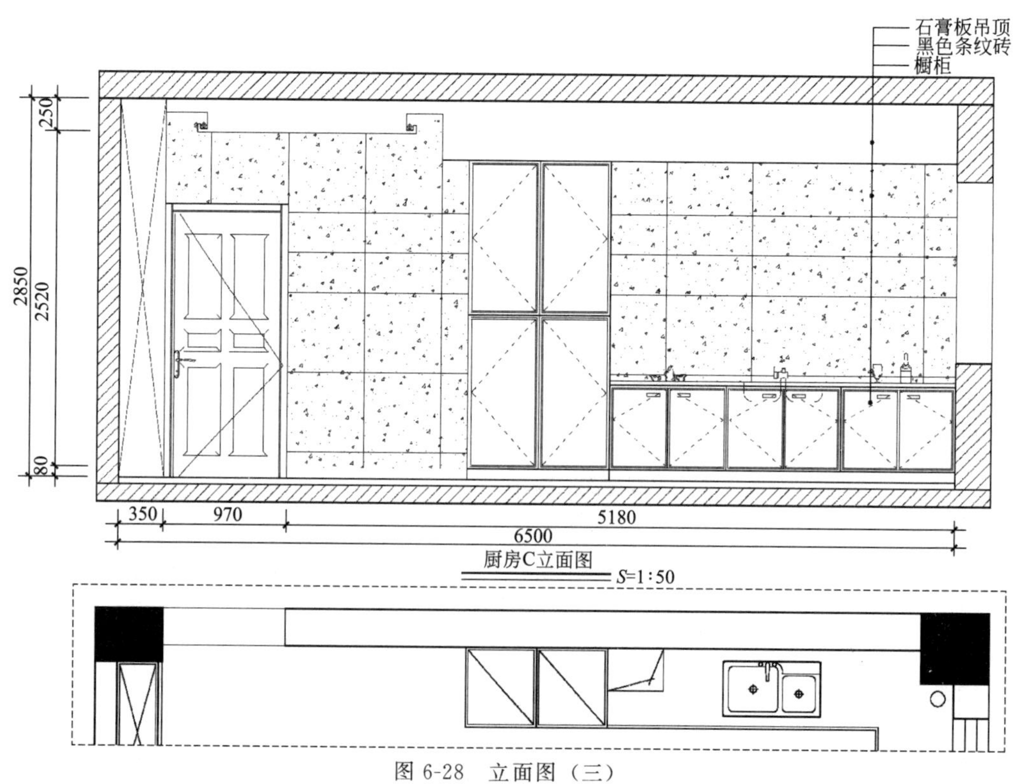

图 6-28　立面图（三）

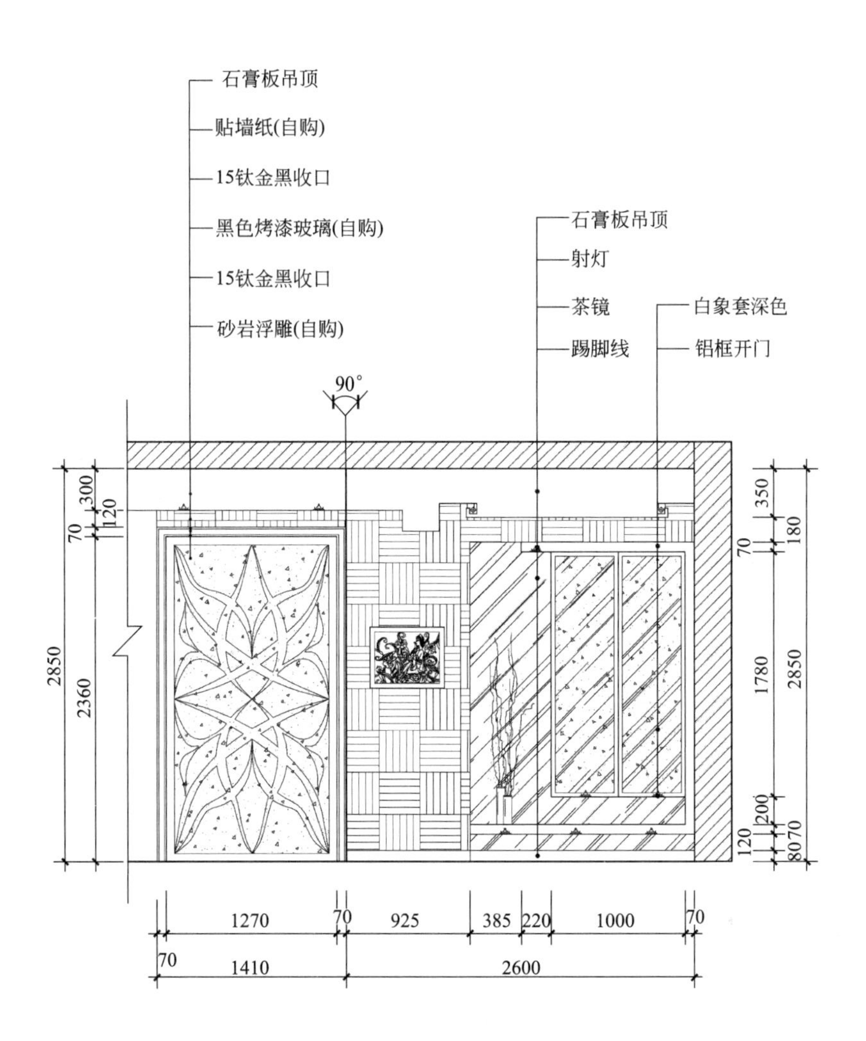
石膏板吊顶
贴墙纸(自购)
15钛金黑收口
黑色烤漆玻璃(自购)
15钛金黑收口
砂岩浮雕(自购)
石膏板吊顶
射灯
茶镜
踢脚线
白象套深色
铝框开门
90°
300
120
70
2850
2360
350
180
70
1780
2850
200
120
80
70
1270
70
925
385
220
1000
70
70
1410
2600
玄关A、B立面图
S=1∶30

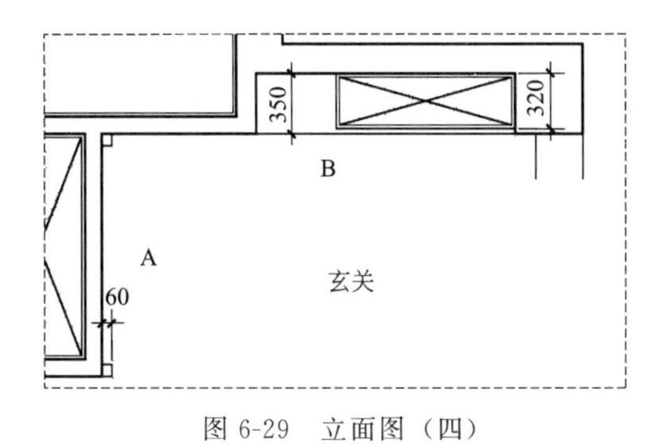
350
320
B
A
玄关
60

图 6-29　立面图（四）

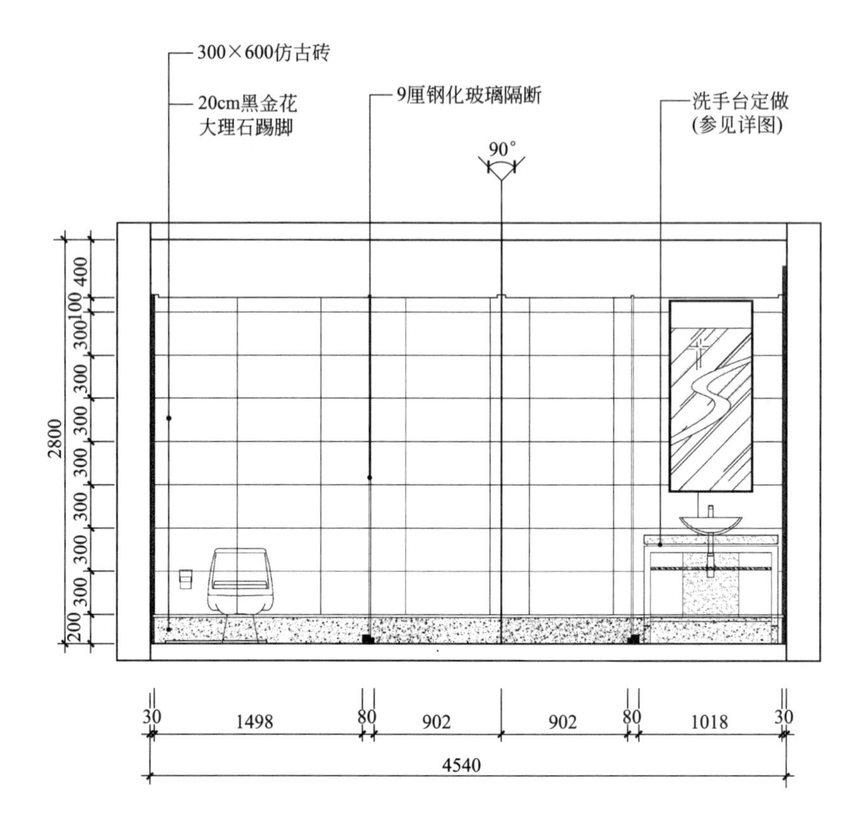

外卫A、B立面图 S=1∶30

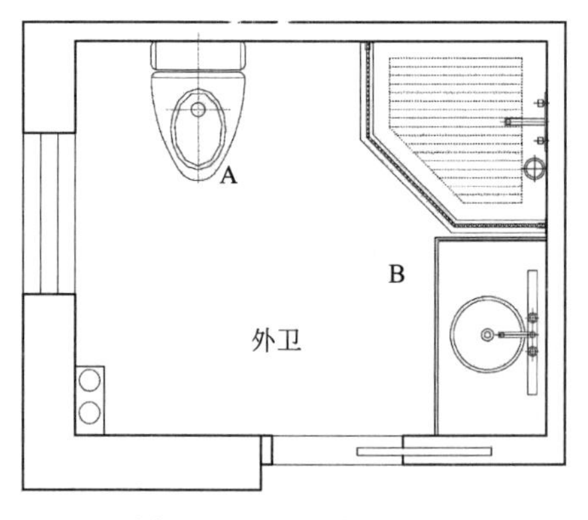

图 6-30 立面图（五）

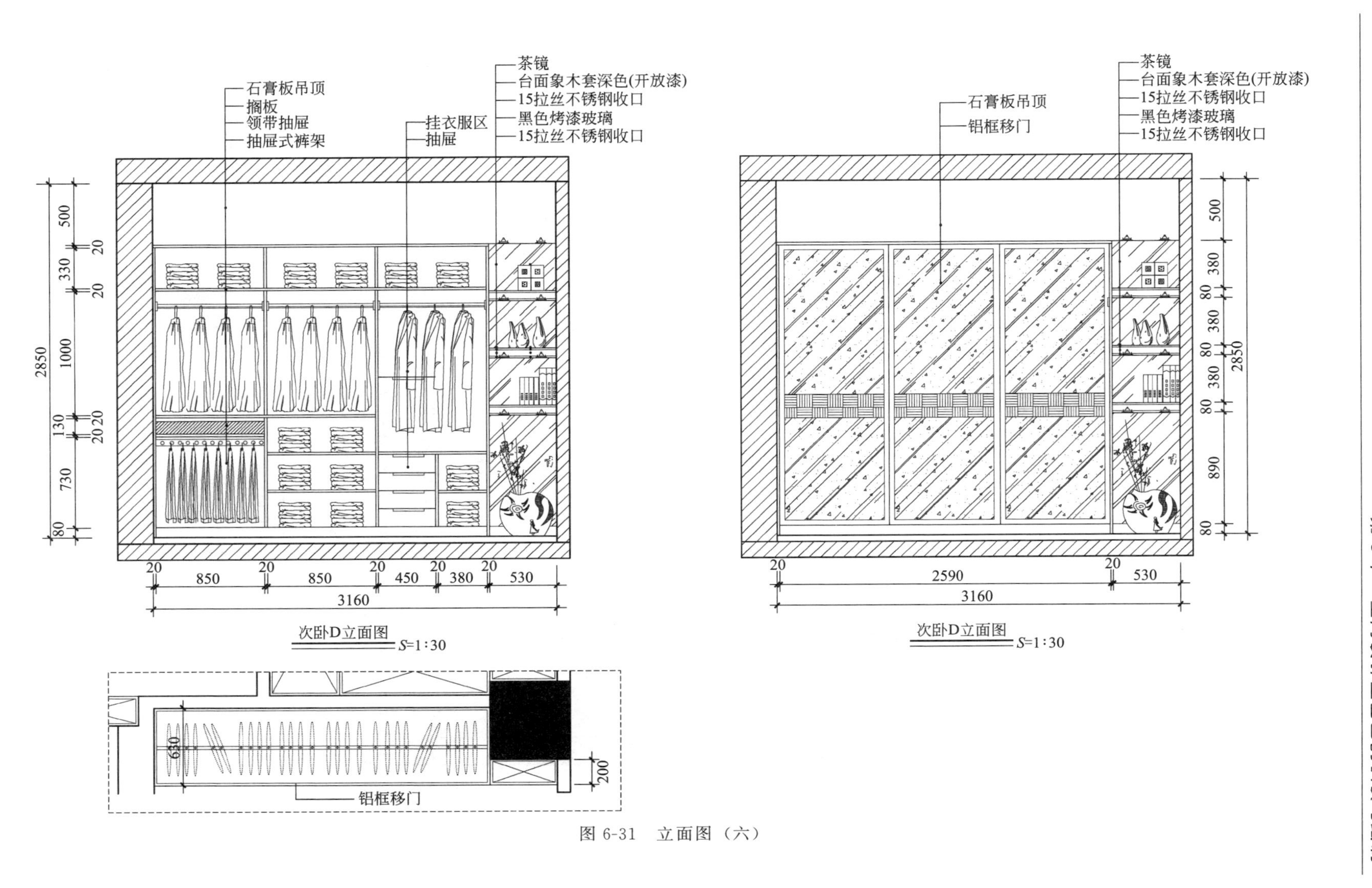

石膏板吊顶
搁板
领带抽屉
抽屉式裤架
挂衣服区
抽屉
茶镜
台面象木套深色(开放漆)
15拉丝不锈钢收口
黑色烤漆玻璃
15拉丝不锈钢收口
2850
500
20
330
20
1000
130
20 20
730
80
20
850
20
850
20
450
20
380
20
530
3160
次卧D立面图 S=1∶30
石膏板吊顶
铝框移门
茶镜
台面象木套深色(开放漆)
15拉丝不锈钢收口
黑色烤漆玻璃
15拉丝不锈钢收口
500
380
80
380
80
380
80
890
80
2850
20
2590
20
530
3160
次卧D立面图 S=1∶30
630
200
铝框移门

图 6-31　立面图（六）

第 7 章　室内设计节点详图的识读与绘制

7.1　节点详图的形成

由于室内空间尺度较大，室内平面图、顶棚图、立面图等图样必须采用缩小的比例绘制，一些细节无法表达清楚，需要用节点详图来说明。室内节点详图就是为了清晰地反映设计内容，将室内水平界面或垂直界面进行局部的剖切后，用以表达材料之间的组合、搭接，材料说明等局部结构的剖视图，如图 7-1 所示。

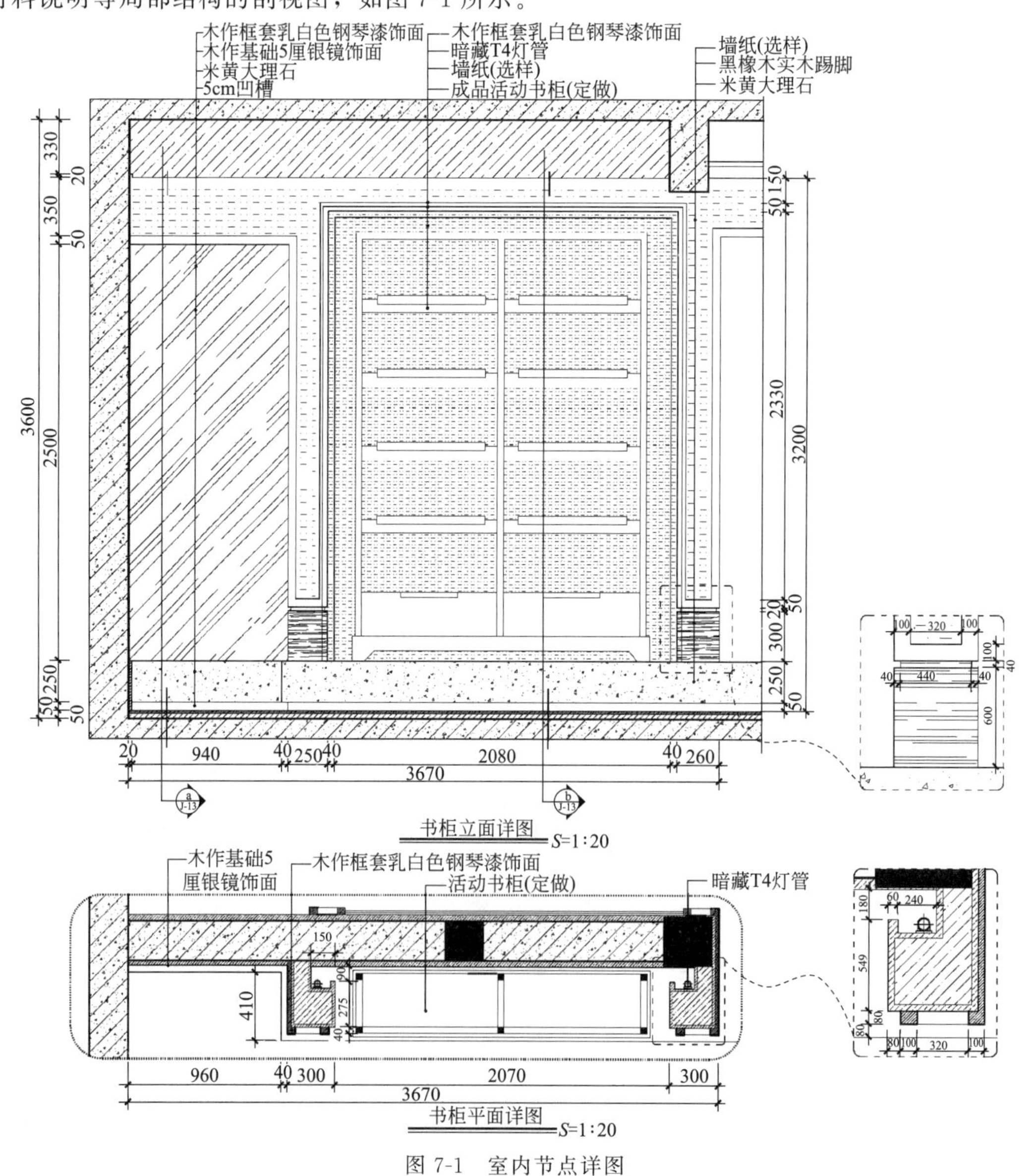

图 7-1　室内节点详图

7.2　节点详图的种类

节点详图大致有两类：一类是把平面图、立面图、剖面图中的某些部分单独抽出来，用更大的比例画出更大的图样，成为所谓的局部放大图或大样图，如图 7-1 所示；另一类是综合使用多种图样，完整地反映某些部件、构件、配件、节点，或家具、灯具的构造，成为所谓的构造详图或节点图，如图 7-2 所示。

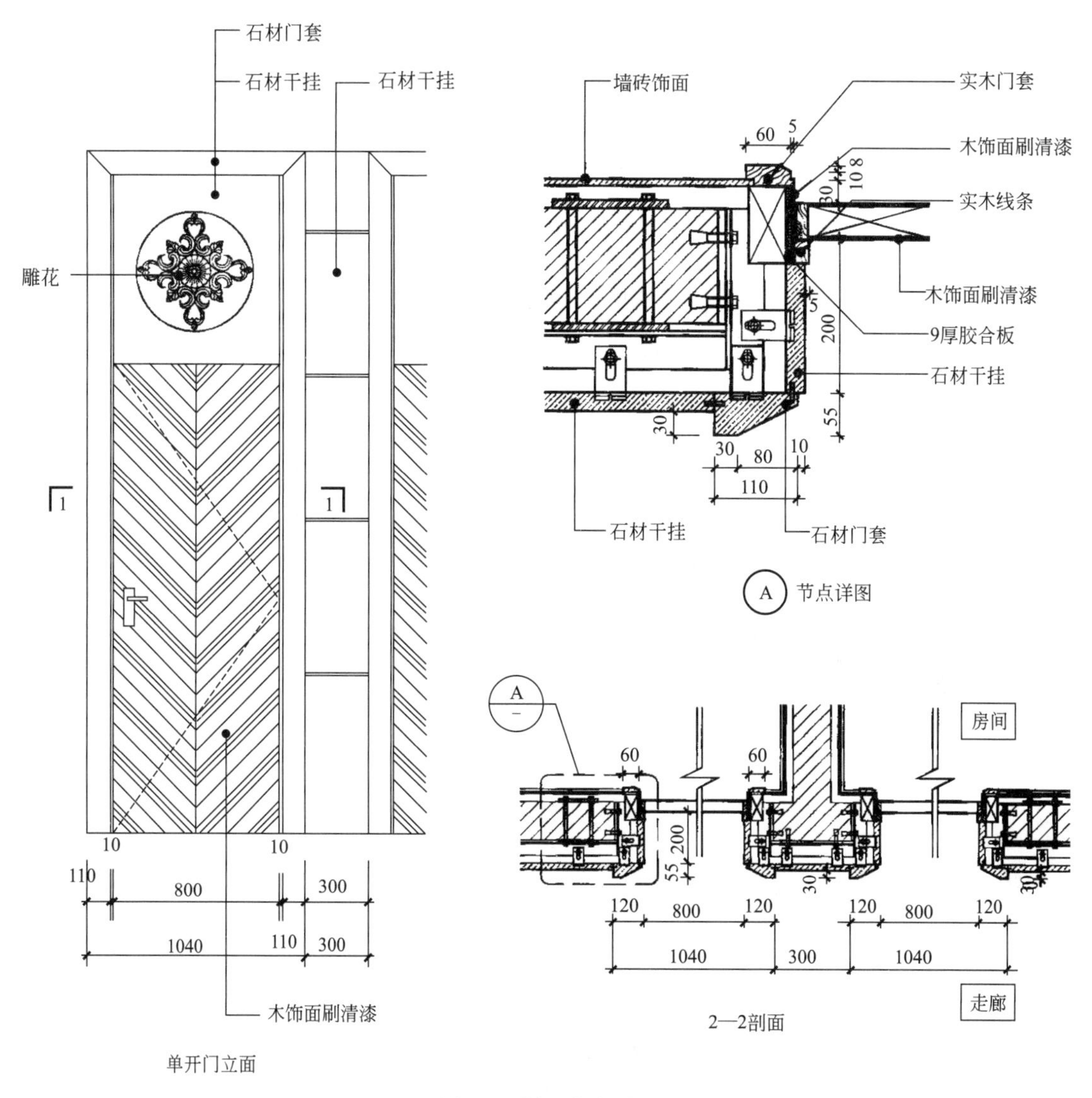

图 7-2　剖面节点详图

在一个室内设计工程中，需要画多少详图、画哪些部位的详图，要根据工程的大小、复杂程度而定，一般工程，应有以下详图。

（1）墙面详图

用于表示较为复杂的墙面构造。通常要画立面图、纵横剖面图和装饰大样图，如图 7-3 所示。

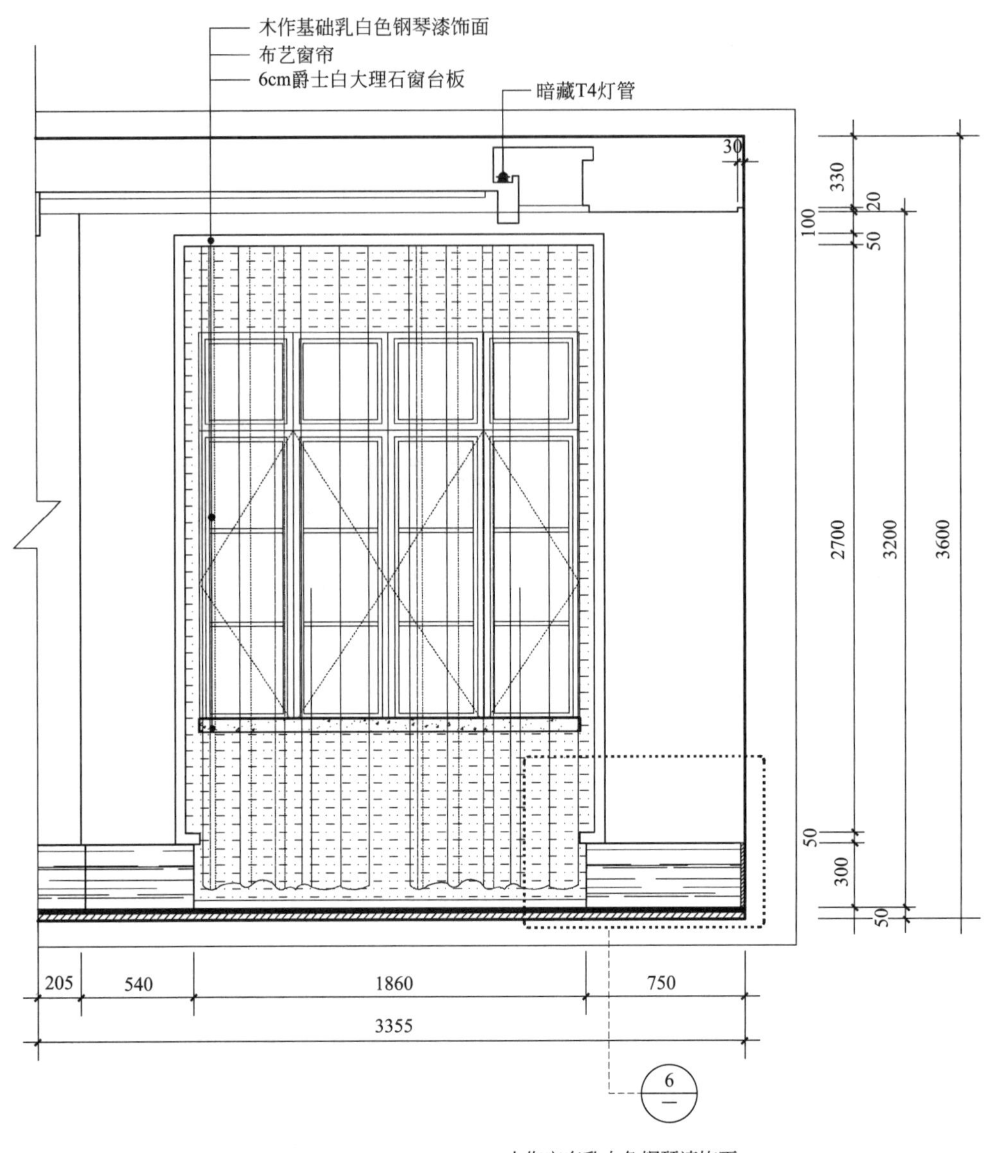

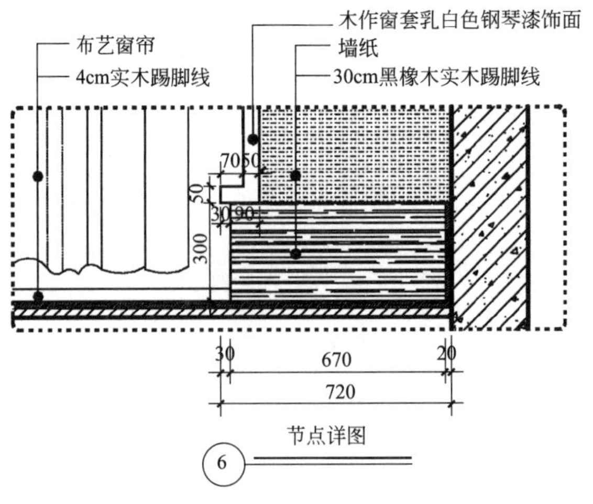

图 7-3 立面剖面节点详图

（2）柱面详图

柱面详图用于表示柱面的构造。通常要画柱的立面图、纵横剖面图和装饰大样图。有些柱子可能有复杂的柱头（如西方古典柱式）和特殊的花饰，还应用适合的示意图，画出柱头和花饰，如图7-4所示。

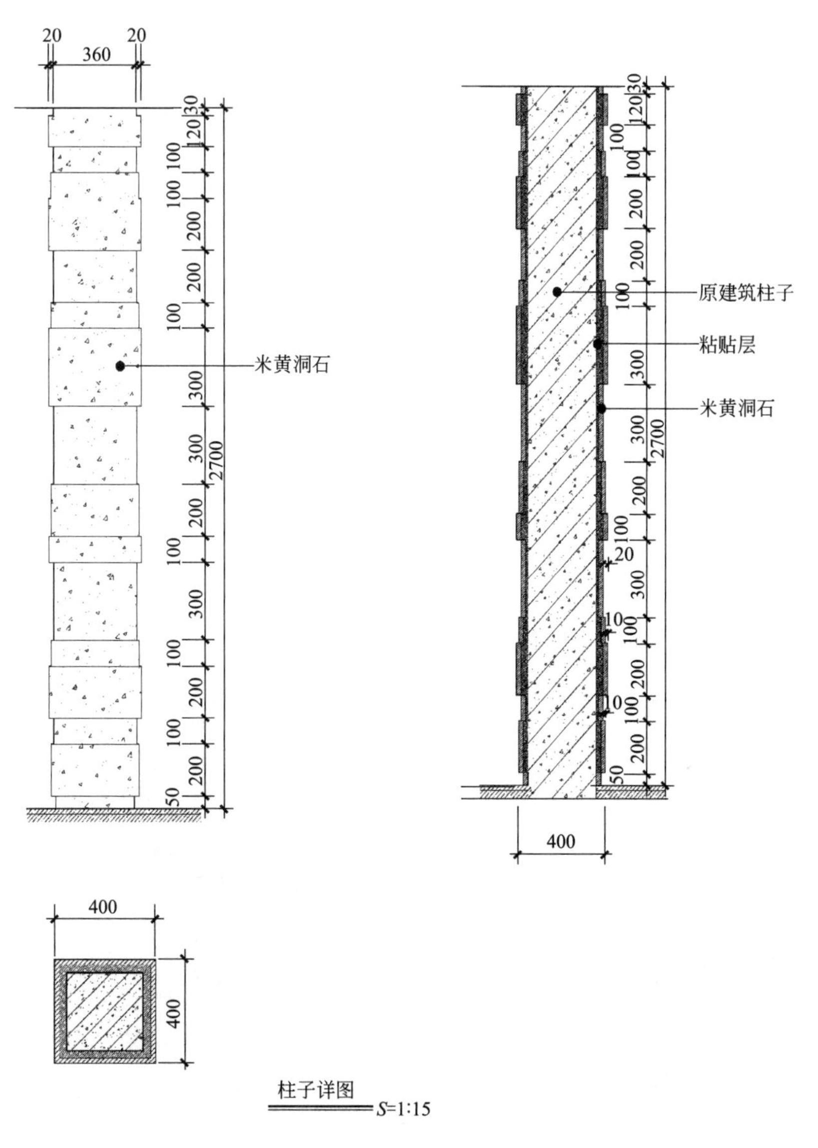

图7-4　柱面详图

（3）建筑构配件详图

建筑构配件详图包括特殊的门、窗、隔断、栏杆、窗帘盒、暖气罩和顶棚细部等，如图7-5～图7-7所示。

（4）设备设施详图

设备设施详图包括洗手间、洗手池、洗面台、服务台、酒吧台和壁柜等，如图7-8所示。

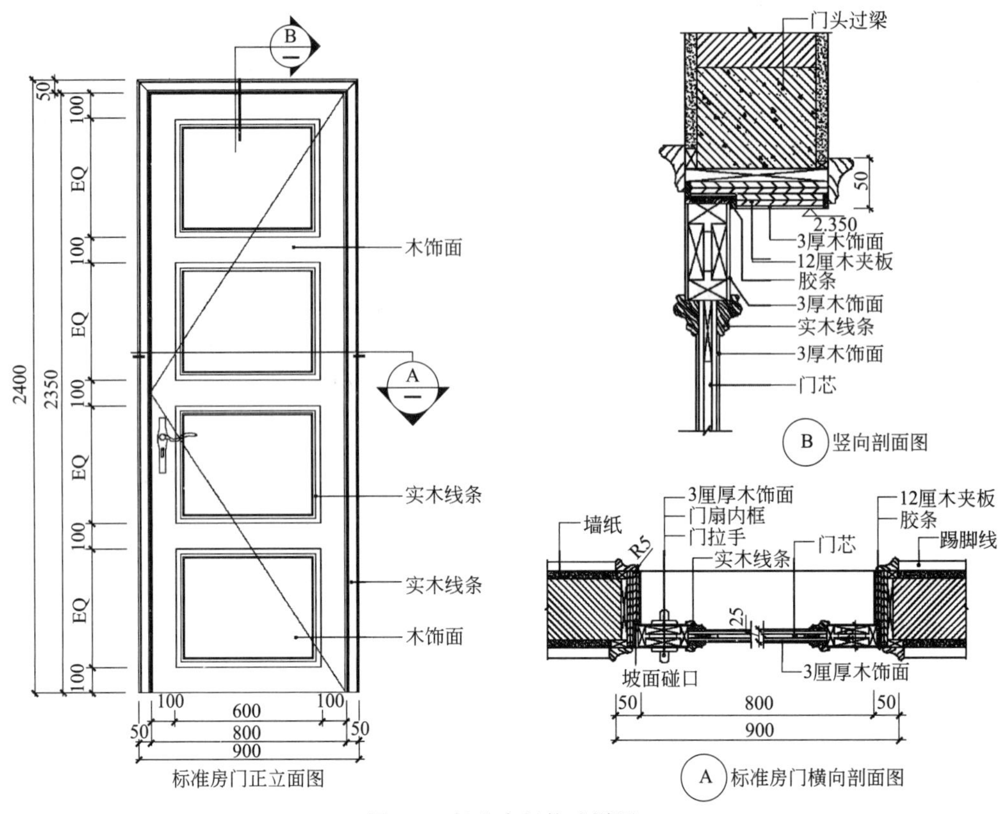

图 7-5 标准房门构造详图

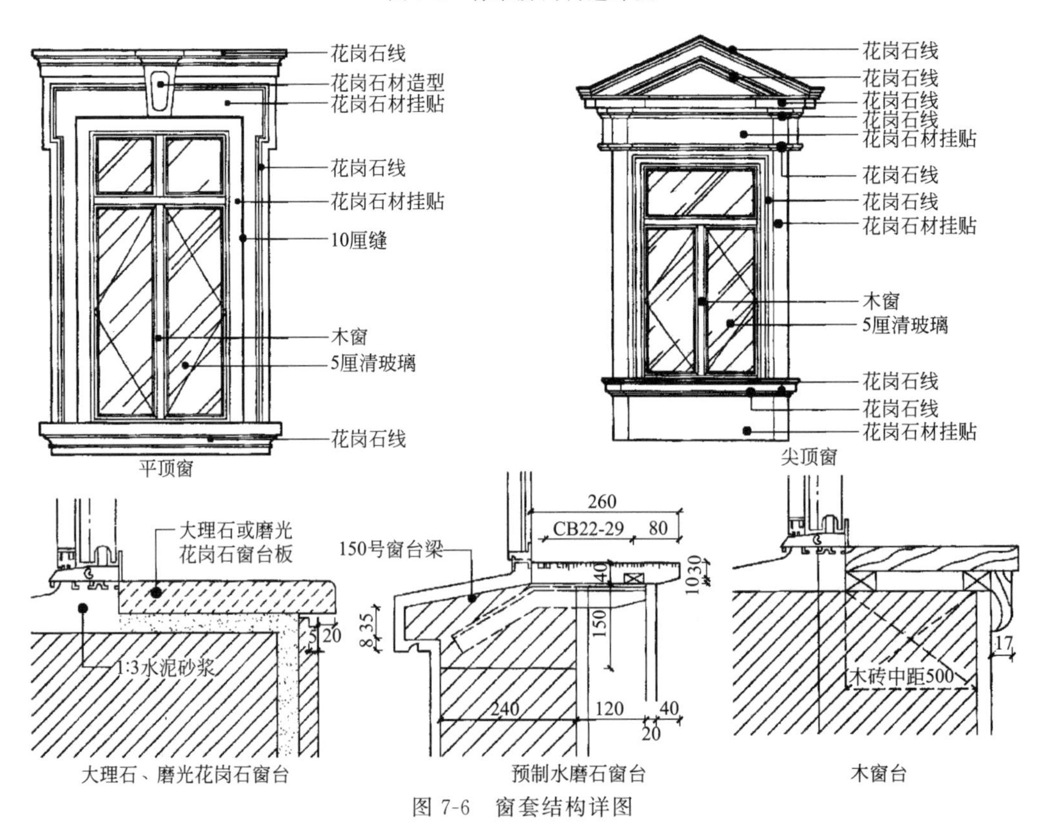

图 7-6 窗套结构详图

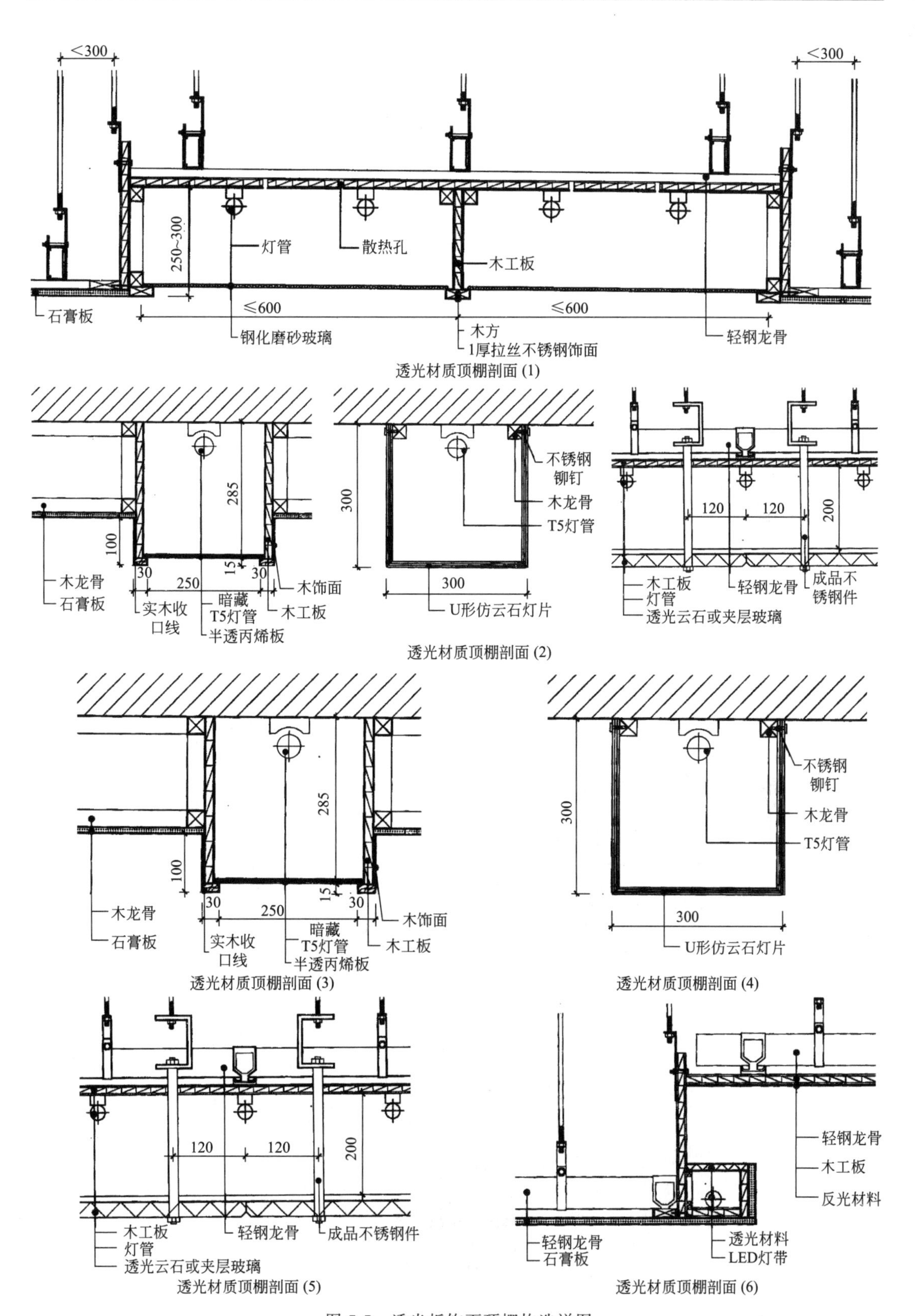

图 7-7　透光板饰面顶棚构造详图

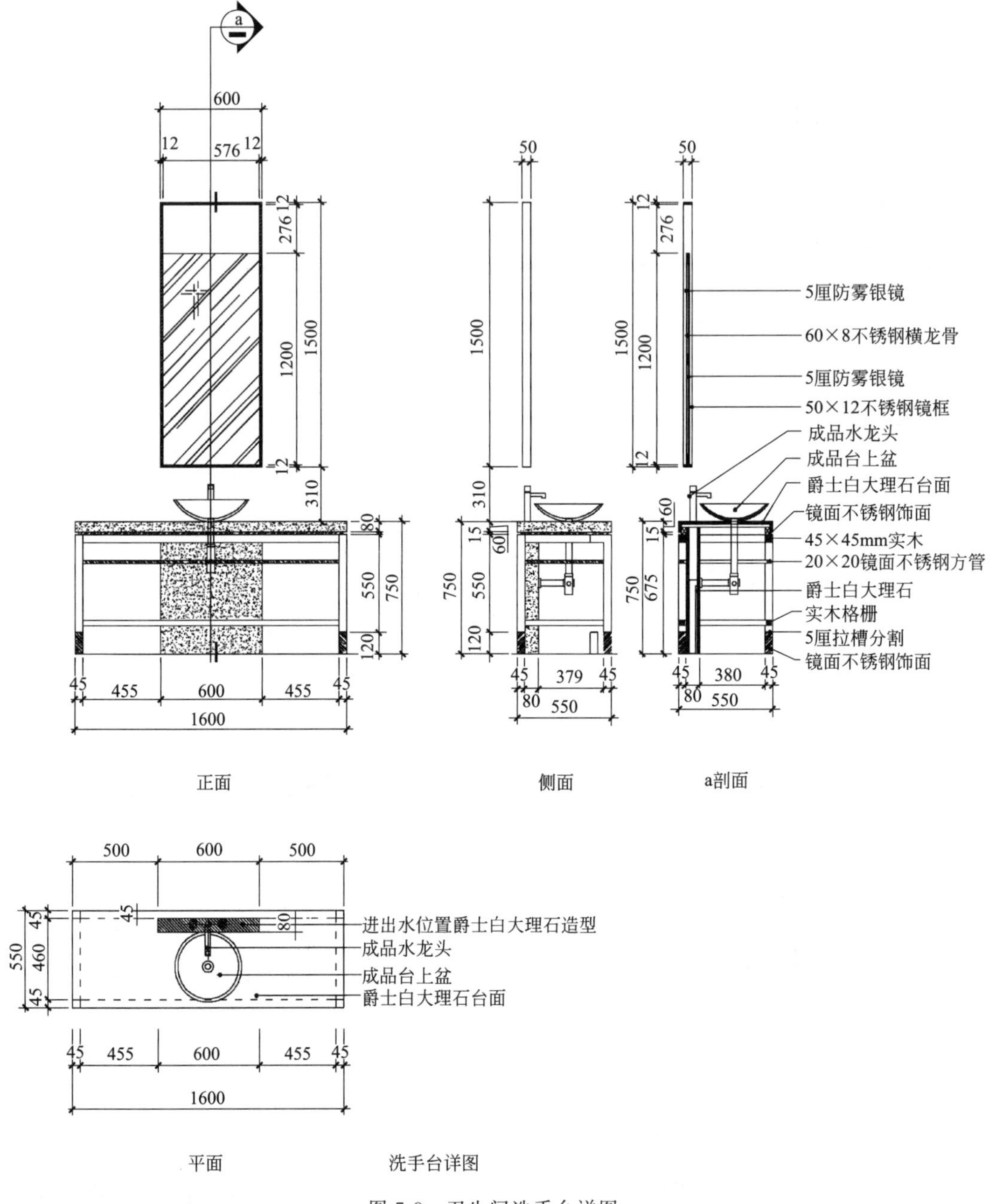

图 7-8 卫生间洗手台详图

(5) 楼、电梯详图

楼、电梯的主体，在土建施工中就已完成。但有些细部可能留至室内设计阶段，如电梯厅的墙面和顶棚，楼梯的栏杆、踏步和面层的做法等，如图 7-9 所示。

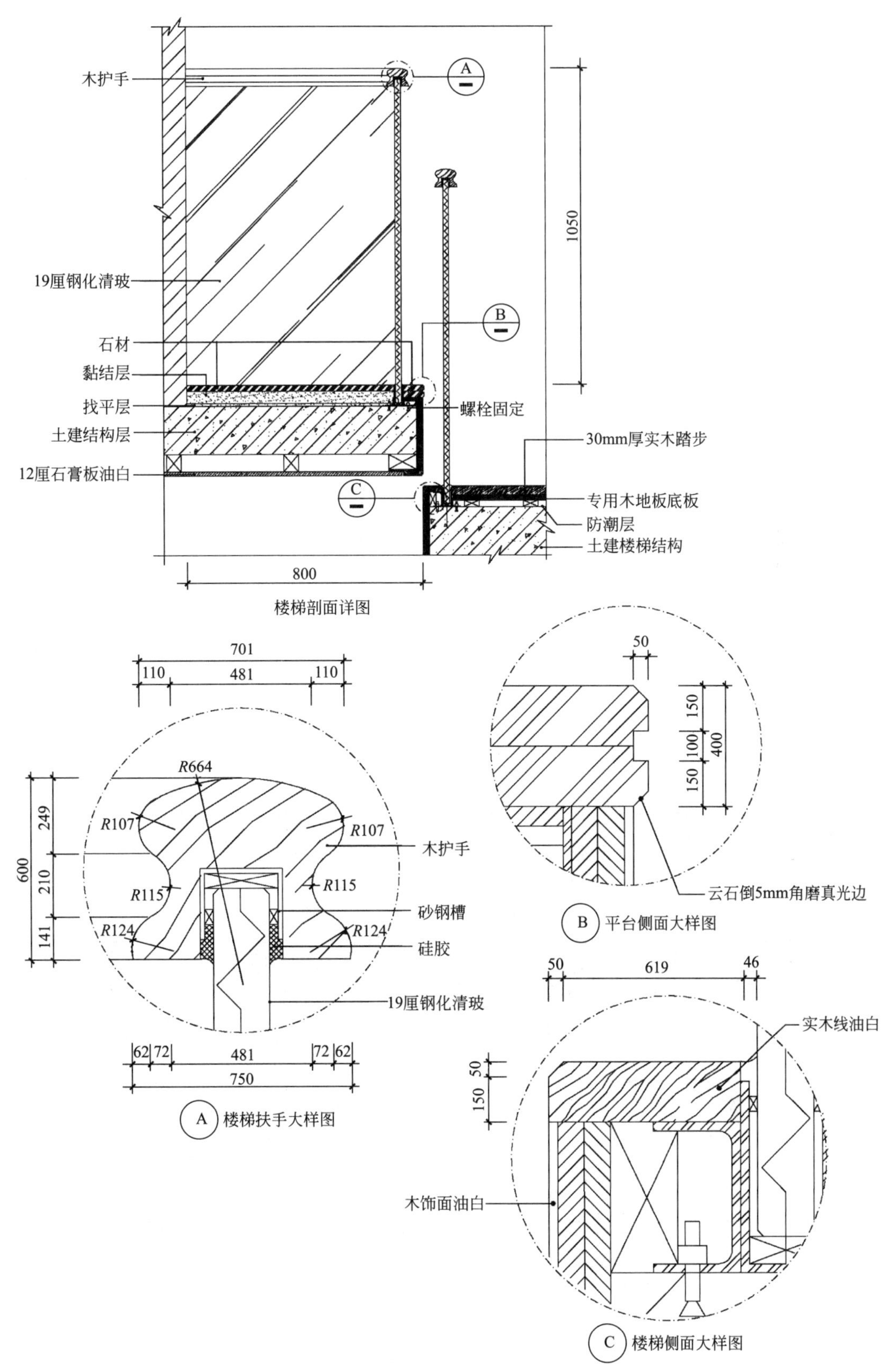
木护手
19厘钢化清玻
石材
黏结层
找平层
土建结构层
12厘石膏板油白
螺栓固定
30mm厚实木踏步
专用木地板底板
防潮层
土建楼梯结构
1050
800
楼梯剖面详图
701
110
481
110
R664
R107
R107
木护手
R115
R115
砂钢槽
R124
R124
硅胶
19厘钢化清玻
600
249
210
141
62
72
481
72
62
750
A 楼梯扶手大样图
50
150
100
150
400
云石倒5mm角磨真光边
B 平台侧面大样图
50
619
46
实木线油白
50
150
木饰面油白
C 楼梯侧面大样图

图 7-9　楼梯结构详图

（6）家具详图

在一般工程中，多数家具都是从市场上直接购买的，特殊工程可专门设计家具，以便使家具和空间环境更和谐，更具地方、民族的特色。这里所说的家具，包括家庭、宾馆所用的床、桌、柜、椅等，也包括商店和展馆用的展台、展架和货架等，如图 7-10 所示。

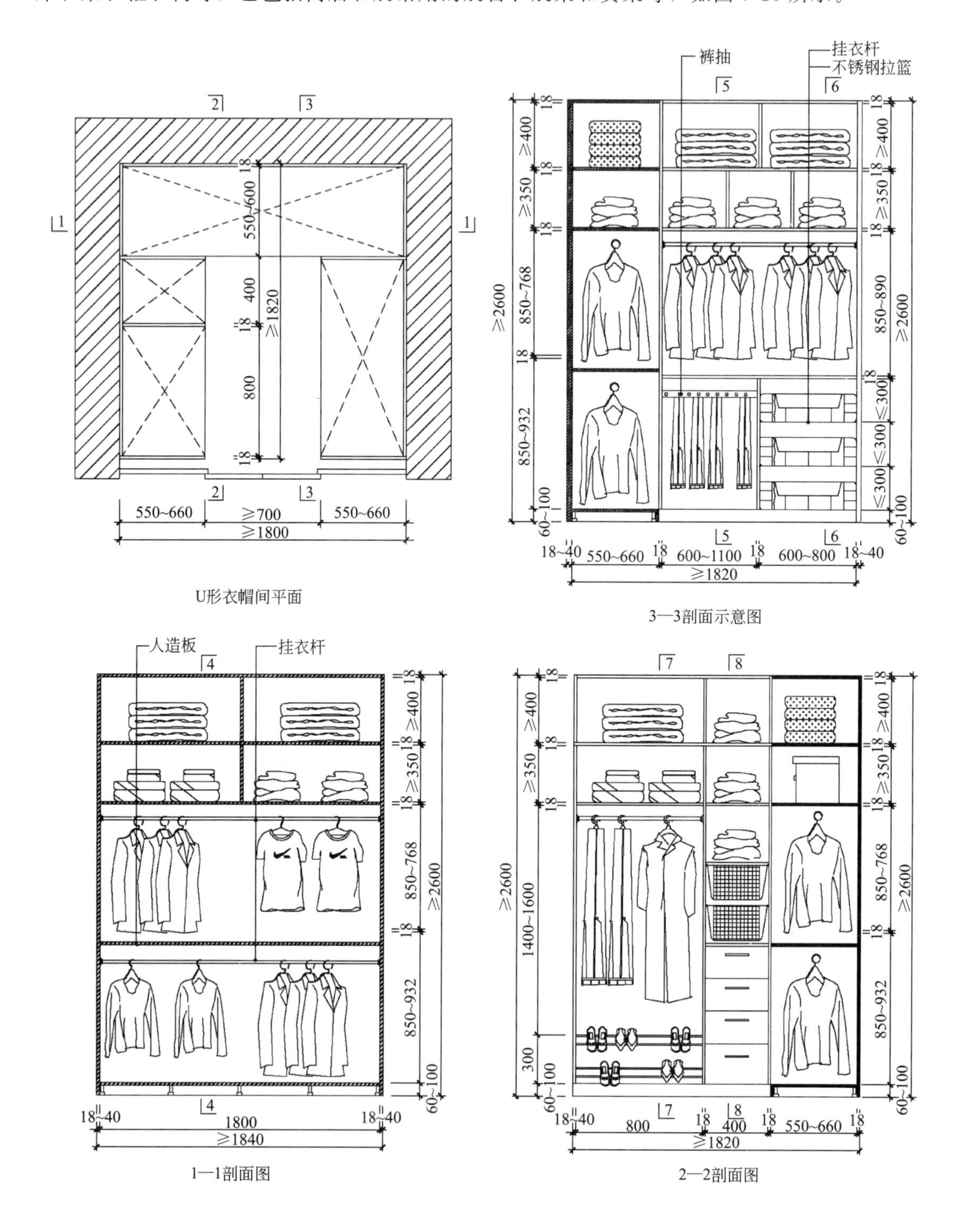

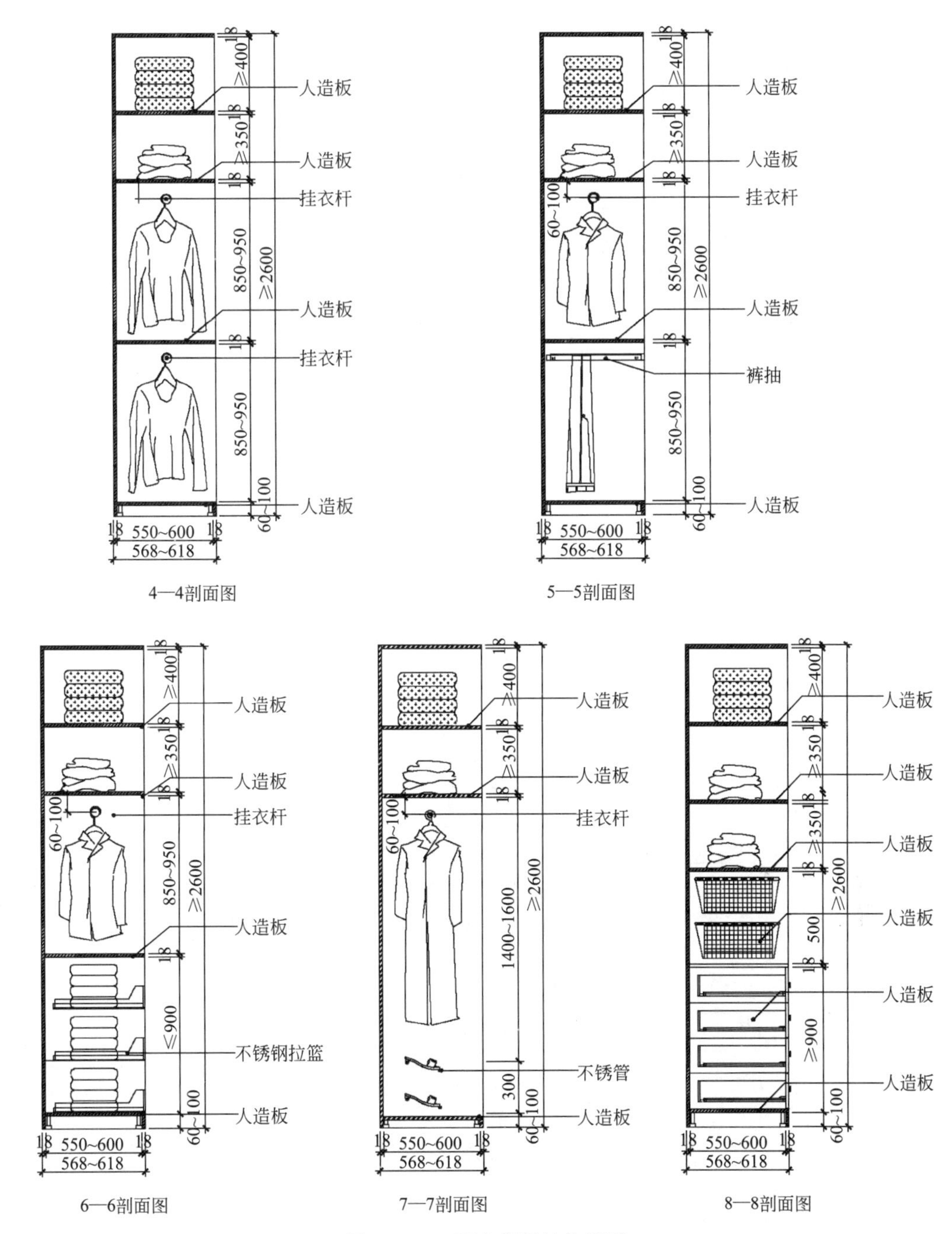

图 7-10 U形衣帽间结构详图

7.3 材质填充及参考图例

（1）材料填充

材质填充是对图纸美化和图纸详解的进一步说明，通过材质填充可以增加图纸的识别性。当节点的轮廓线表现完成后，就要对部分结构部件进行材质填充，节点详图材质填充时应注意以下事项。

1）图案比例 根据国家建筑设计制图标准对现有的材质图例进行填充，材质填充时可按照图样大小、比例适宜填充，图案比例过小易造成材质分辨不清、视觉效果差等不良后果。这时可返回到CAD图案填充对话框重新输入较大的比例数值，反复调节图案比例，直到使填充图案疏密适中，如图7-11所示的效果。

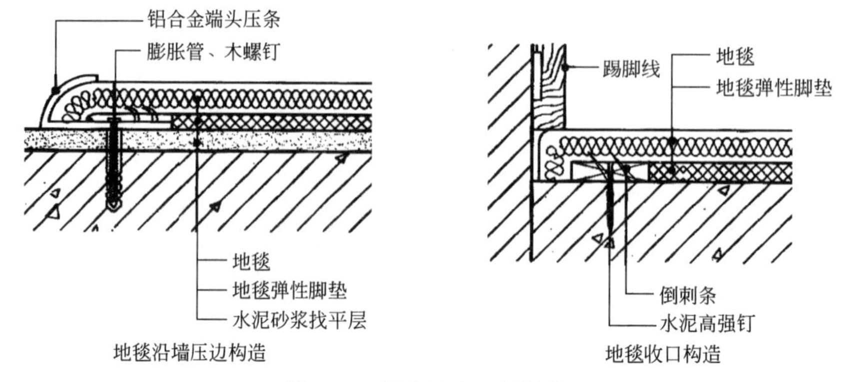

图7-11 图案填充比例调节

2）材质图例 国家现有的建筑设计制图标准图例很难满足装饰设计的需要，鉴于这种情况下，材质图例可以自编，自编的图例必要时辅以文字说明，以避免与其他图例混淆。

3）材质填充一般用细实线表示，与构件的外轮廓中实线分开。

（2）参考图例

室内设计节点详图的常用材料参考图例见表7-1。

表7-1 室内设计节点详图的常用材料参考图例

材质	材料图例	备 注
胶合板		注明几层胶合板
木材		上图为横断面，上左图为垫木、木砖或木龙骨；下图为纵断面
石膏板		包括圆孔、方孔石膏板、防水石膏板等
砂砾石、碎砖三合土		
混凝土		本图例指能承重的混凝土及钢筋混凝土；包括各种强度等级、骨料、添加剂的混凝土；在剖面图上画出钢筋时，不画图例线；断面图形小，不易画出图例线时，可涂黑
钢筋混凝土		
普通砖		实心砖、多孔砖、砌块等砌体断面较窄不易绘出图例线时，可涂红
耐火砖		耐酸砖等砌体
饰面砖		铺地砖、马赛克、陶瓷锦砖、人造大理石等

续表

材质	材料图例	备　注
空心砖		指非承重砖砌体
砂、灰土		
石材		
毛石		
多孔材料		水泥珍珠岩、沥青珍珠岩泡沫混凝土、非承重加气混凝土、软木、蛭石制品等
纤维材料		矿棉、岩棉、玻璃棉、麻丝、木丝板、纤维板等
泡沫塑料材料		聚苯乙烯、聚乙烯、聚氨酯等多孔聚合物类材料
金属		各种金属；图形小时，可涂黑
塑料		各种软、硬塑料及有机玻璃等
防水材料		构造层次多或比例大时，采用上面图例
橡胶		
玻璃		平板玻璃、磨砂玻璃、夹丝玻璃、钢化玻璃、中空玻璃、夹层玻璃、镀银玻璃等
网状材料		金属、塑料网状材料；表达时注明具体材料的名称

7.4　CAD绘制节点详图

7.4.1　节点详图绘制内容及要点

(1) 节点详图绘制内容

① 反映各界面相互衔接方式；

② 反映各界面本身的结构、材料及构件的相互衔接的关系；

③ 各类装饰材料之间的收口方式；

④ 反映各界面同设施（设备）的衔接方式。

(2) 节点详图绘制要点

① 比例：详图所用比例视图形自身的繁简程度而定，一般采用1∶1、1∶2、1∶5、1∶10、1∶20、1∶25、1∶30、1∶50等。

② 图线：装修完成面的轮廓线应为实线，材料或内部形体的外轮廓线为中实线，材质填充为细实线；在剖面详图中，被剖到的结构线用粗实线表示，未剖到的但又可见的结构线

用中实线表示，装饰饰线用细实线表示。

③ 应标明详图名称、比例，在相应的室内平面图、顶棚图、立面图中标明索引符号，如图 7-12 所示。

④ 尺寸标注与文字标注应尽量详尽，如图 7-12 所示。

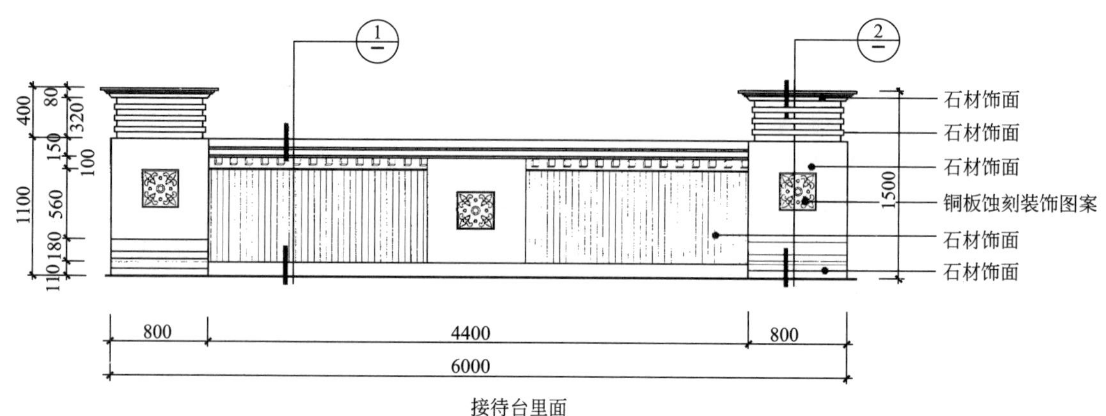

接待台里面

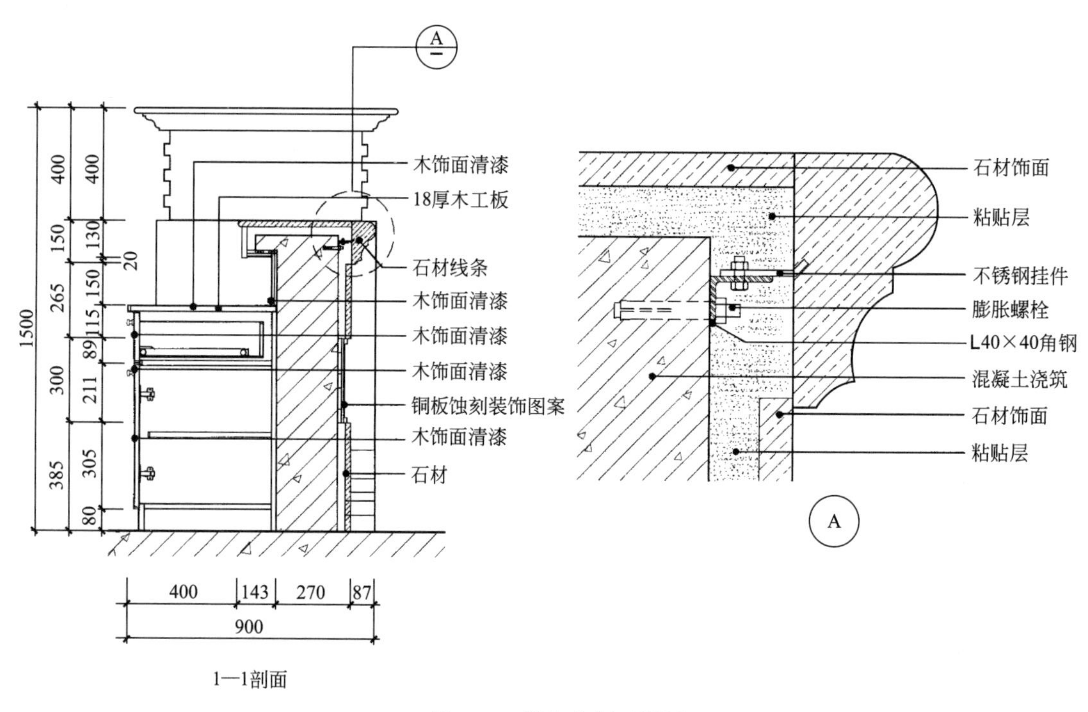

1—1剖面

图 7-12 服务台剖面详图

7.4.2 节点详图绘制步骤

① 设置绘图环境（单位与图层等的设置）。

② 绘制出要表达的轮廓线以及断面，如图 7-13（a）所示。

③ 固定构件造型绘制，如墙面、顶棚、墙柱、门窗、壁橱、踢脚线等。

④ 对主要造型进行材质填充，如图 7-13（b）所示。

⑤ 尺寸标注和文字标注、图名和比例，如图 7-13（c）所示。

⑥ 添加图框、标题栏，填写标题，如图 7-13（d）所示。

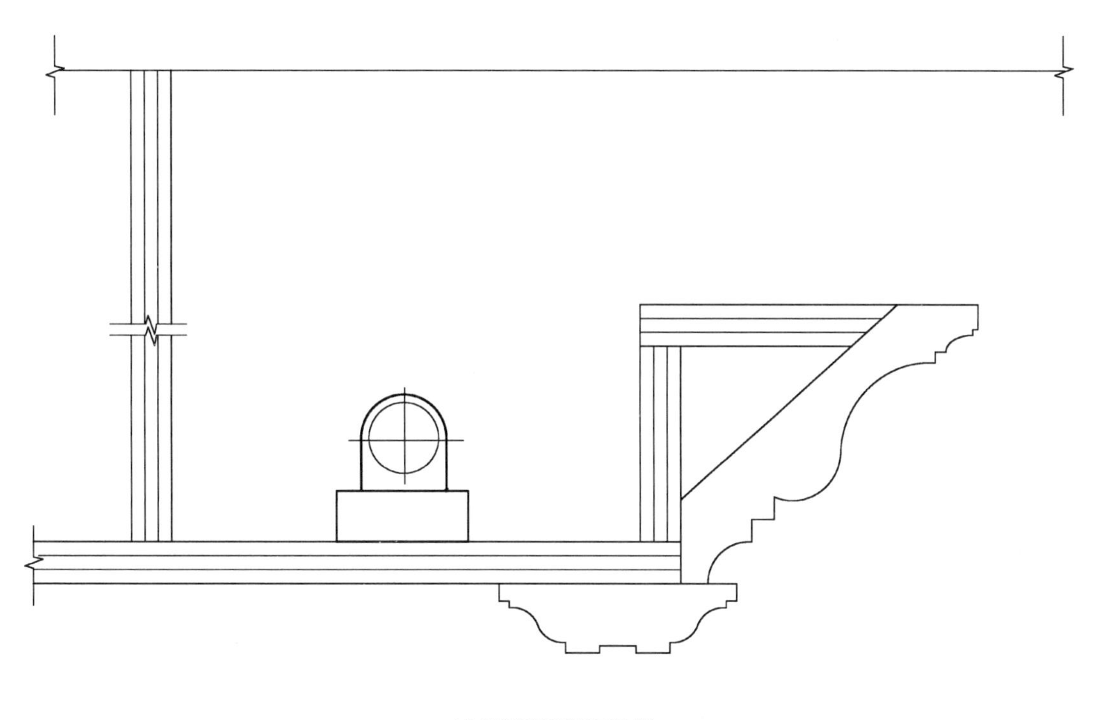

(a) 轮廓线以及断面绘制

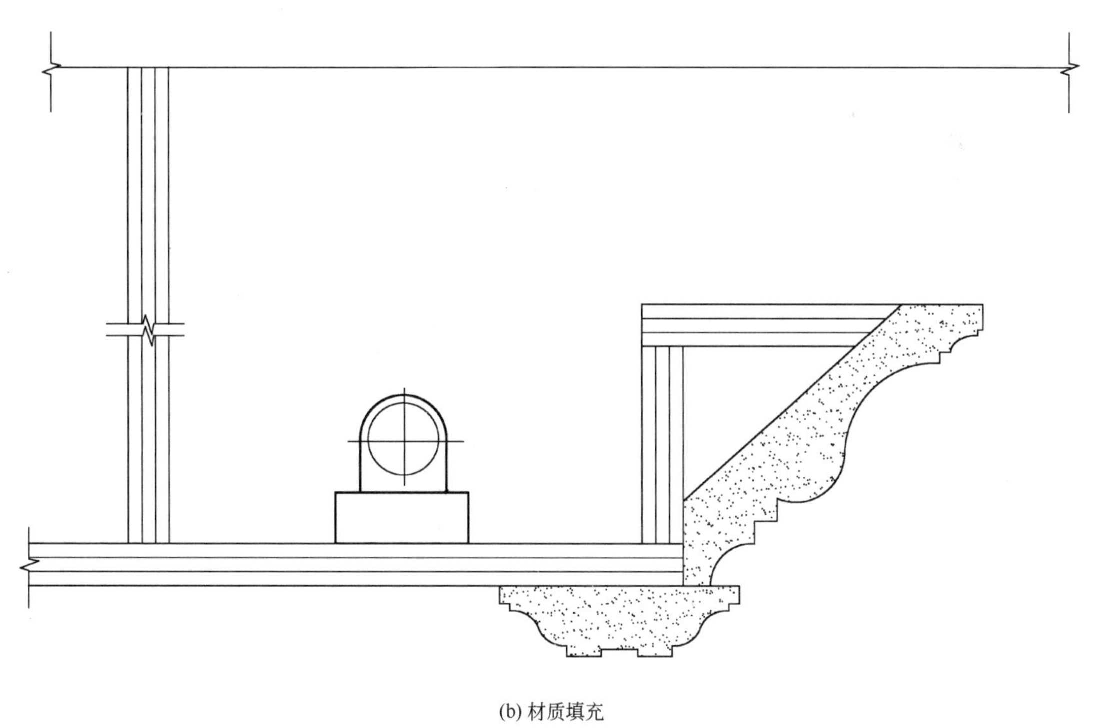

(b) 材质填充

图 7-13

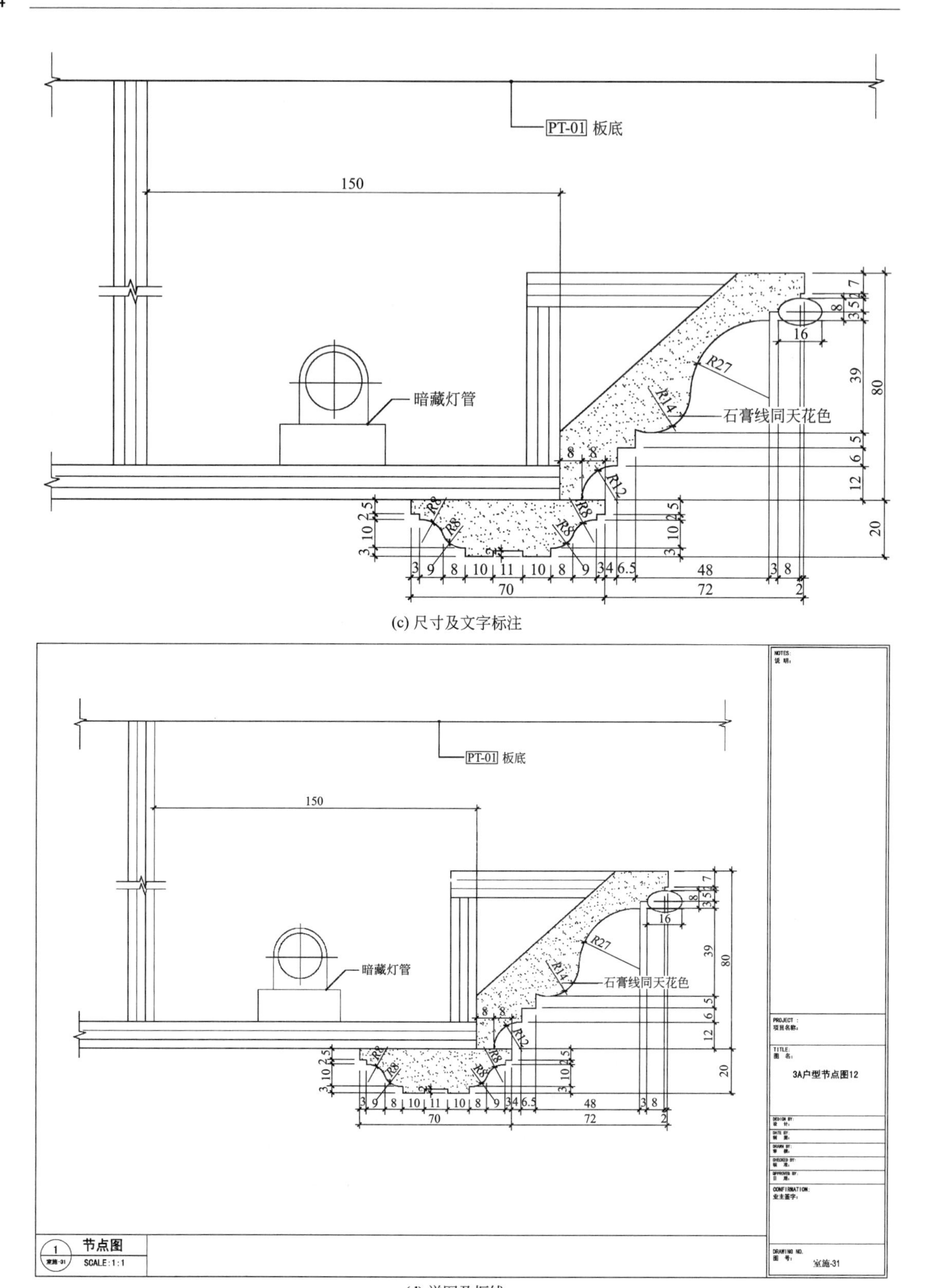

(d) 详图及框线

图 7-13 节点详图的绘制步骤

7.5 节点详图绘制实例

室内设计节点详图绘制如图 7-14～图 7-16 所示。

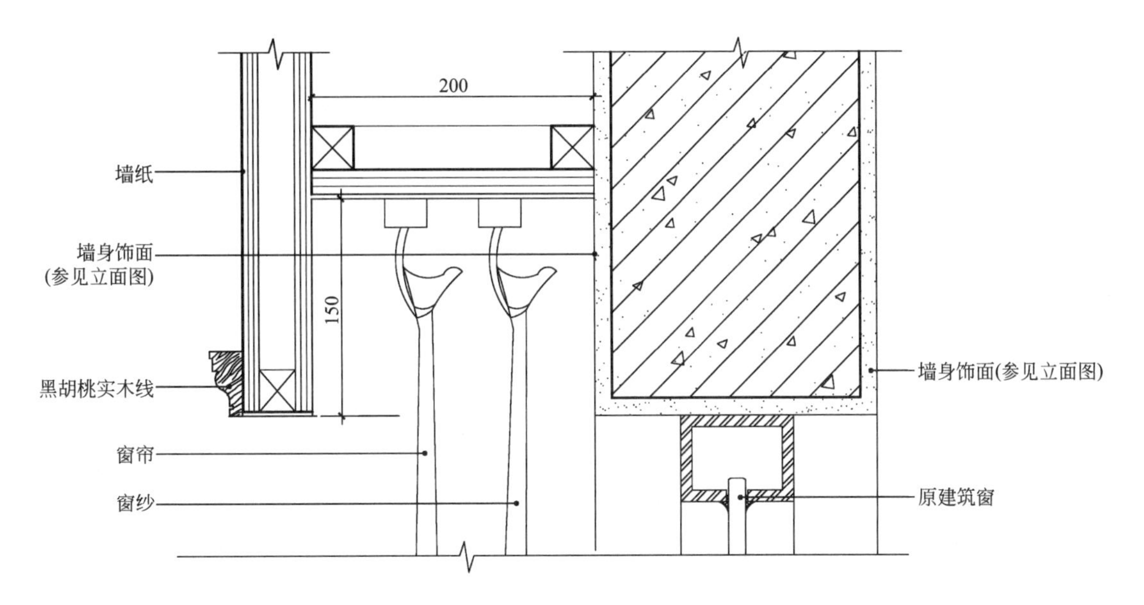

图 7-14 节点详图 1

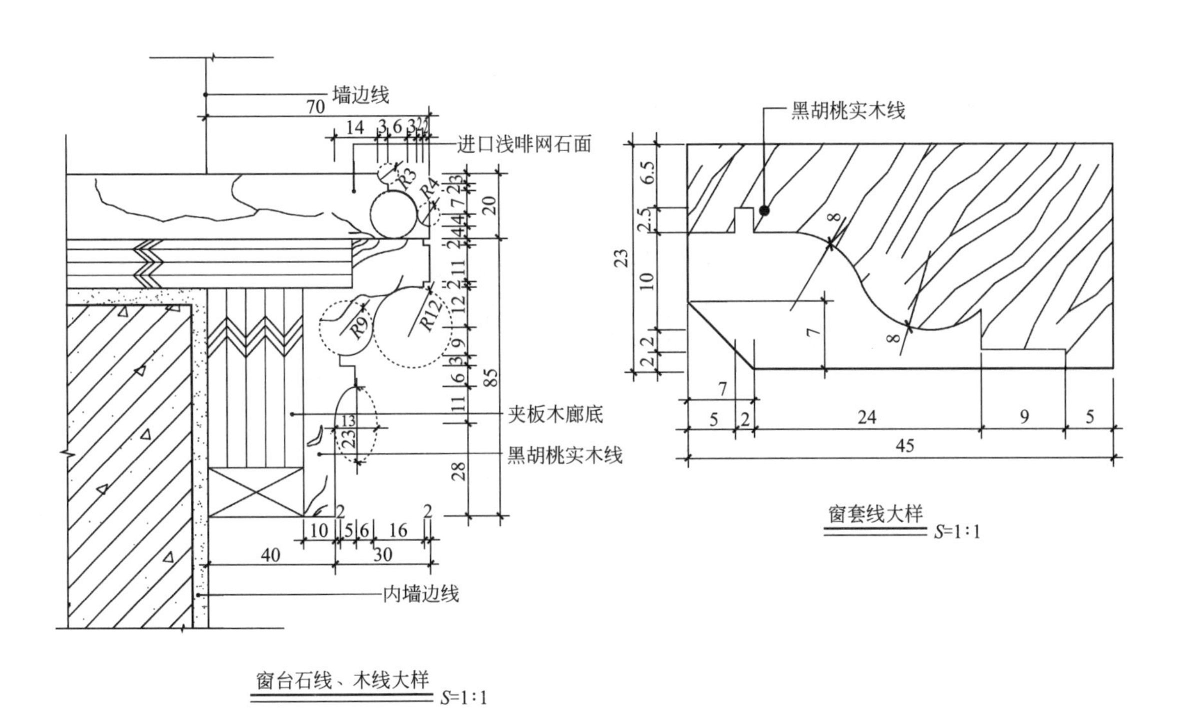

图 7-15 节点详图 2

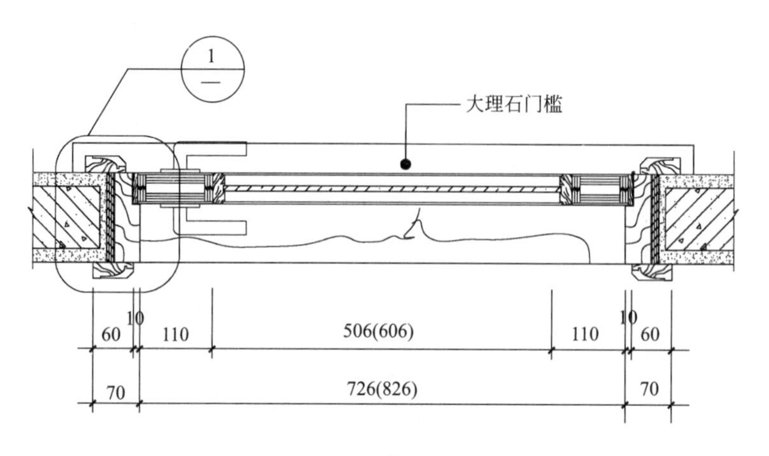
1
大理石门槛
60
10
110
506(606)
110
10
60
70
726(826)
70
卧室门1—1剖面图
S=1:15

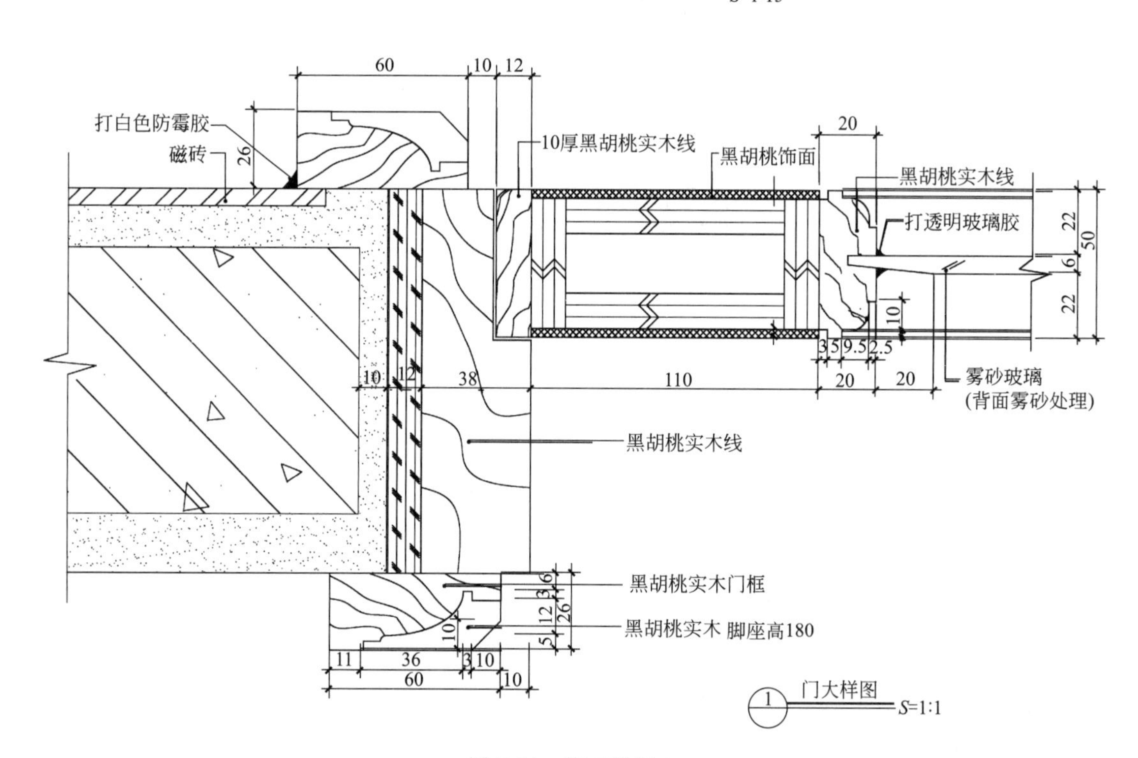
60
10
12
打白色防霉胶
磁砖
26
10厚黑胡桃实木线
黑胡桃饰面
20
黑胡桃实木线
打透明玻璃胶
22
50
6
22
10
3.5
9.5
2.5
10
12
38
110
20
20
雾砂玻璃
(背面雾砂处理)
黑胡桃实木线
黑胡桃实木门框
黑胡桃实木 脚座高180
6
3
12
26
5
10
11
36
3
10
60
10
1
门大样图
S=1:1

图 7-16 节点详图 3

第 8 章　室内装饰设计工程图输出

8.1　图面构图的设置

室内装饰工程图常见的图面构图有图 8-1 所示的几种形式。

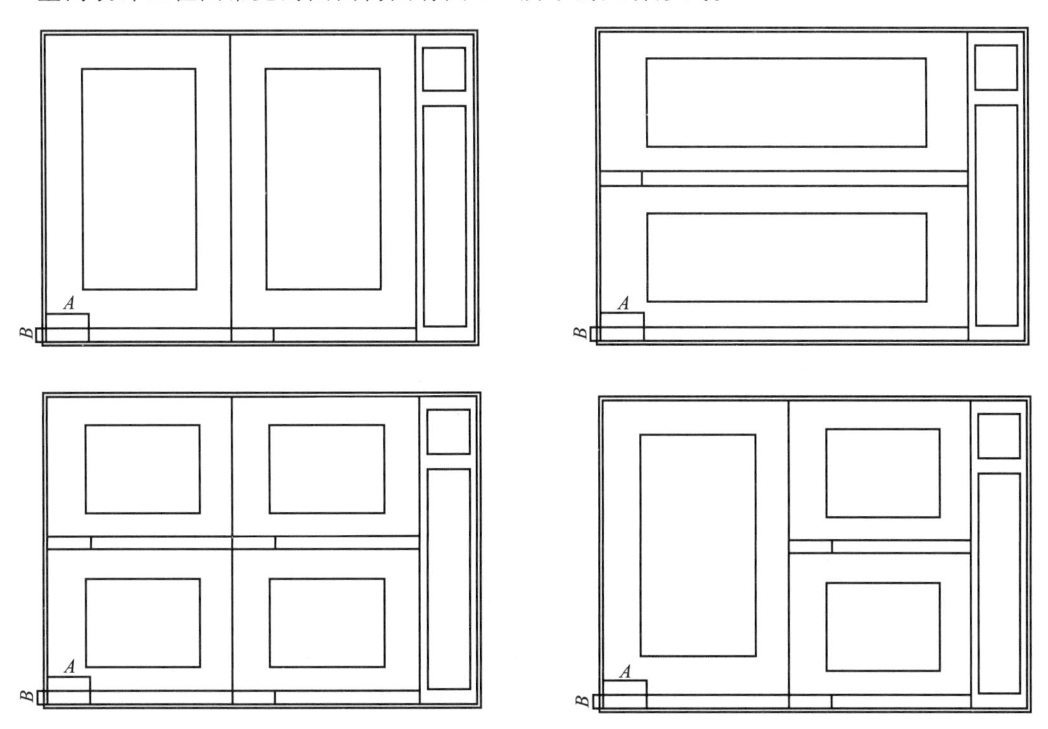

图 8-1　图面构图示意

注：B 值可根据图名文字的多少调整。当图幅为 A0、A1、A2 时 B 值为 18mm，当图幅为 A3、A4 时 B 值为 15mm

图面绘制的图样不论其包含内容是否相同（同一图面内可包含平面图、立面图、剖面图、大样图等）或其比例有所不同（同一图面中可包含不同比例），其构图形式都应有整齐、均布、和谐、美观的原则。

图面内的数字标注、文字标注、符号索引、图样名称、文字说明都应按以下规定执行：

① 数字标注与文字索引、符号索引尽量不要交叉；

② 图面的分割形式可因不同内容、数量及比例调整，但构图中图样名称分割线的高度却可依图幅大小而保持一致。

8.2　图纸目录编制

图纸目录又称“标题页”，它是设计图纸的汇总表。一套完整的装饰工程图纸，数量较多，但为了方便阅读、查找、归档，需要编制相应的图纸目录。图纸目录一般都以表格的形式表示，主要包括图纸序号、图纸名称、图号、图幅等，见表 8-1。

表 8-1 图纸序号目录

项目名称：某住宅装饰工程

序号	图纸名称	图号	图幅	序号	图纸名称	图号	图幅
1	图纸封面	图表 1-00	A3	11	客厅立面图	室施-06	A3
2	图纸目录	图表 1-01	A3	12	门厅立面图	室施-07	A3
3	设计说明	图表 1-02	A3	13	餐厅立面图	室施-08	A3
4	材料表	图表 1-03	A3	14	主卧立面图	室施-09	A3
5	效果图	图表 1-04	A3	15	次卧立面图	室施-10	A3
6	原始平面图	室施-01	A3	16	厨房立面图	室施-11	A3
7	平面布置图	室施-02	A3	17	外卫生间立面图	室施-12	A3
8	顶棚设计图	室施-03	A3	18	主卫生间立面图	室施 13	A3
9	地面材料铺装图	室施-04	A3	19	门厅地面拼花详图	室施-14	A3
10	开关插座图	室施-05	A3	20	衣柜详图	室施-15	A3

室内设计项目的规模大小、繁简程度各有不同，但其成图的编制顺序则应遵守统一的规定。按照编排次序将整套室内装饰工程图纸装订成册，成套的施工图包含以下内容。

① 封面：项目名称、业主名称、设计单位、成图依据等。

② 目录：项目名称、序号、图号、图名、图幅、图号说明、图纸内部修订日期、备注等，可以列表形式表示。

③ 文字说明：项目名称，项目概况，设计规范，设计依据，常规做法说明，关于防火、环保等方面的专篇说明。

④ 图表：材料表、门窗表（含五金件）、洁具表、家具表、灯具表等。

⑤ 平面图：其中总平面包括建筑隔墙总平面、家具布局总平面、地面铺装总平面、顶棚造型总平面、机电总平面等内容；分区平面包括分区建筑隔墙平面、分区家具布局平面、分区地面铺装平面、分区顶棚造型平面、分区灯具、分区机电插座、分区下水点位、分区开关连线平面、分区艺术陈设平面等内容。以上可根据不同项目内容有所增减。

⑥ 立面图：装修立面图、家具立面图、机电立面图等。

⑦ 节点大样详图：构造详图、图样大样等。

⑧ 配套专业图纸：水、电、暖等相关配套专业图纸。

在施工图中，应首先展示总平面，再按楼层的次序进行分区，依次展示各个分区的图纸。当楼层面积很大时，可对该楼层进行再分区，一般原则是按功能部分分区，如大堂区、餐饮区等。为查阅方便，可以给不同的分区编上序号，如一层 01 区、一层 02 区等。

每个分区的图纸应按平面图、顶棚平面图、立面图（剖面图）及详图的顺序排列。

8.3 模型空间打印

在模型空间中打印出图的第一步是在模型空间中设置打印页面，第二步是打印输出二维图形。

下面以打印室内装饰设计平面图为例，学习如何添加打印机、如何修改标准图纸的可打印区域以及如何从模型空间内打印输出二维图形。其打印预览的最终效果图如图 8-2 所示。

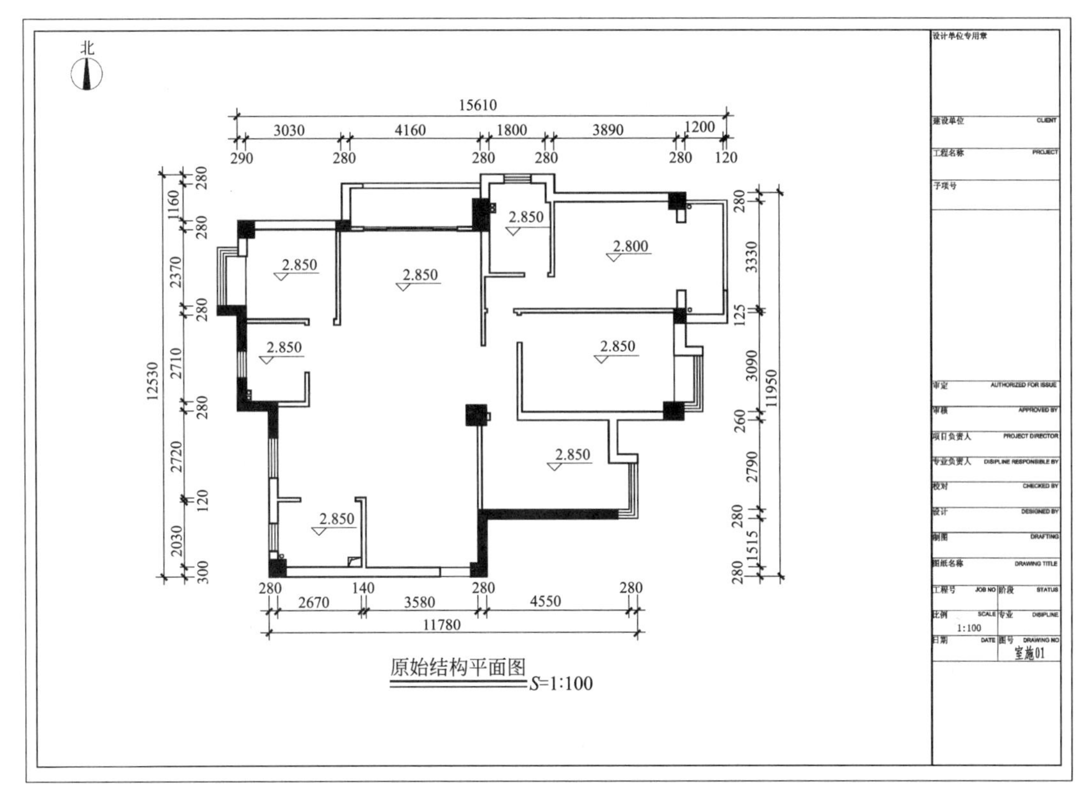

图 8-2　模型空间的打印预览

（1）页面设置

① 打开第 4 章绘制的“平面布置图 . dwg”文件。

② 执行【文件】｜【绘图仪管理器】命令，打开的窗口中双击添加打印机图标，如图 8-3 所示。

图 8-3　“打印机”窗口

③ 在弹出的对话框中，依次单击“下一步”按钮，采用系统默认设置，即可添加“PostScript Level l. pc3”型号的打印机，如图 8-4 所示。

图 8-4 “添加打印机”窗口

④ 执行【文件】｜【页面设置管理器】命令，将弹出“页面设置管理器”对话框，点击“修改”按钮，进入“页面设置—模型”对话框，在“打印机/绘图仪”组的“名称”下拉列表中选择刚添加的“PostScript Level l. pc3”型号的打印机；在“打印样式表”中的下拉列表框内选择“acad. ctb”选项，如图 8-5 所示。

⑤ 单击“特性”按钮，在打开的“绘图仪配置编辑器”对话框的“设备和文档设置”选项卡中单击“修改标准图纸尺寸（可打印区域）”选项，如图 8-6 所示。

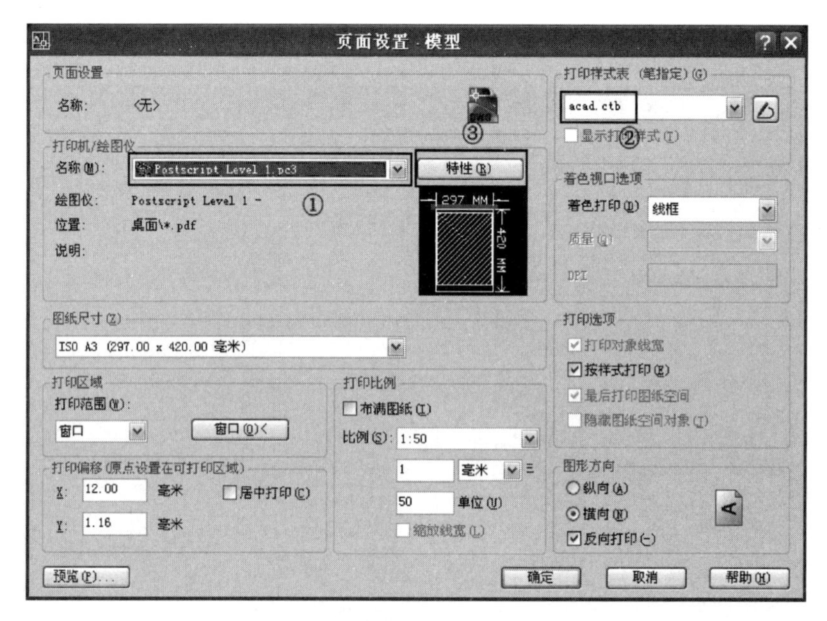

图 8-5 “设置页面参数”对话框

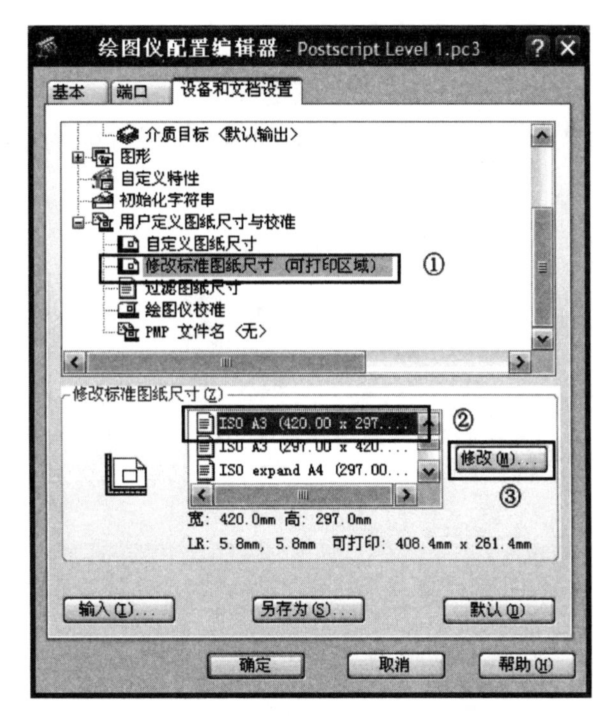

图 8-6　“绘图仪配置编辑器”对话框

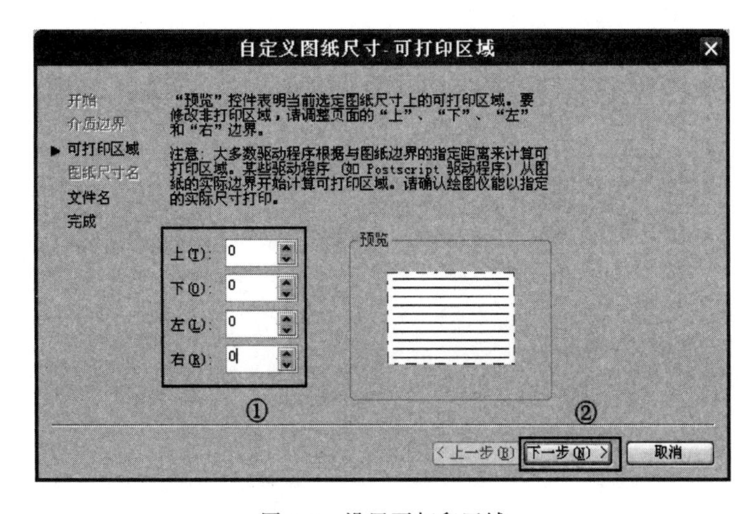

图 8-7　设置可打印区域

⑥ 单击“修改”按钮，在打开的“自定义图纸尺寸-可打印区域”对话框中将“上”、“下”、“左”、“右”的数字设为 0，如图 8-7 所示。

⑦ 依次点击“下一步”，然后点击“完成”按钮，最后点击“保存”，返回上级对话框，再单击“确定”按钮，将弹出“修改打印机配置文件”对话框，单击“确定”按钮完成图纸可打印区域的修改。

⑧ 在“图纸尺寸”下拉列表中选择 A3 图纸尺寸，设置其他各项参数，在“打印比例”选择自己图纸的比例，然后在“打印范围”下拉列表中选择“窗口”，如图 8-8 所示。点击“窗口”按钮，返回绘图区捕捉图框外框最左上角的角点，按住鼠标左键拖动，捕捉图框外

框的最右下角点，确定打印区域，系统再一次返回“页面设置-模型”对话框，进行预览后打印出图。

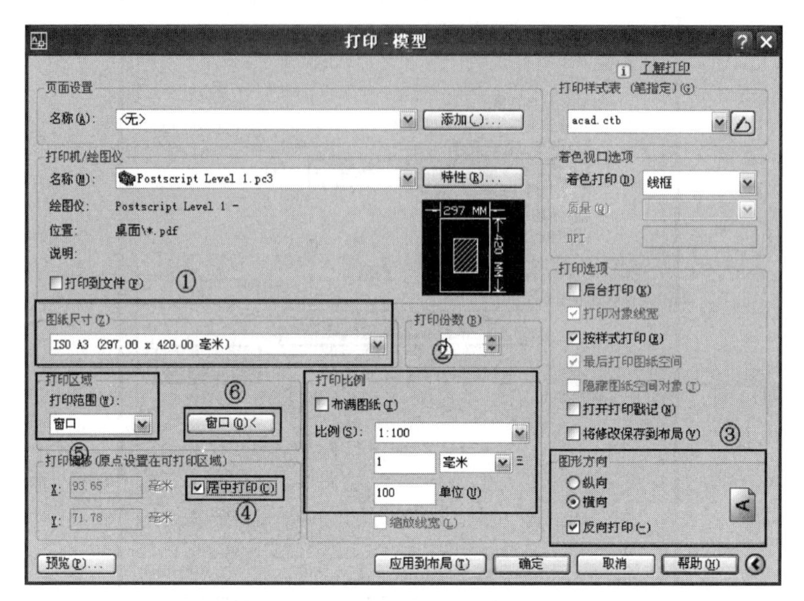

图 8-8 “设置打印参数”对话框

第9章　室内装饰设计工程图实例

9.1　某居住空间设计施工图

某居住空间设计施工图见图9-1～图9-22。

某小区二室二厅施工图

设计风格：现代风格

图9-1　某居住空间设计施工图封面

某小区二室二厅图纸目录表									
序号	图纸名称	图号	图幅	备注	序号	图纸名称	图号	图幅	备注
01	图纸封面	图表1-00	A3		12	立面指向索引平面图	室施-10	A3	
02	目录表	图表1-01	A3		13	客厅立面	室施-11	A3	
03	原建筑平面图	室施-01	A3		14	餐厅立面	室施-12	A3	
04	平面布置图	室施-02	A3		15	客、餐厅立面	室施-13	A3	
05	拆墙图	室施-03	A3		16	过道立面	室施-14	A3	
06	砌墙图	室施-04	A3		17	卫生间立面	室施-15	A3	
07	顶棚布置图	室施-05	A3		18	主卧立面	室施-16	A3	
08	插座布置图	室施-06	A3		19	主卧衣柜内结构立面	室施-17	A3	
09	开关平面图	室施-07	A3		20	主卧立面	室施-18	A3	
10	水路布置图	室施-08	A3		21	次卧立面	室施-19	A3	
11	平面布置尺寸图	室施-09	A3		22	次卧衣柜内结构立面	室施-20	A3	

图9-2　某居住空间设计施工图目录表

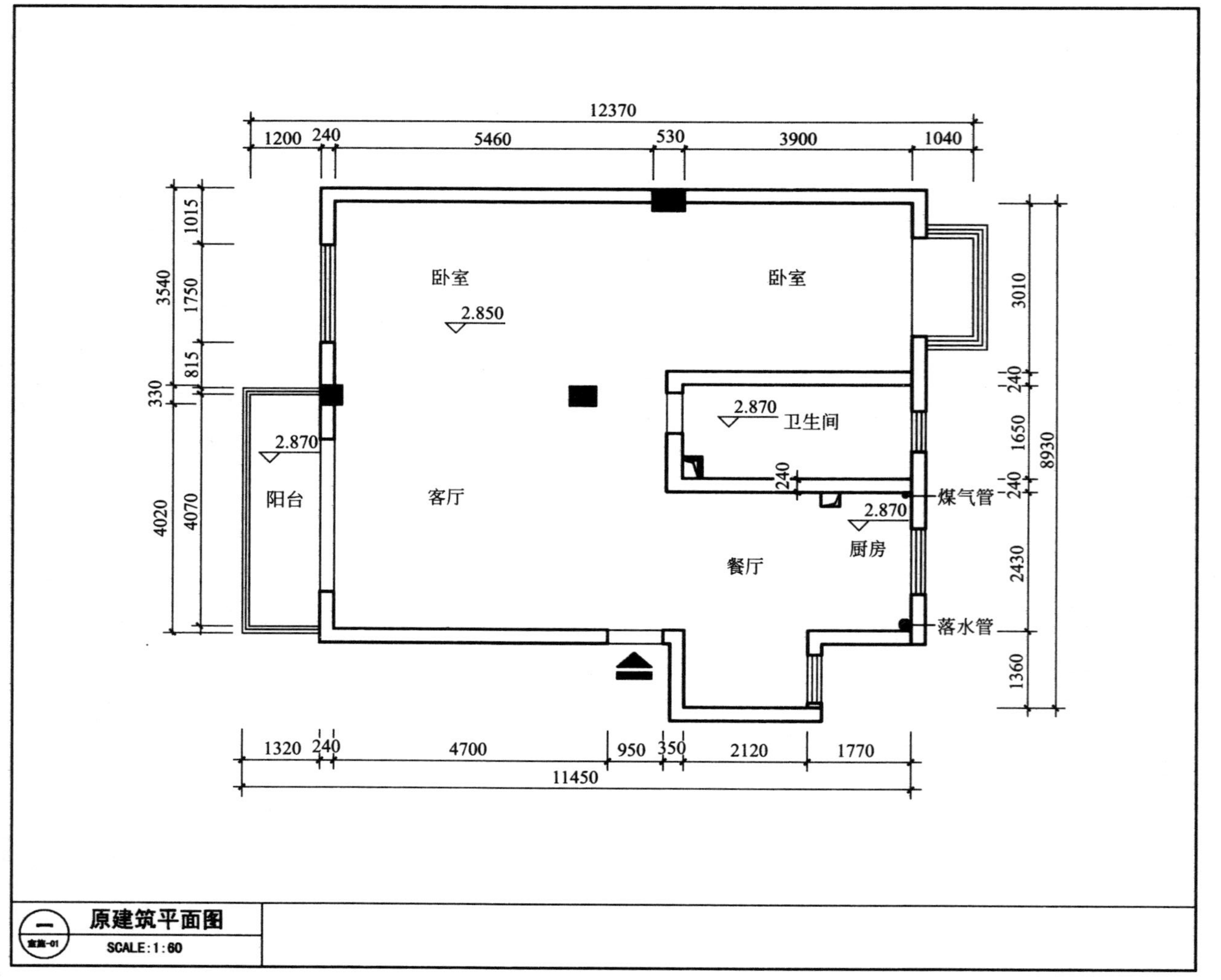
12370
1200
240
5460
530
3900
1040
卧室
2.850
卧室
3540
1015
1750
815
330
3010
240
2.870
卫生间
1650
8930
240
240
煤气管
2.870
厨房
2.870
阳台
客厅
餐厅
4020
4070
2430
落水管
1360
1320
240
4700
950
350
2120
1770
11450
原建筑平面图
SCALE:1:60

图 9-3 原建筑平面图

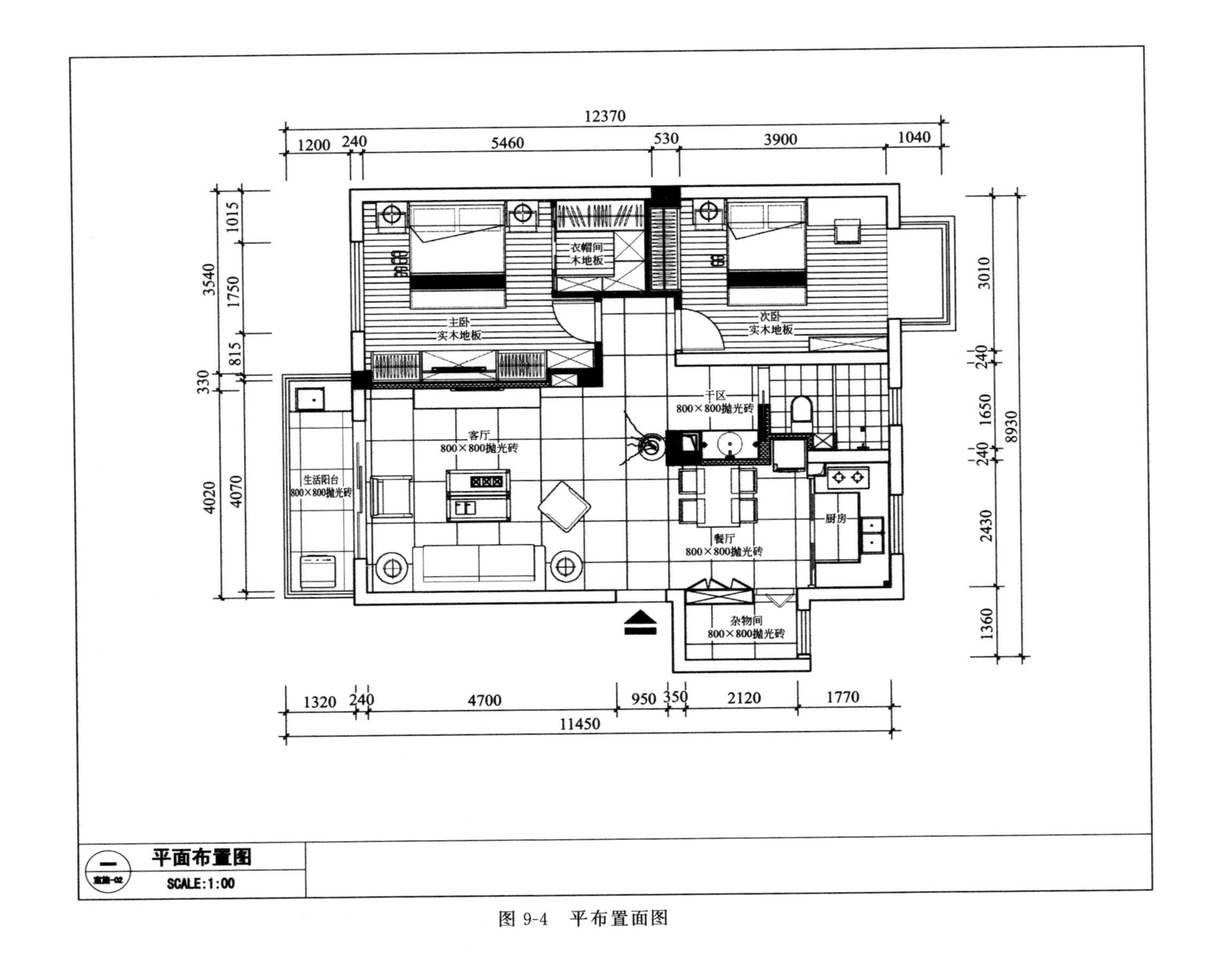
12370
1200
240
5460
530
3900
1040
3540
1015
1750
815
330
4020
4070
衣帽间
木地板
主卧
实木地板
次卧
实木地板
3010
240
1650
240
8930
2430
1360
干区
800×800抛光砖
客厅
800×800抛光砖
生活阳台
800×800抛光砖
餐厅
800×800抛光砖
厨房
杂物间
800×800抛光砖
1320
240
4700
950
350
2120
1770
11450
平面布置图
SCALE:1:00

图 9-4　平布置面图

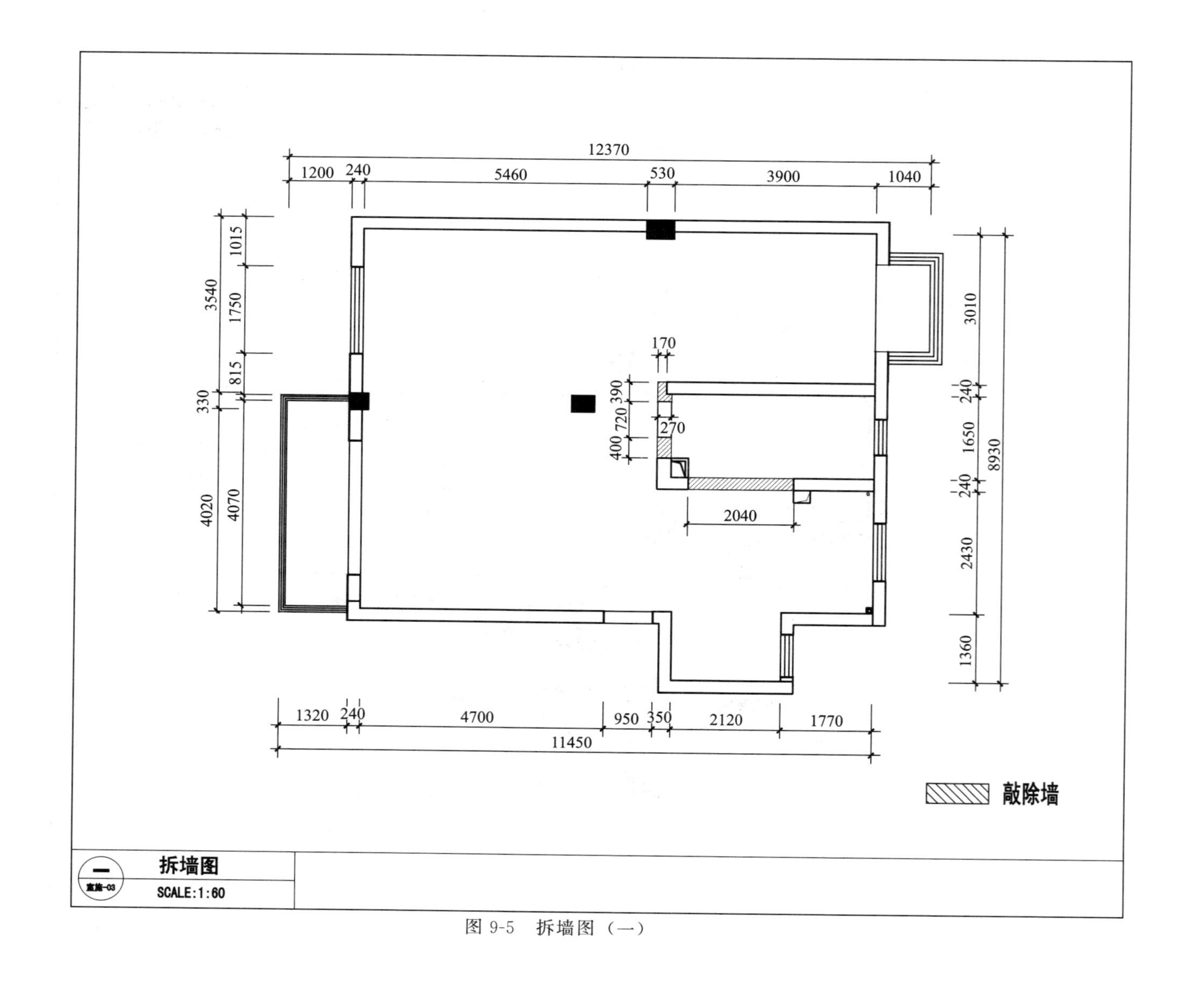
12370
1200 240 5460 530 3900 1040
1015
3540 1750
815
330
4020 4070
170
390
720 270
400
2040
3010
240
1650 8930
240
2430
1360
1320 240 4700 950 350 2120 1770
11450
敲除墙
拆墙图
SCALE:1:60
一

图 9-5 拆墙图（一）

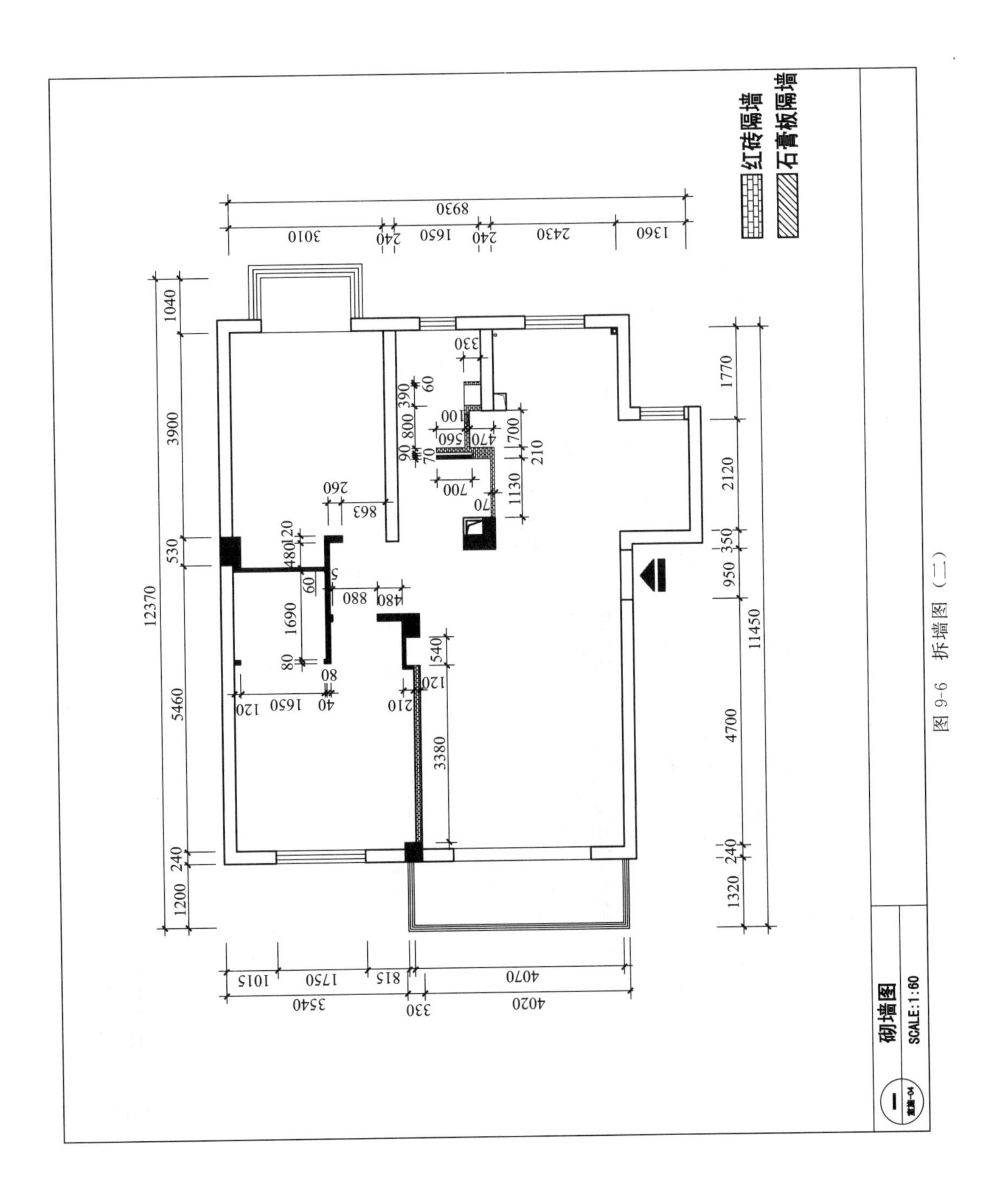

图 9-6　拆墙图（二）

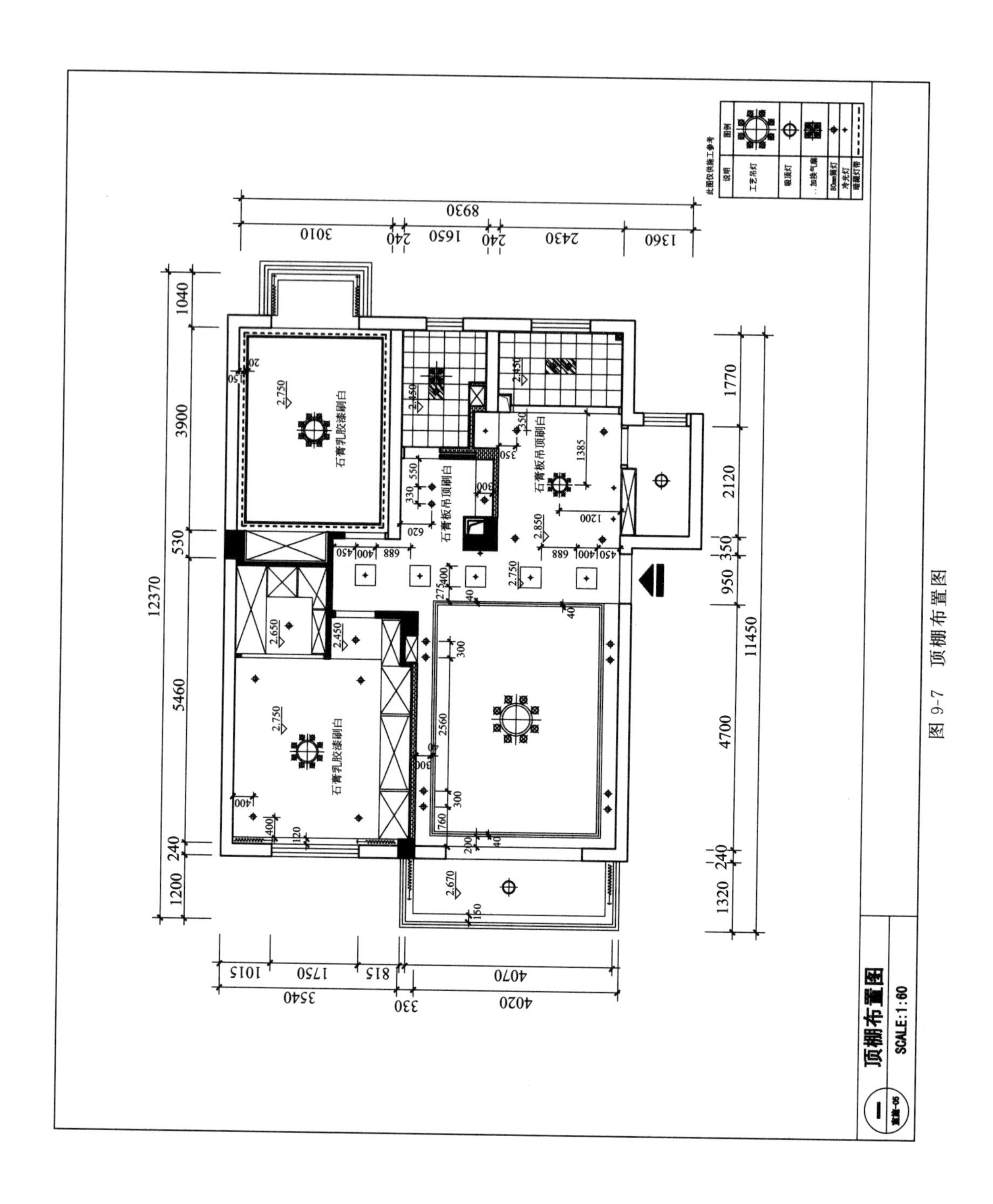

图 9-7 顶棚布置图

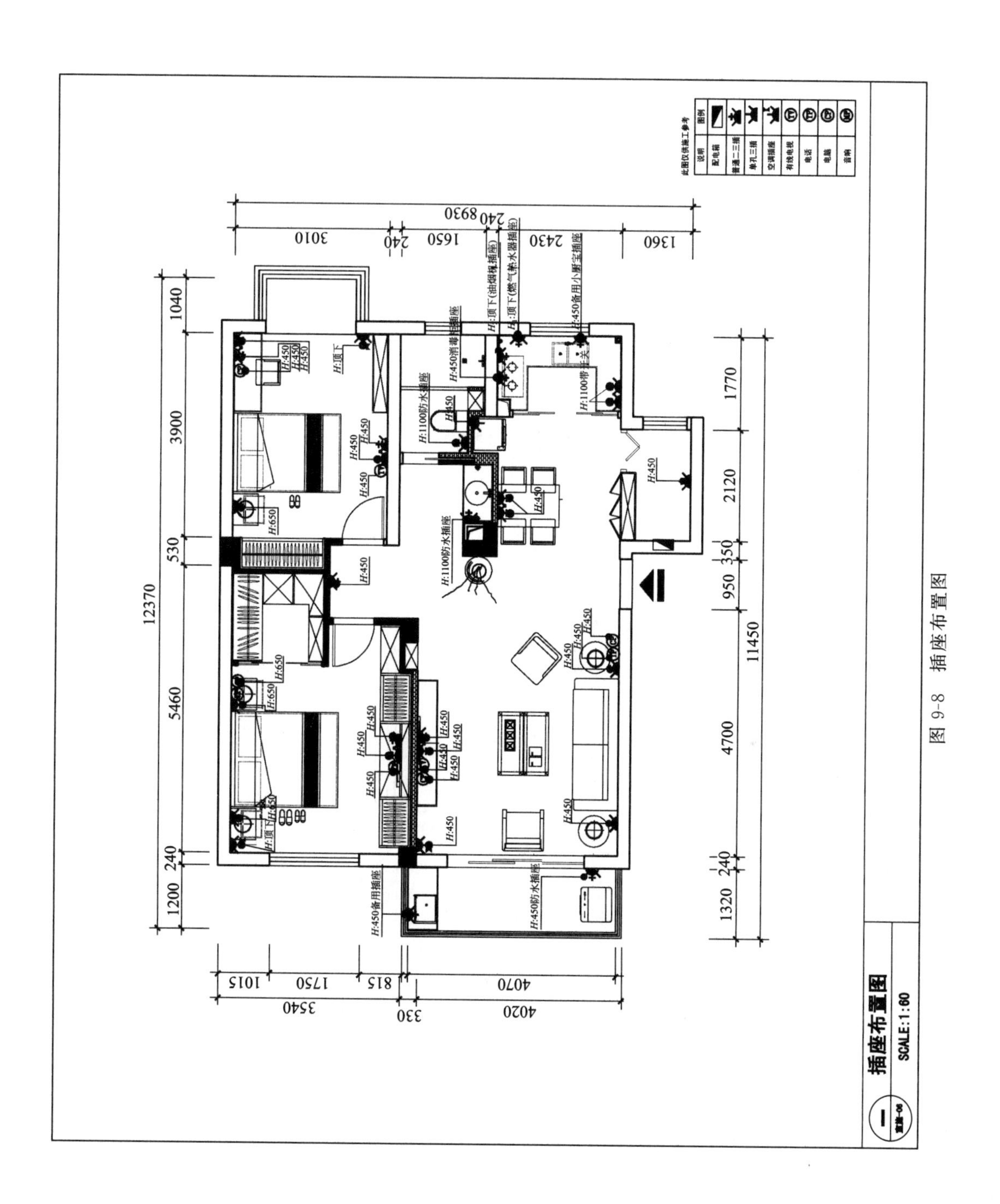

图 9-8　插座布置图

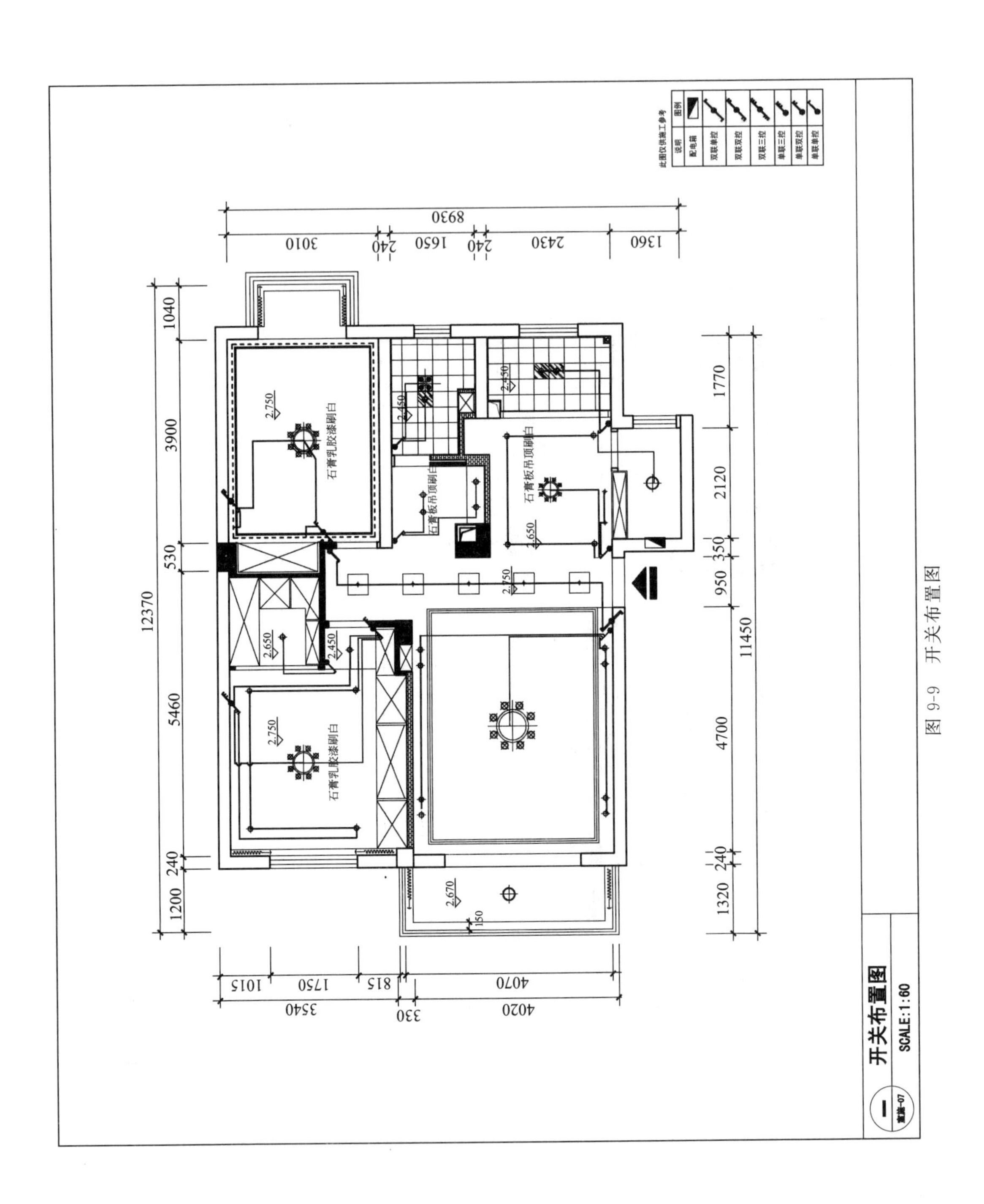
此图仅供施工参考
说明
图例
配电箱
双联单控
双联双控
双联三控
单联三控
单联双控
单联单控
8930
3010
240
1650
240
2430
1360
12370
1040
3900
530
5460
240
1200
1770
2120
350
950
11450
4700
240
1320
1015
1750
815
4070
3540
330
4020
石膏乳胶漆刷白
石膏板吊顶刷白
2.750
2.450
2.650
2.670
150
开关布置图
SCALE:1:60

图 9-9 开关布置图

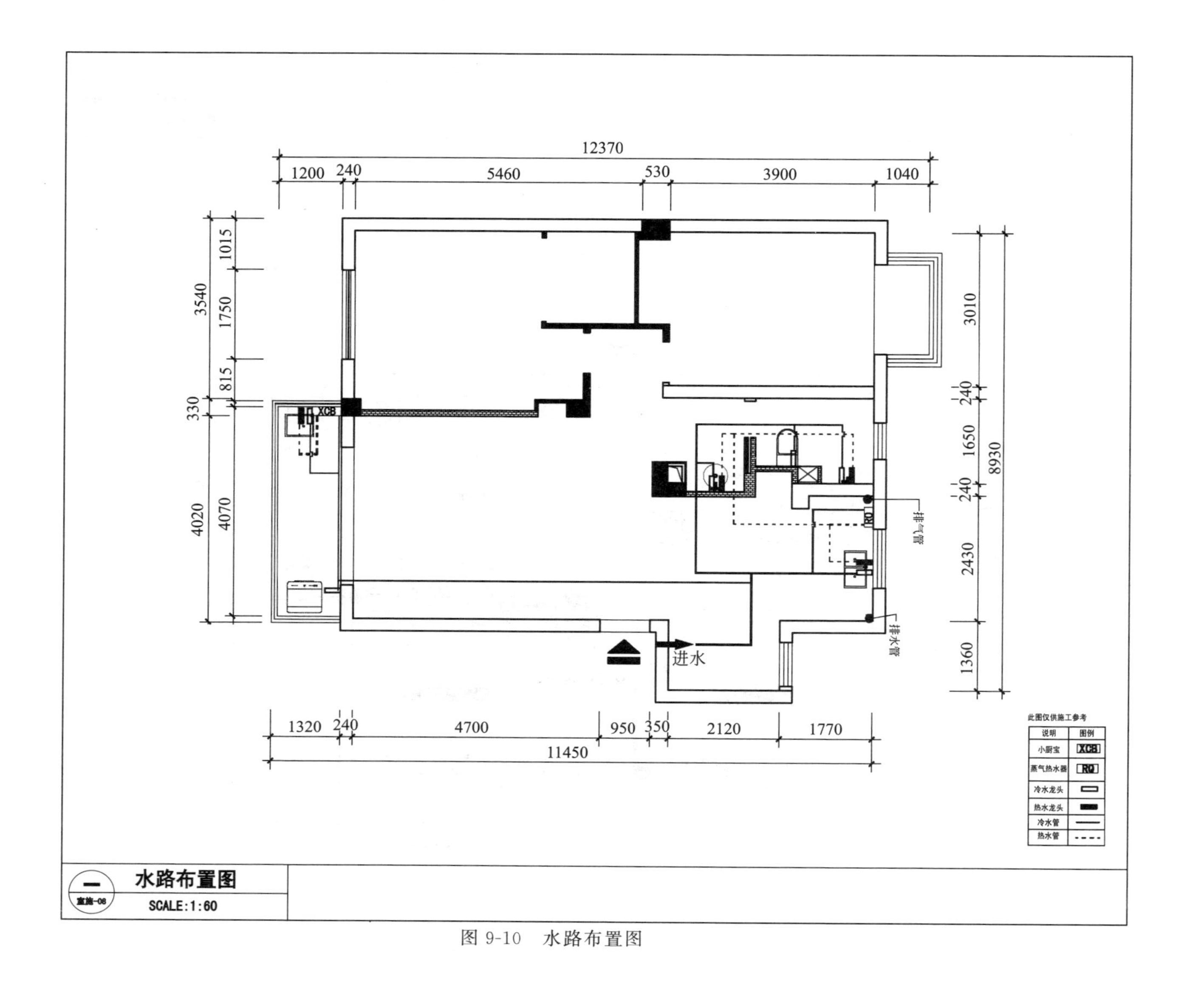
12370
1200
240
5460
530
3900
1040
3540
1015
1750
815
330
4020
4070
XCB
3010
240
1650
240
2430
1360
8930
排气管
排水管
进水
1320
240
4700
950
350
2120
1770
11450
此图仅供施工参考
说明
图例
小厨宝
XCB
蒸气热水器
RQ
冷水龙头
热水龙头
冷水管
热水管
水路布置图
SCALE:1:60

图 9-10　水路布置图

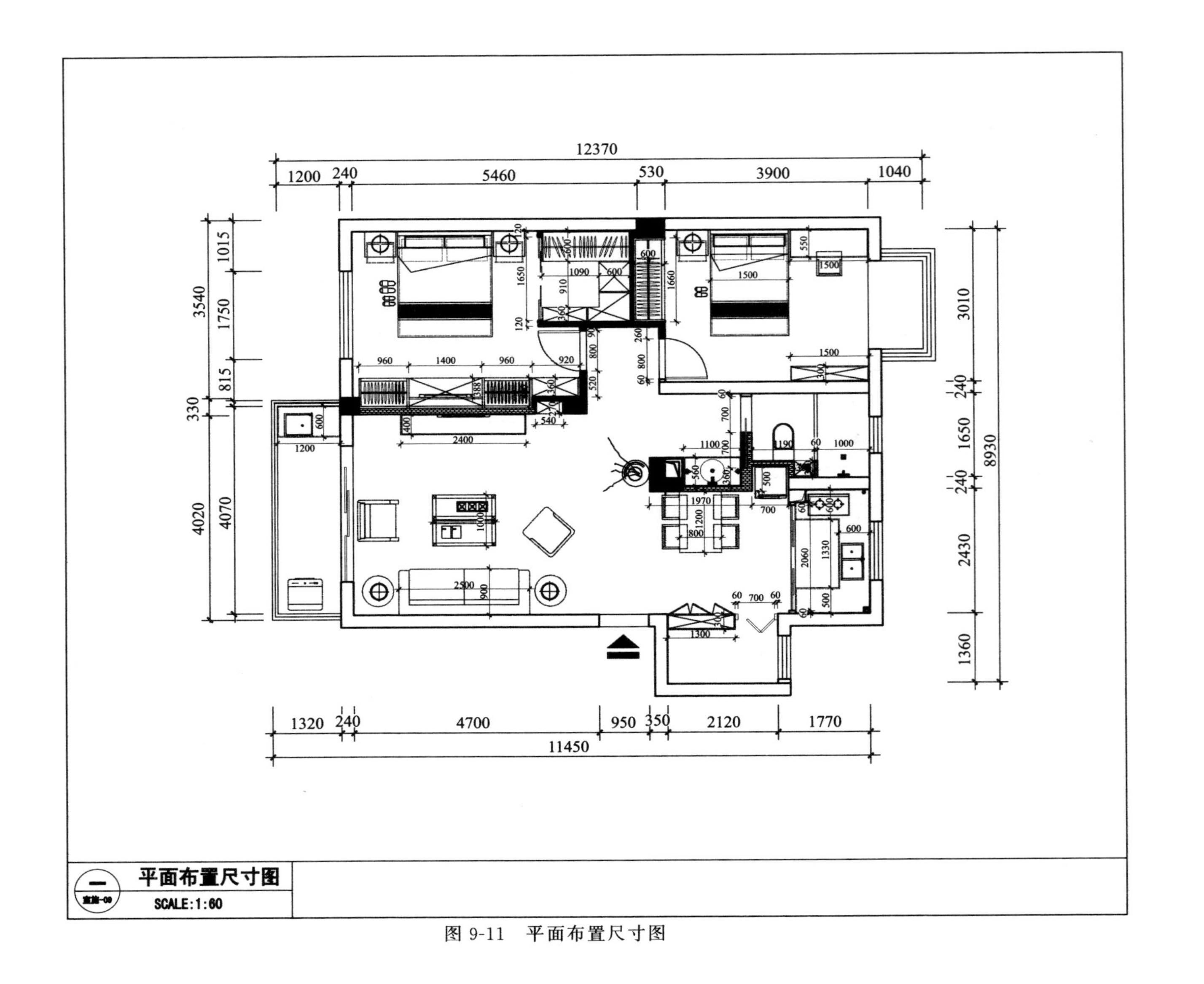

图 9-11　平面布置尺寸图

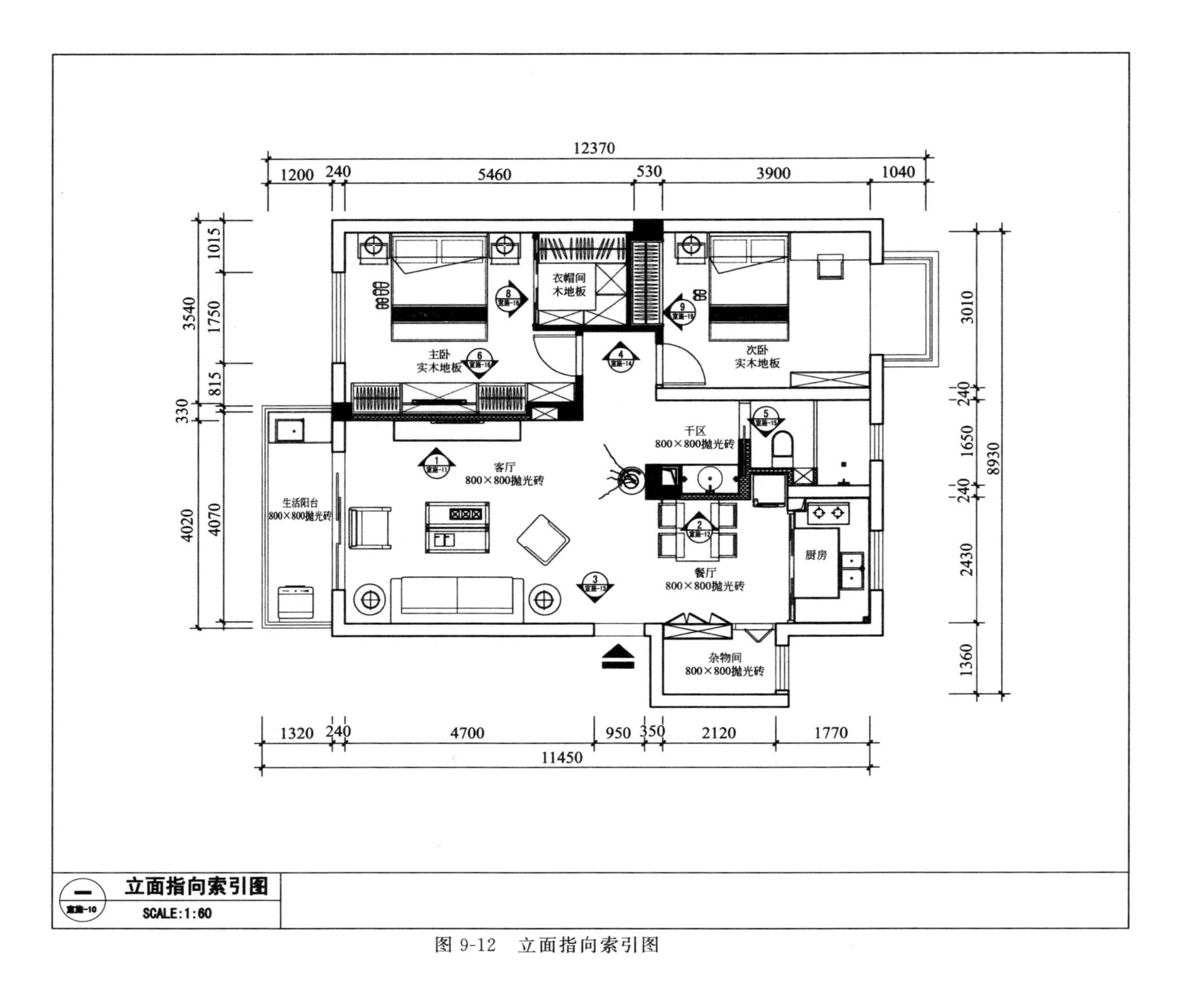

图 9-12 立面指向索引图

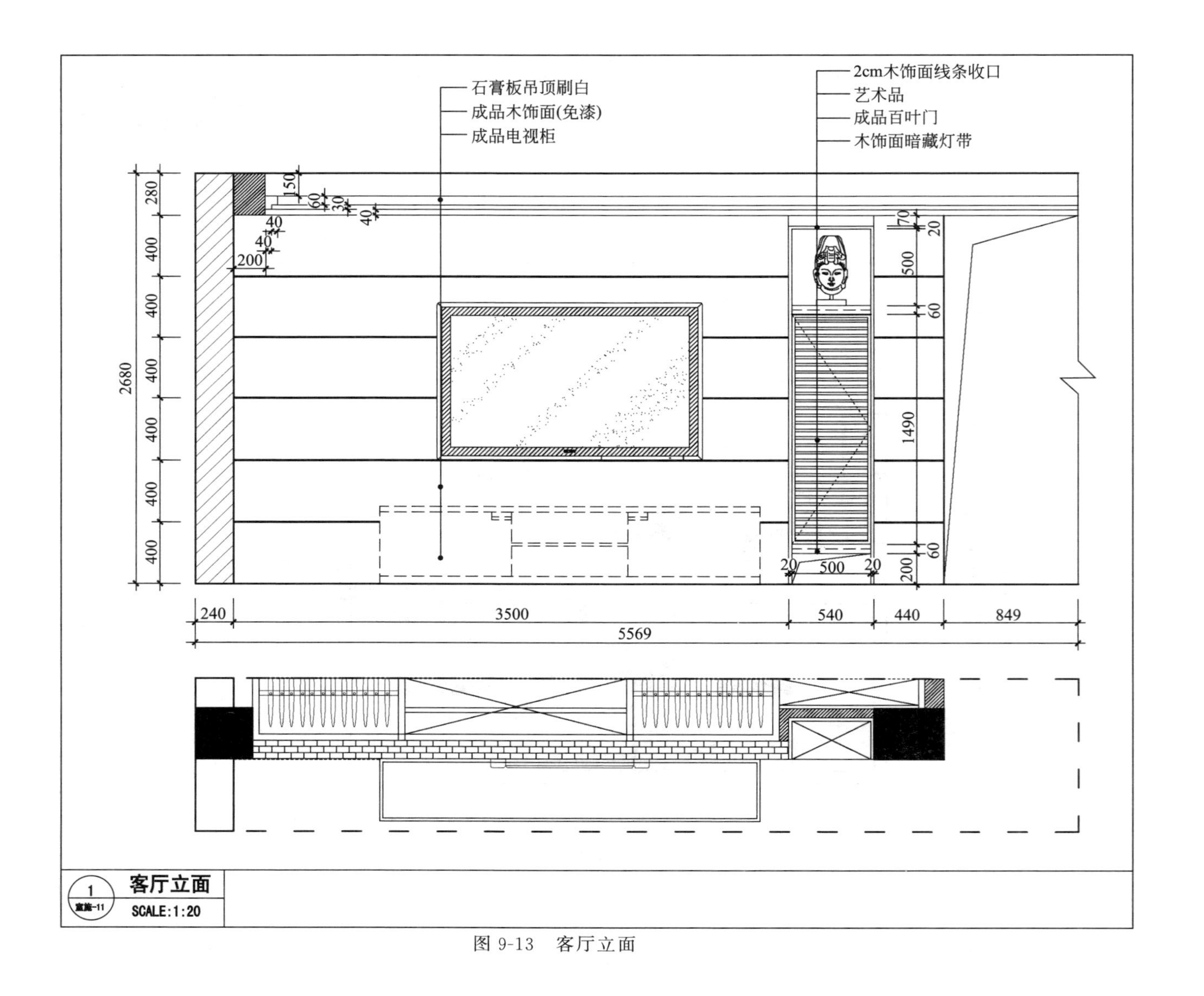
石膏板吊顶刷白
成品木饰面(免漆)
成品电视柜
2cm木饰面线条收口
艺术品
成品百叶门
木饰面暗藏灯带
2680
240
3500
540
440
849
5569
1490
客厅立面
SCALE:1:20

图 9-13 客厅立面

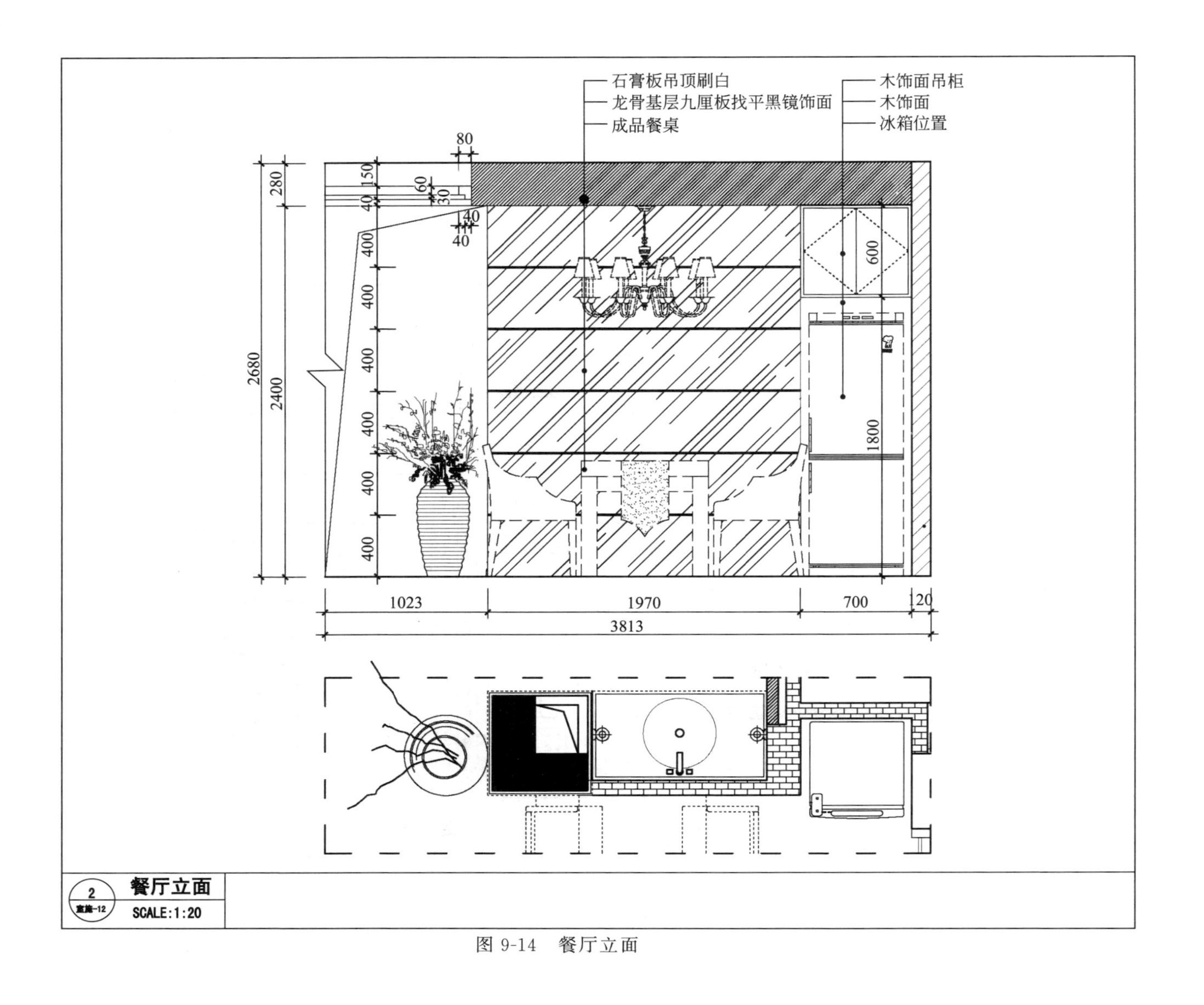

石膏板吊顶刷白
龙骨基层九厘板找平黑镜饰面
成品餐桌
木饰面吊柜
木饰面
冰箱位置
80
150
60
30
40
40
40
280
2680
2400
400
400
400
400
400
400
600
1800
1023
1970
700
120
3813
餐厅立面
SCALE:1:20

图 9-14　餐厅立面

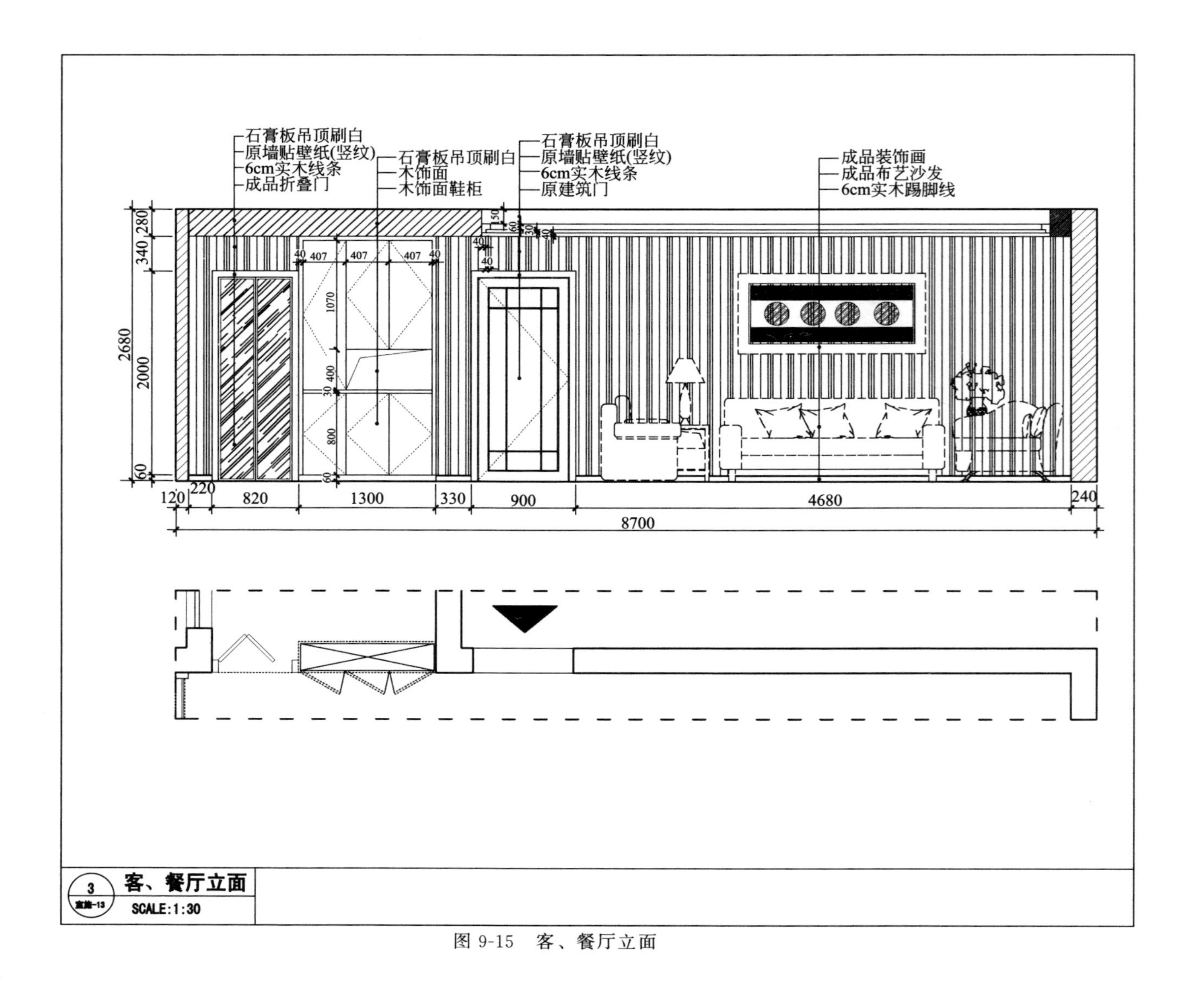
石膏板吊顶刷白
原墙贴壁纸(竖纹)
6cm实木线条
成品折叠门
石膏板吊顶刷白
木饰面
木饰面鞋柜
石膏板吊顶刷白
原墙贴壁纸(竖纹)
6cm实木线条
原建筑门
成品装饰画
成品布艺沙发
6cm实木踢脚线
2680
2000
340
280
60
120
220
820
1300
330
900
4680
240
8700
客、餐厅立面
SCALE:1:30

图 9-15 客、餐厅立面

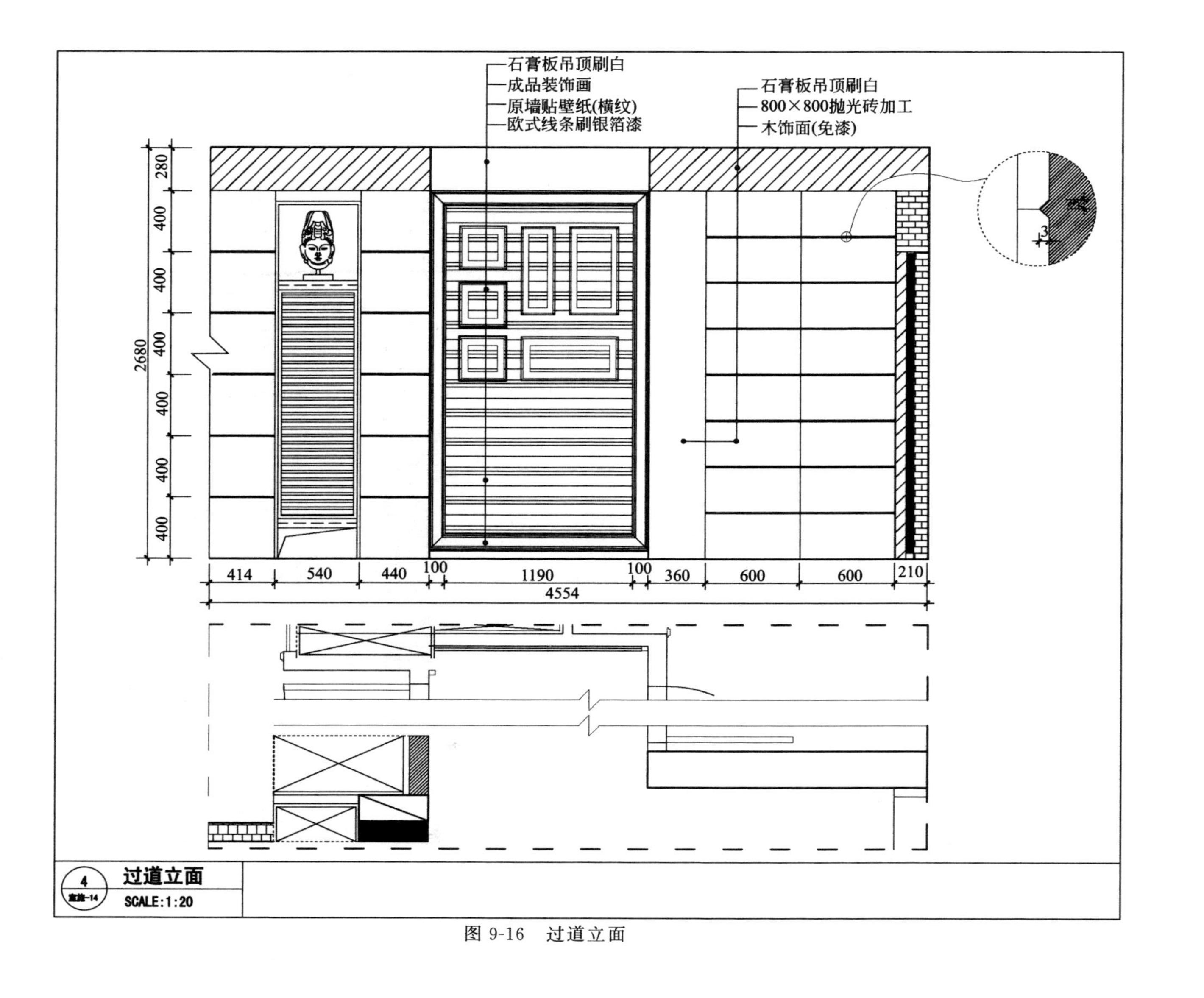
石膏板吊顶刷白
成品装饰画
原墙贴壁纸(横纹)
欧式线条刷银箔漆
石膏板吊顶刷白
800×800抛光砖加工
木饰面(免漆)
280
400
400
400
400
400
400
2680
3
414
540
440
100
1190
100
360
600
600
210
4554
4
过道立面
SCALE:1:20

图 9-16　过道立面

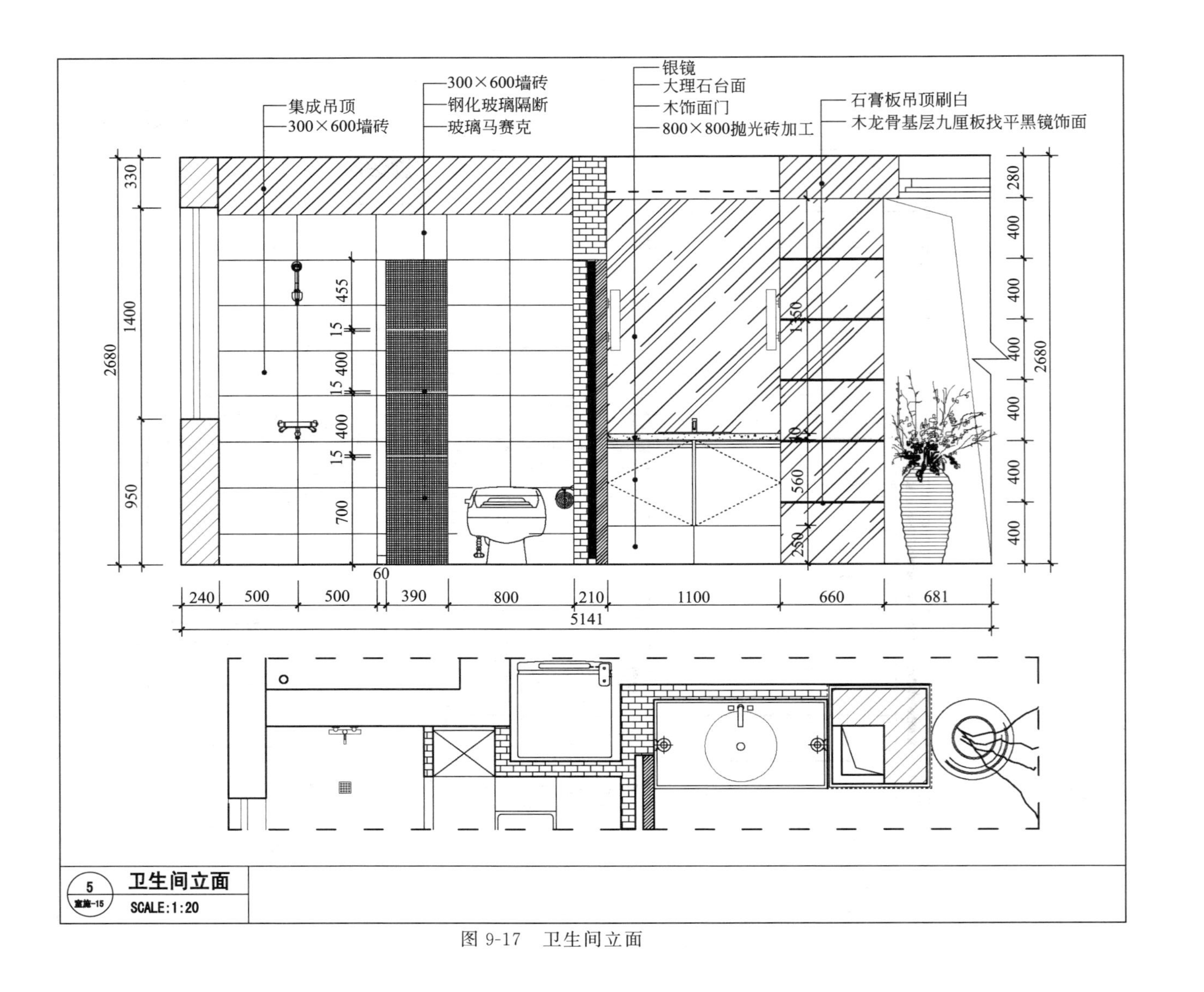

集成吊顶
300×600墙砖
300×600墙砖
钢化玻璃隔断
玻璃马赛克
银镜
大理石台面
木饰面门
800×800抛光砖加工
石膏板吊顶刷白
木龙骨基层九厘板找平黑镜饰面
330
1400
950
2680
455
15
400
15
400
15
700
1350
10
560
250
280
400
400
400
400
400
400
2680
60
240
500
500
390
800
210
1100
660
681
5141
5
卫生间立面
SCALE:1:20

图 9-17 卫生间立面

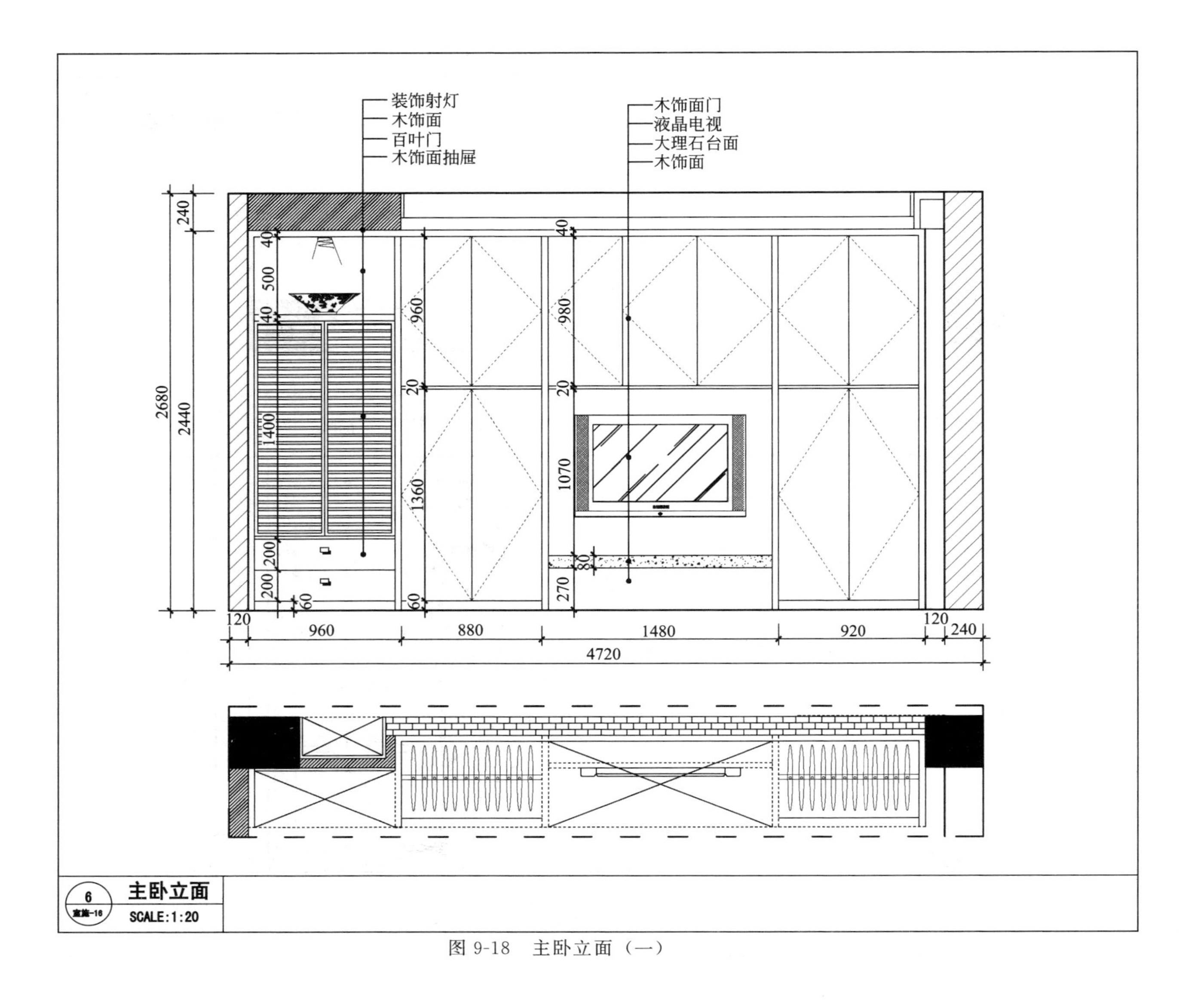
装饰射灯
木饰面
百叶门
木饰面抽屉
木饰面门
液晶电视
大理石台面
木饰面
240
2680
2440
40
500
40
1400
200
200
60
960
20
1360
60
40
980
20
1070
80
270
120
960
880
1480
920
120
240
4720
主卧立面
SCALE:1:20
6

图 9-18　主卧立面（一）

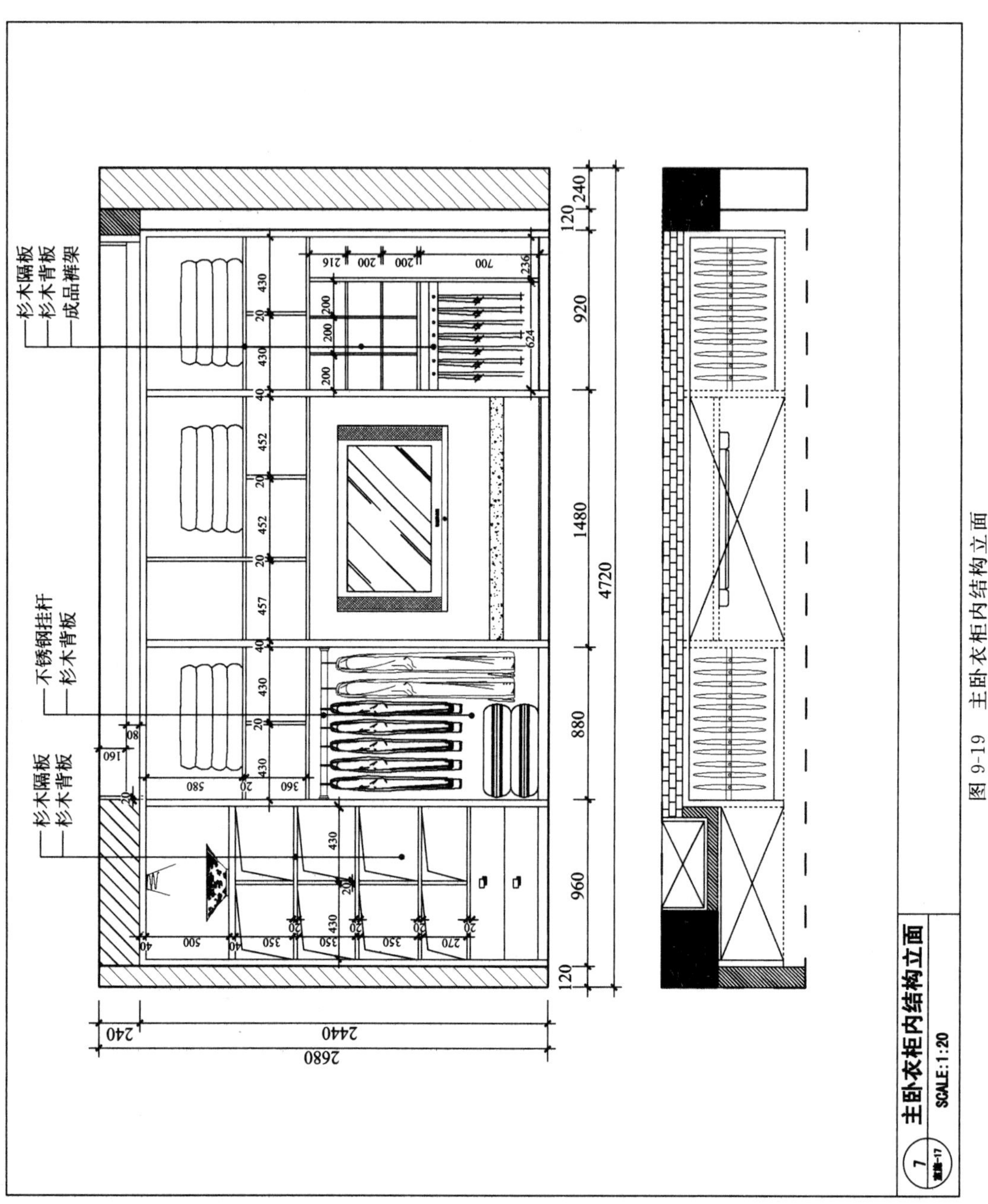

图 9-19　主卧衣柜内结构立面

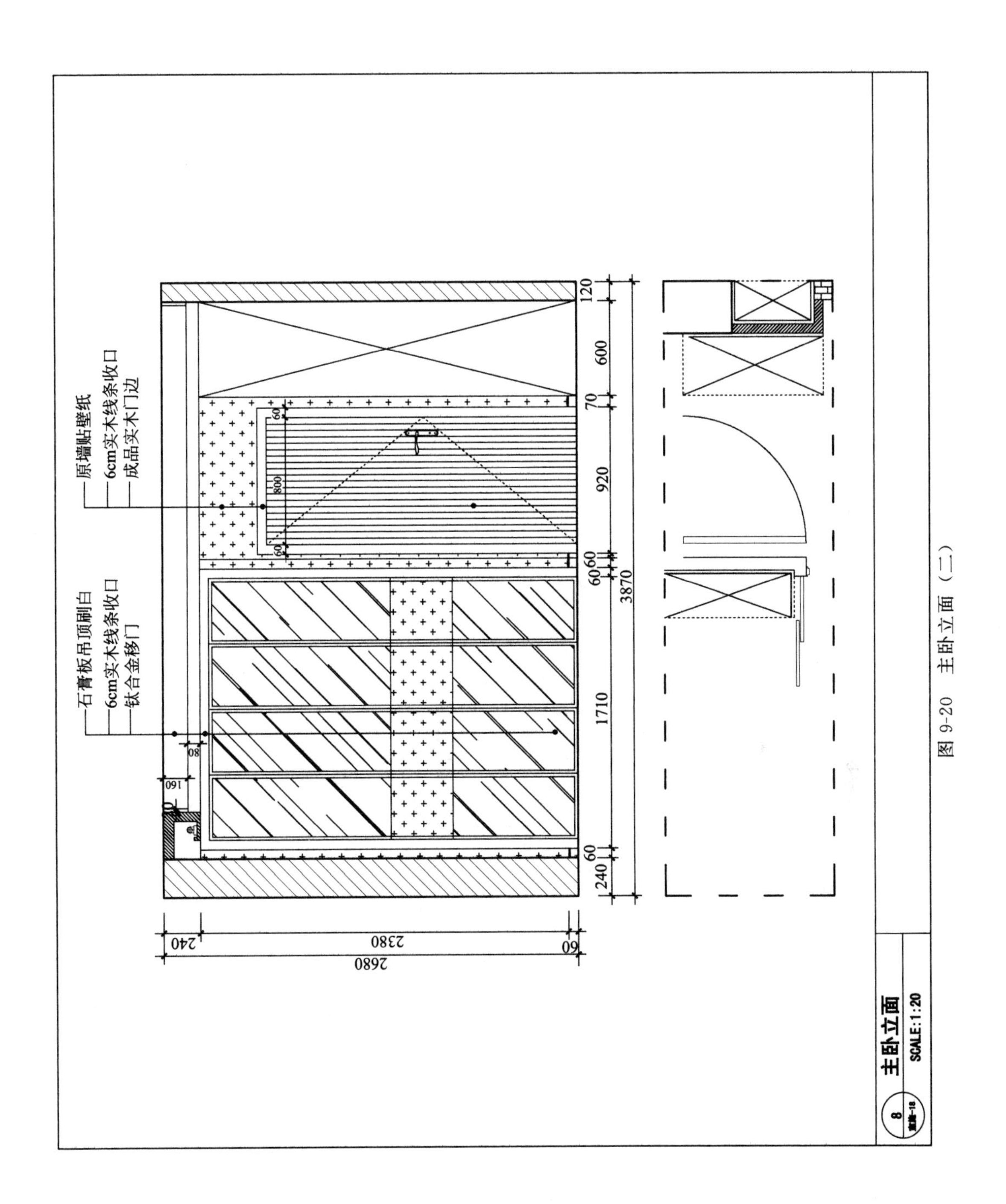
原墙贴壁纸
6cm实木线条收口
成品实木门边
石膏板吊顶刷白
6cm实木线条收口
钛合金移门
120
600
70
920
60
800
60
60
60
1710
60
240
3870
160
80
240
2380
60
2680
主卧立面
SCALE:1:20

图 9-20　主卧立面（二）

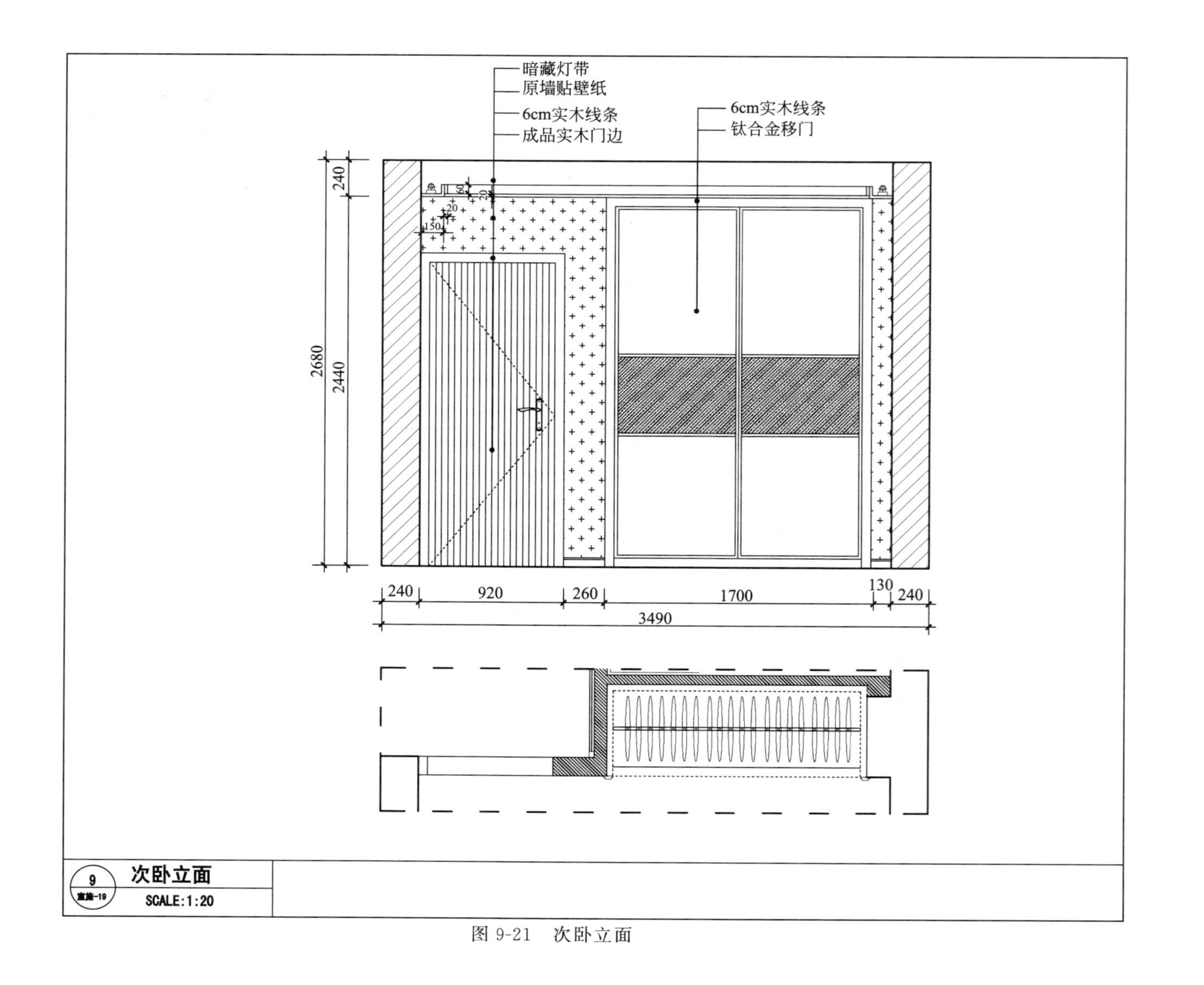
暗藏灯带
原墙贴壁纸
6cm实木线条
成品实木门边
6cm实木线条
钛合金移门
240
2680
2440
240
920
260
1700
130
240
3490
次卧立面
SCALE:1:20

图 9-21 次卧立面

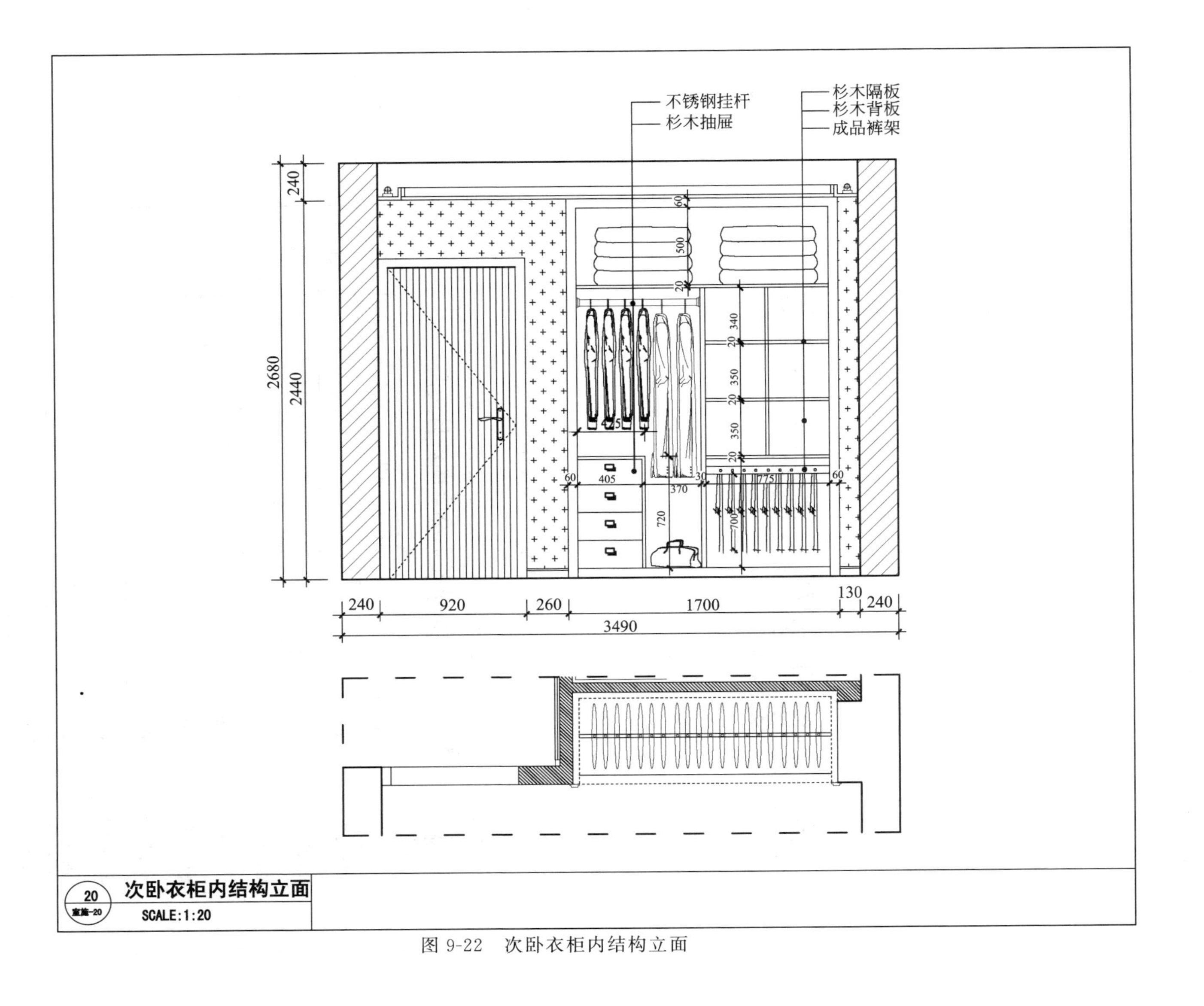

图 9-22　次卧衣柜内结构立面

9.2 某办公空间设计施工图

某办公空间设计施工图见图 9-23～图 9-35。

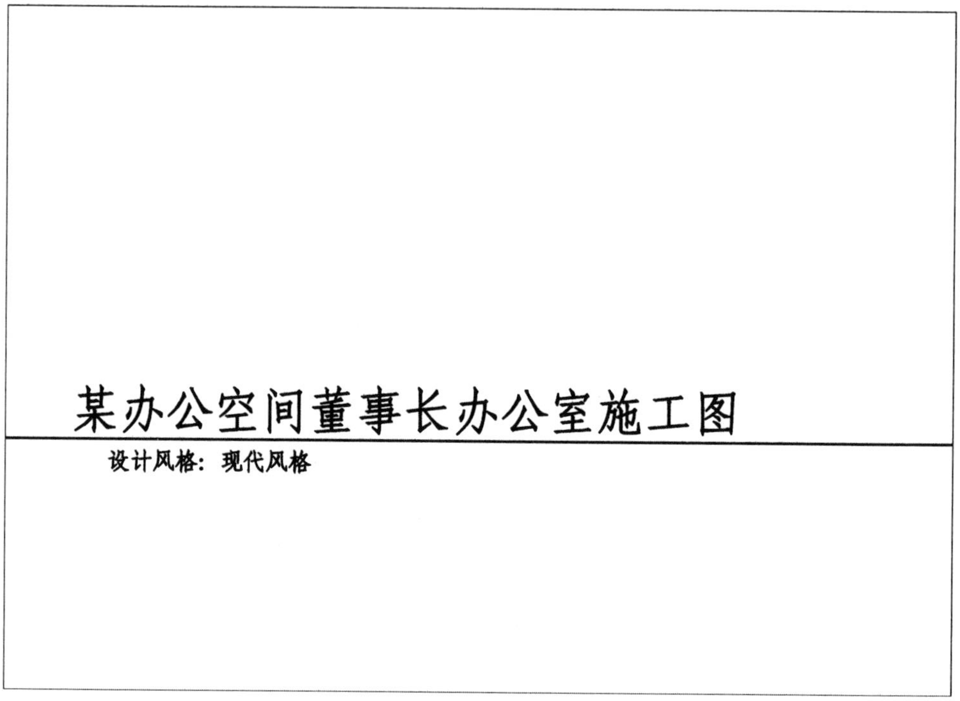

某办公空间董事长办公室施工图

设计风格：现代风格

图 9-23 某办公空间设计施工图封面

董事长办公室图纸目录表

序号	图 纸 名 称	图 号	图幅	备注	序号	图 纸 名 称	图号	图幅	备 注
01	图纸封面	图表1-00	A3		12	立面图5	室施-10	A3	
02	目录表	图表1-01	A3		13	立面图6	室施-11	A3	
03	墙位图	室施-01	A3						
04	平面布置图	室施-02	A3						
05	地面材料图	室施-03	A3						
06	天花造型图	室施-04	A3						
07	立面索引图	室施-05	A3						
08	立面图1	室施-06	A3						
09	立面图2	室施-07	A3						
10	立面图3	室施-08	A3						
11	立面图4	室施-09	A3						

图 9-24 某办公空间设计施工图目录

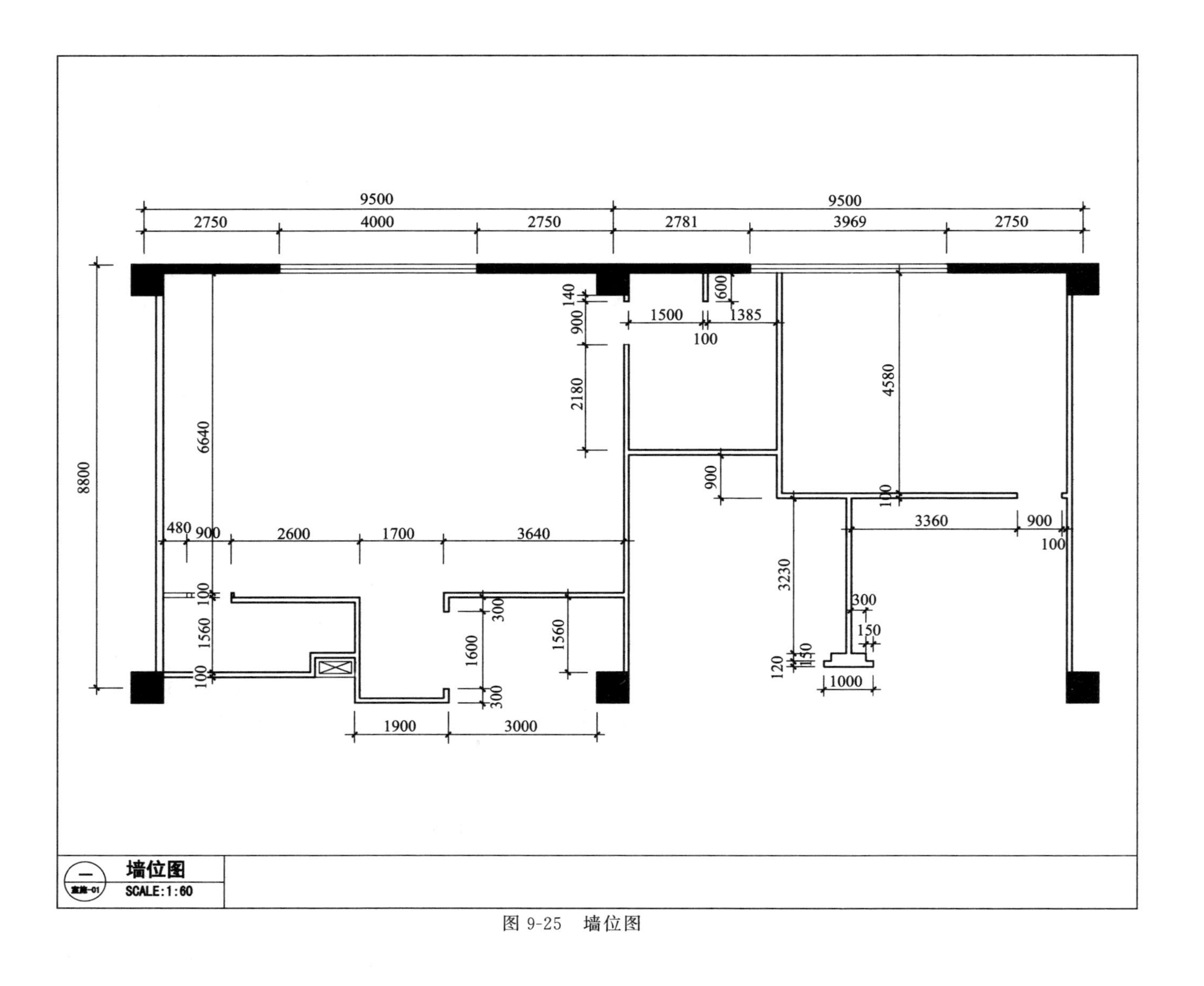
9500
9500
2750
4000
2750
2781
3969
2750
8800
6640
140
900
2180
1500
100
1385
600
4580
900
100
480
900
2600
1700
3640
3360
900
100
3230
300
150
120
150
1000
100
1560
100
300
1600
300
1560
1900
3000
墙位图
SCALE:1:60

图 9-25 墙位图

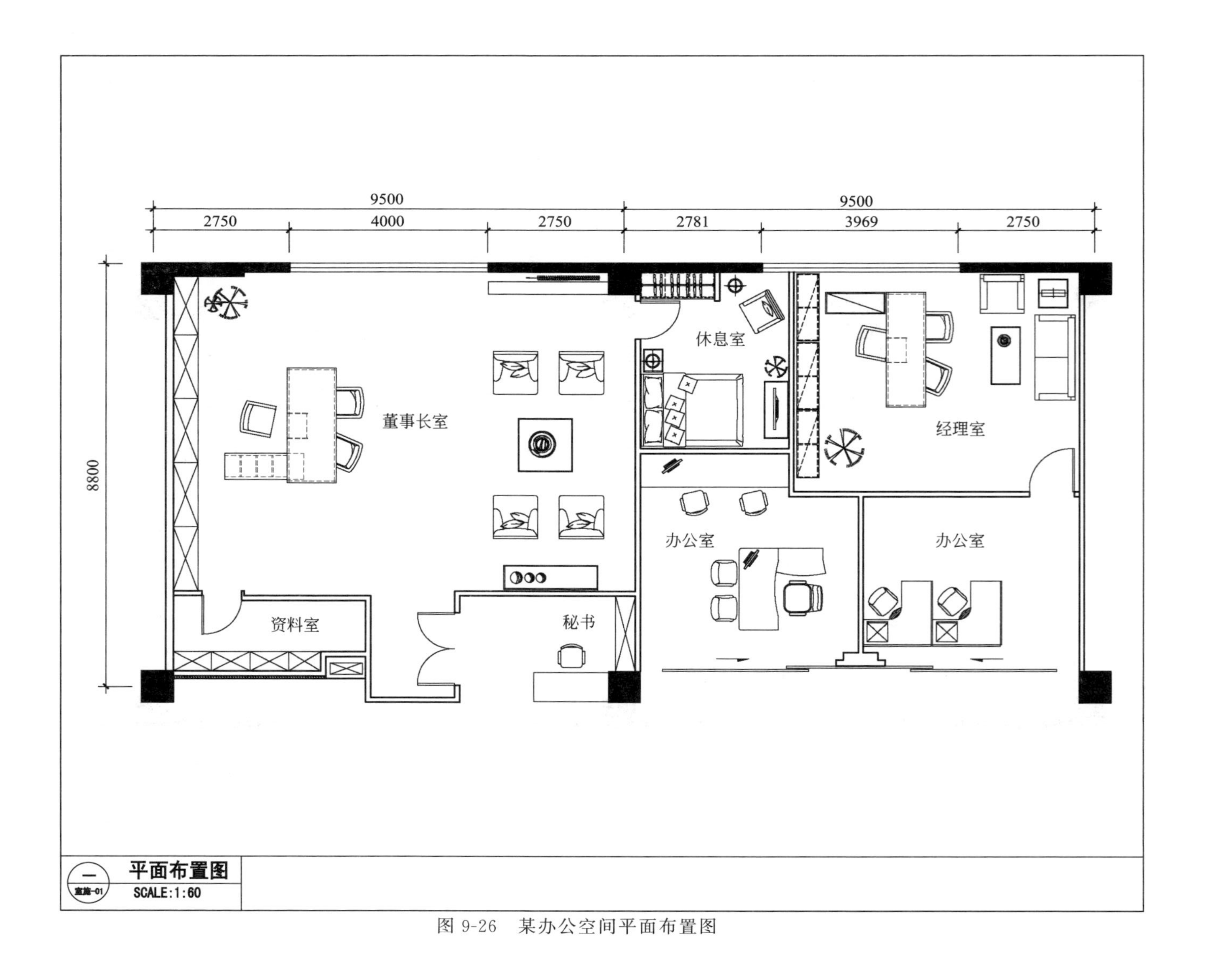

图 9-26 某办公空间平面布置图

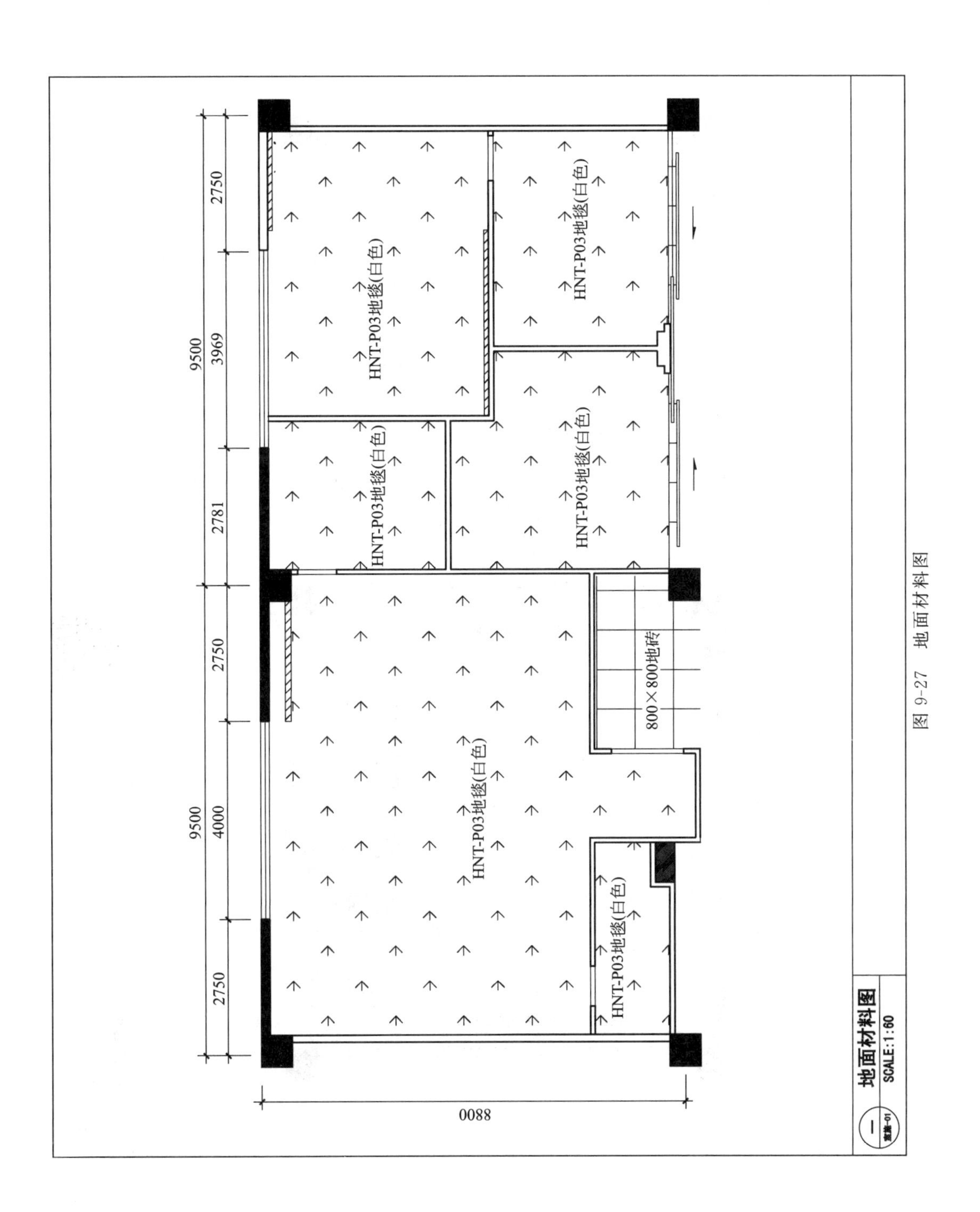

9500
2750
3969
2781
9500
2750
4000
2750
HNT-P03地毯(白色)
HNT-P03地毯(白色)
HNT-P03地毯(白色)
HNT-P03地毯(白色)
HNT-P03地毯(白色)
HNT-P03地毯(白色)
800×800地砖
8800
地面材料图
SCALE:1:60

图 9-27　地面材料图

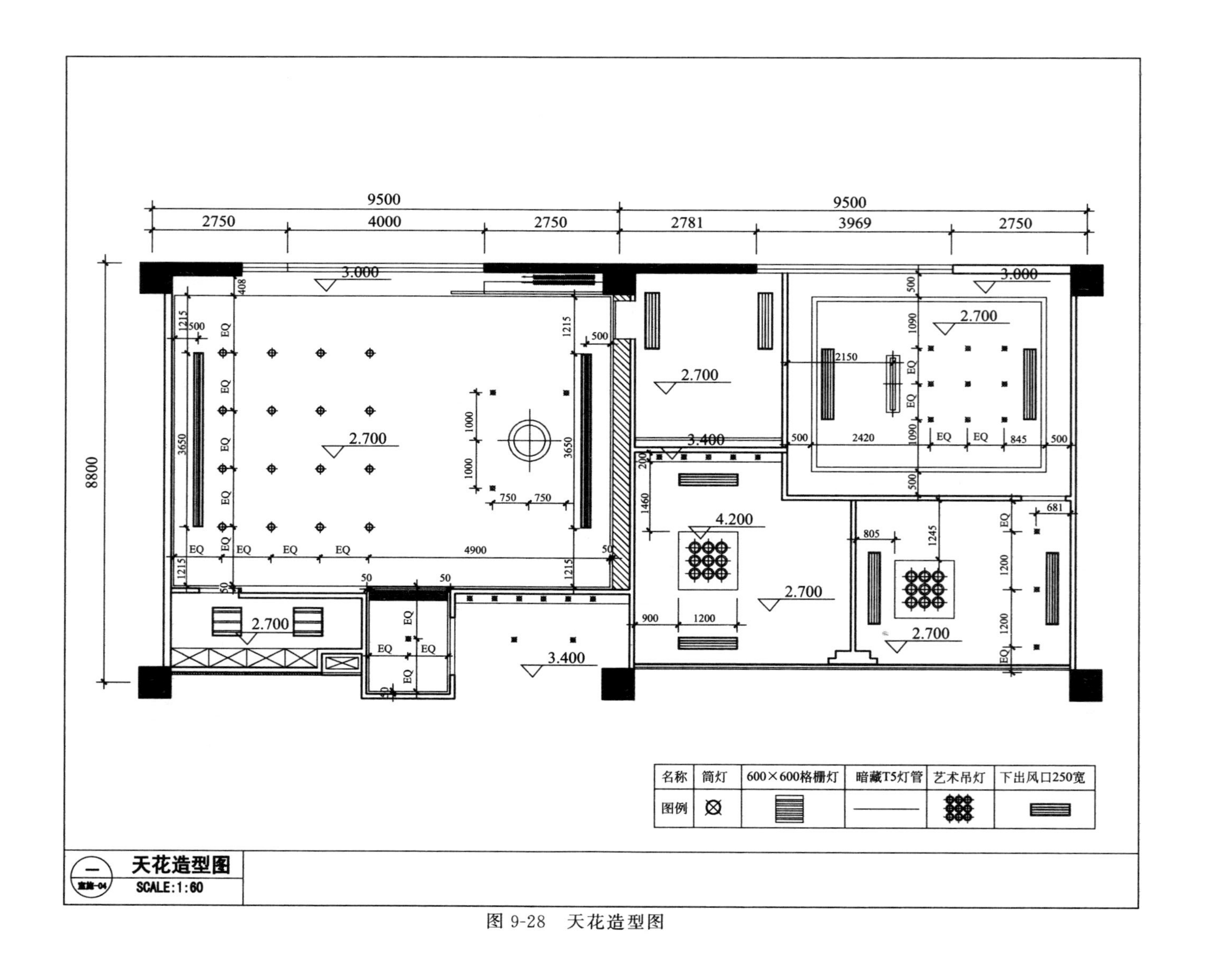

9500
2750
4000
2750
2781
3969
8800
3.000
2.700
3.400
4.200
名称
筒灯
600×600格栅灯
暗藏T5灯管
艺术吊灯
下出风口250宽
图例
天花造型图
SCALE:1:60

图 9-28 天花造型图

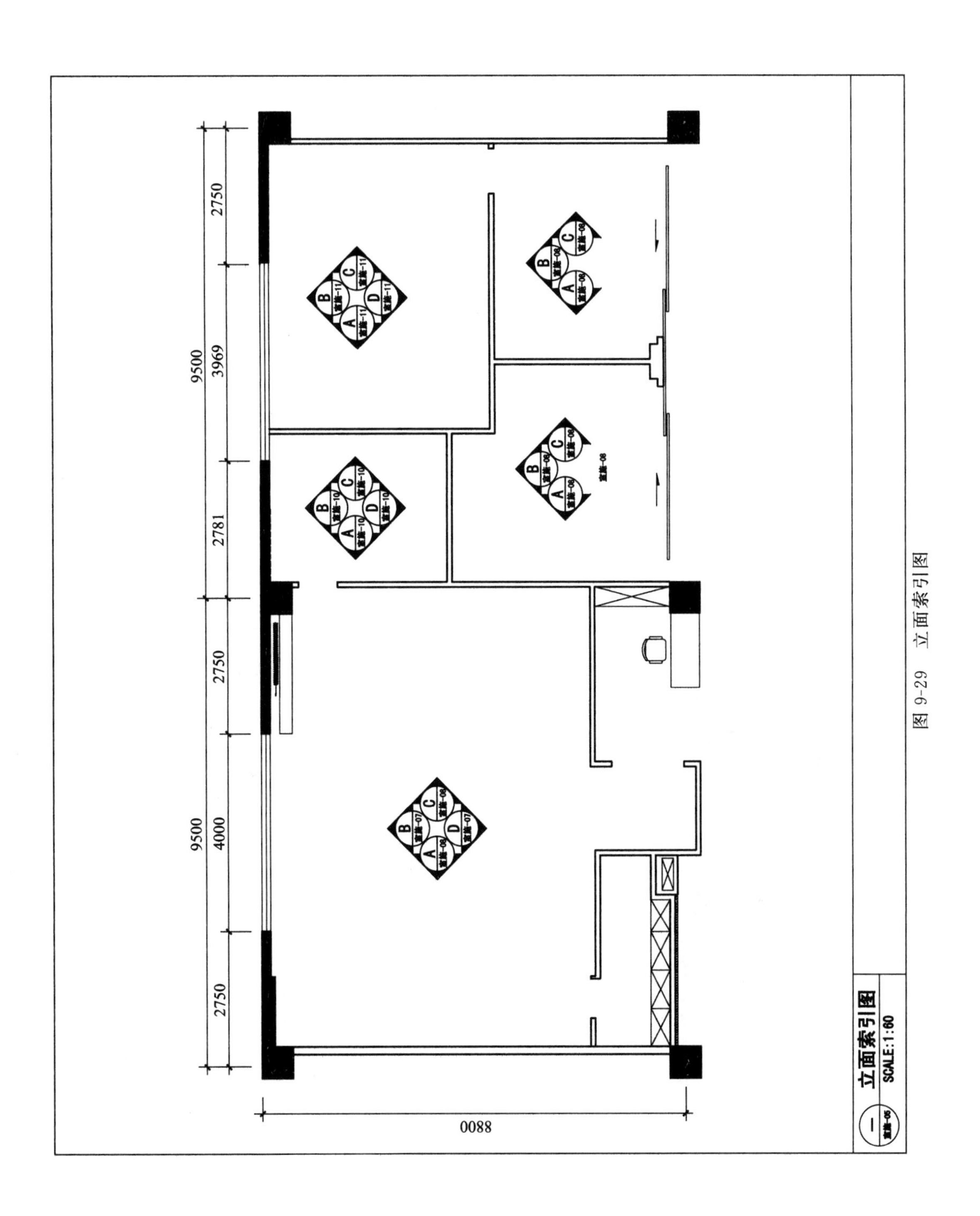

图 9-29　立面索引图

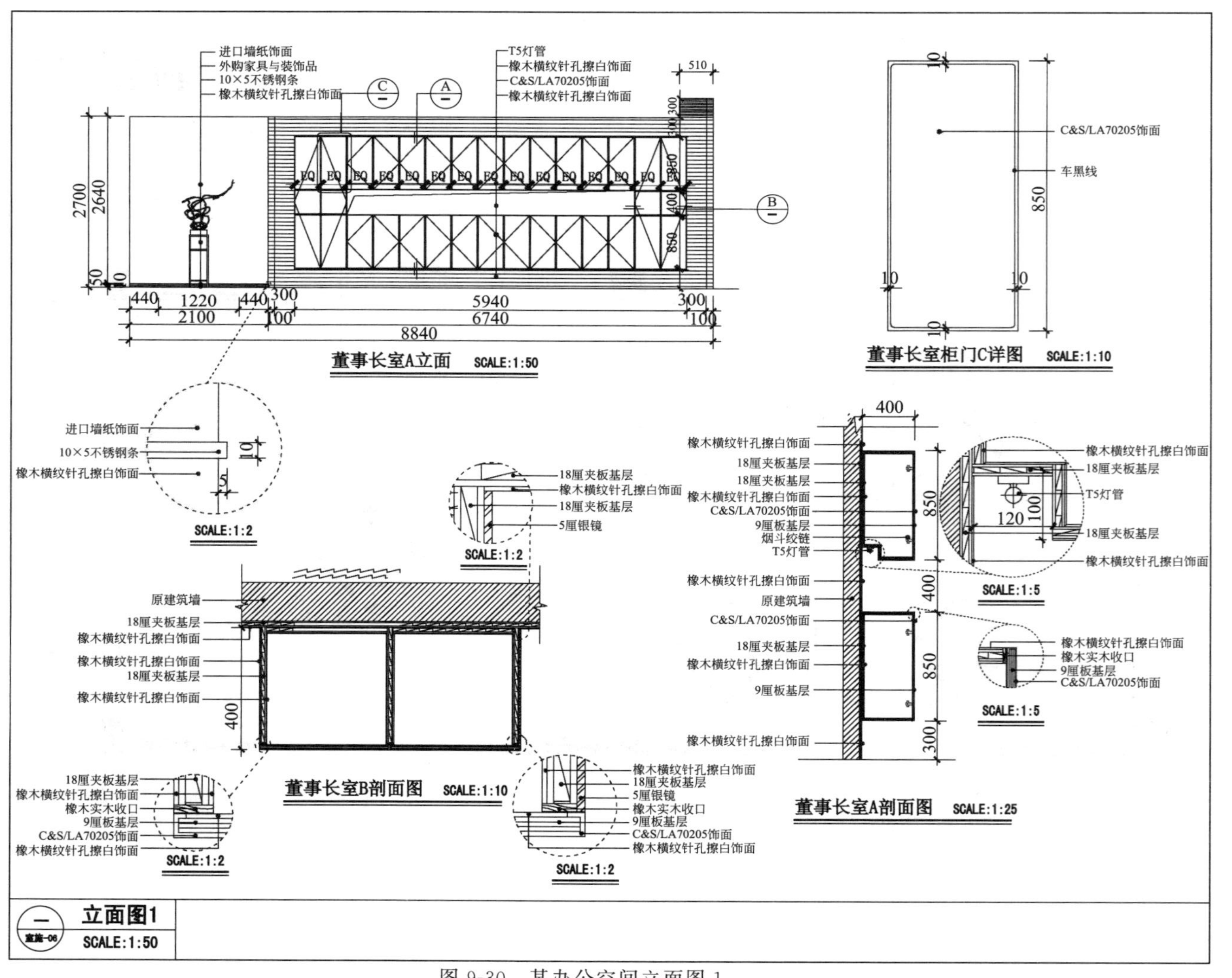

图 9-30 某办公空间立面图 1

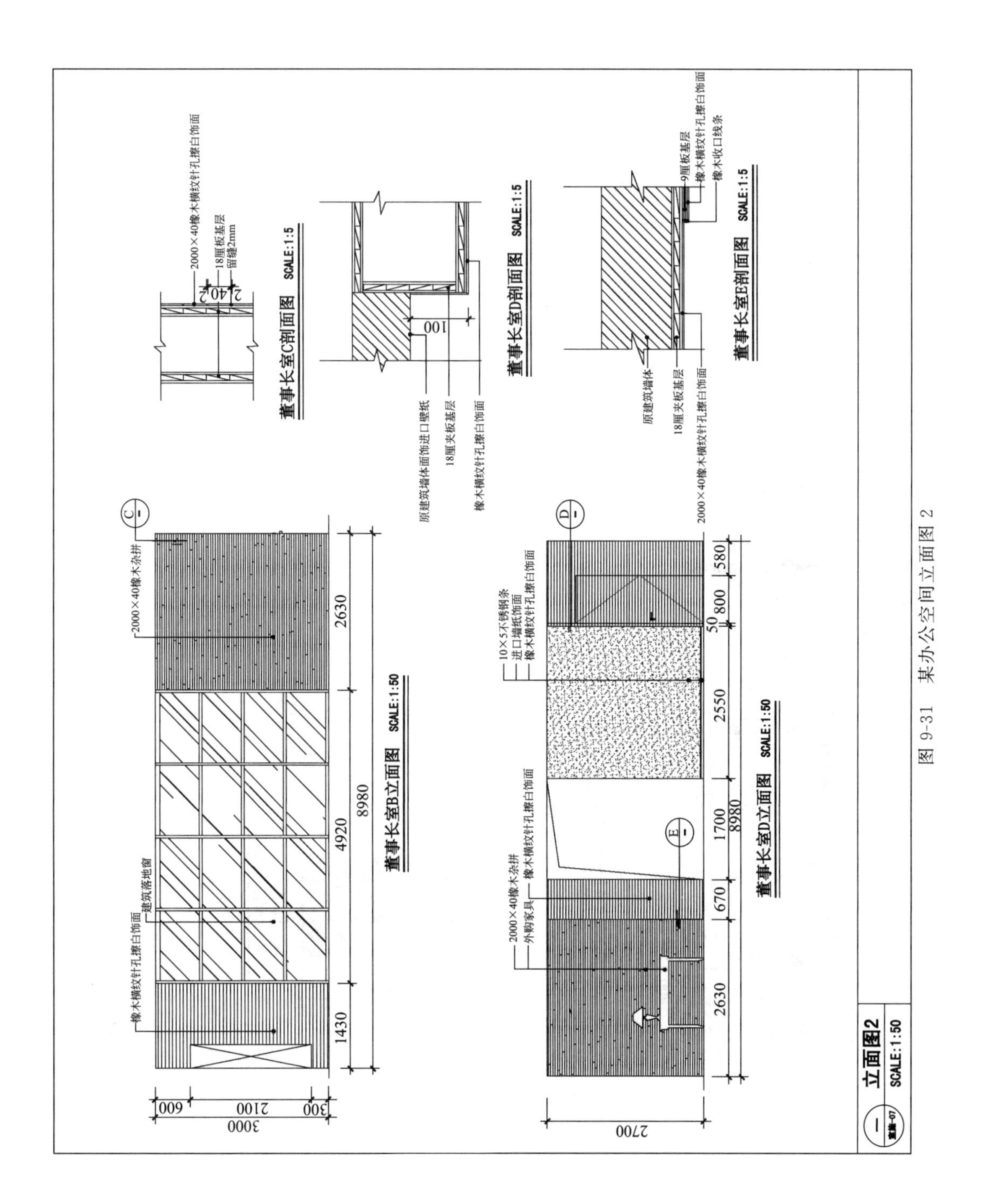

图 9-31　某办公空间立面图 2

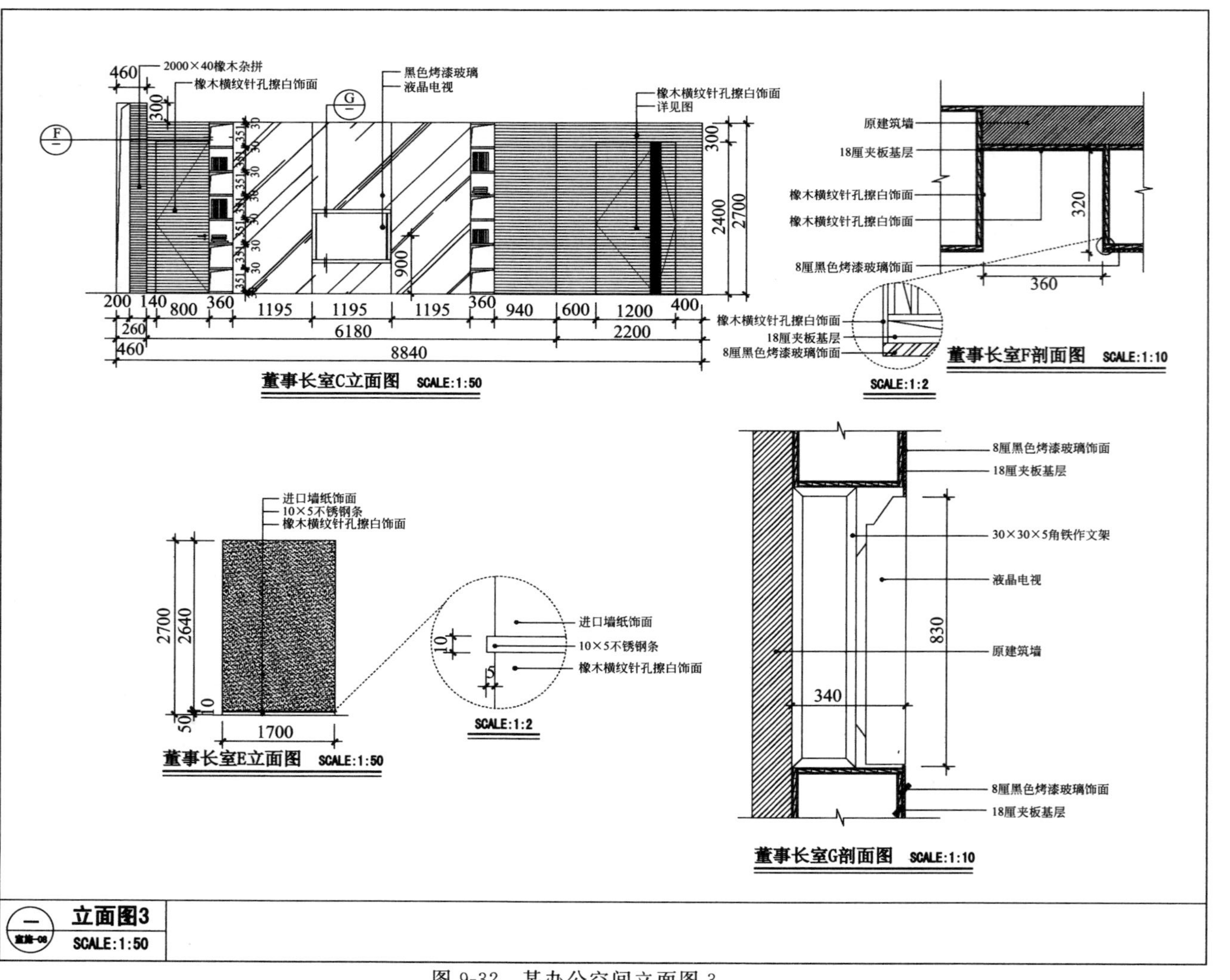

图 9-32 某办公空间立面图 3

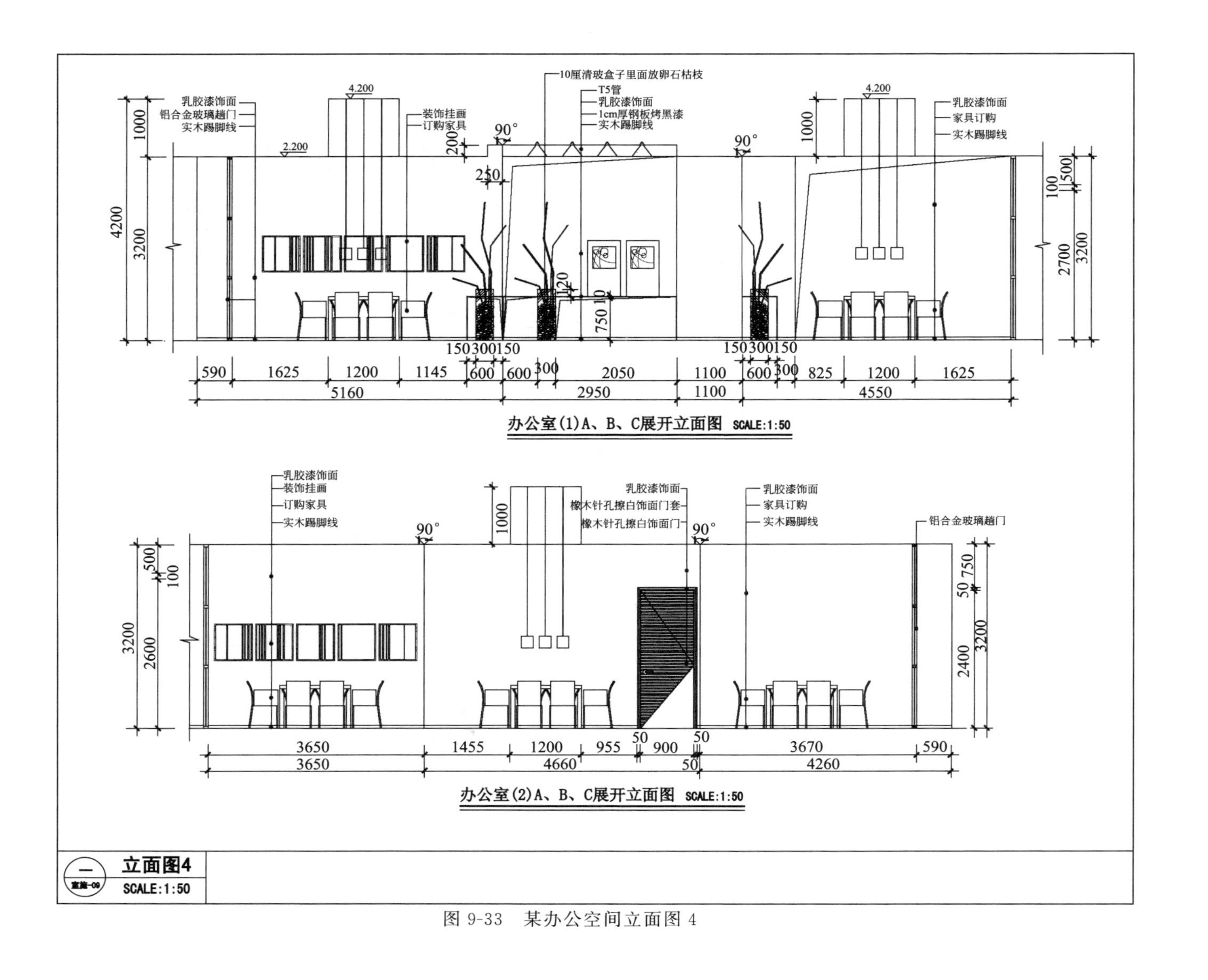

图 9-33　某办公空间立面图 4

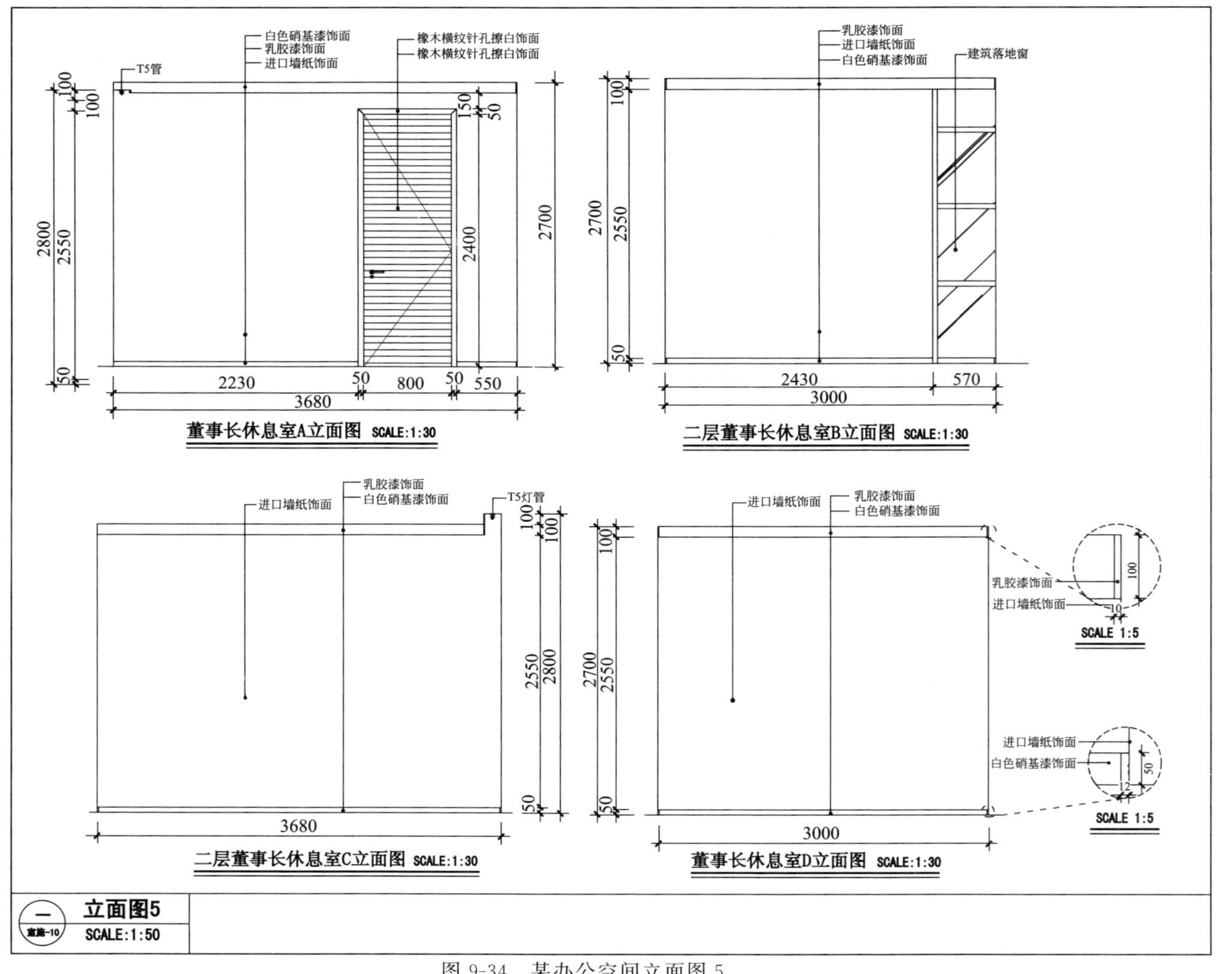

图 9-34 某办公空间立面图 5

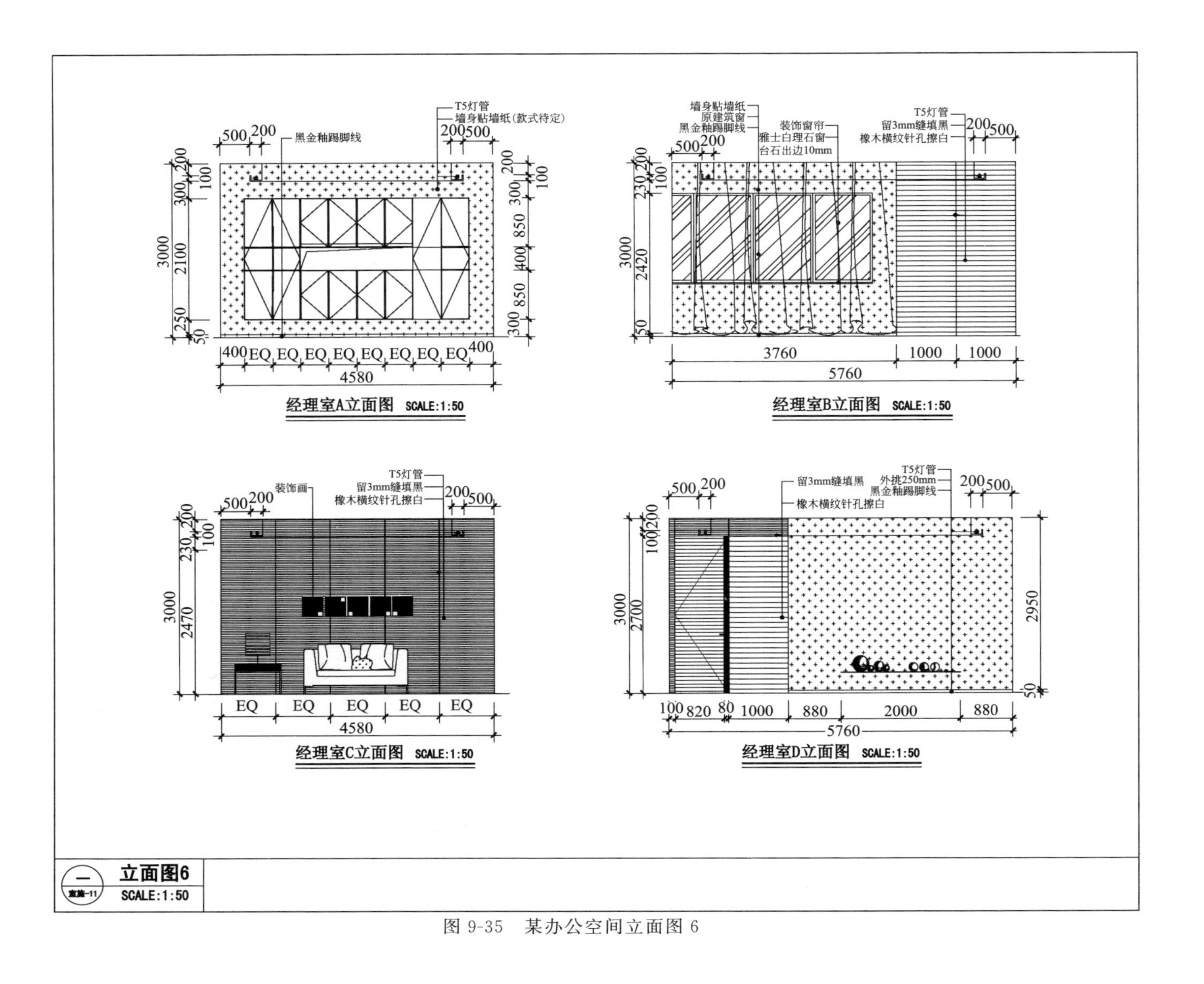

图 9-35　某办公室间立面图 6

9.3 某酒店标准间设计施工图

某酒店标准间设计施工图见图 9-36～图 9-44。

酒店标准双人房施工图

设计风格：现代风格

图 9-36 某酒店标准间设计施工图封面

酒店标准双人房图纸目录表

序号	图 纸 名 称	图 号	图幅	备注	序号	图 纸 名 称	图号	图幅	备 注
01	图纸封面	图表1-00	A3						
02	目录表	图表1-01	A3						
03	平面图1	室施-01	A3						
04	平面图2	室施-02	A3						
05	平面图3	室施-03	A3						
06	立面图1	室施-04	A3						
07	立面图2	室施-05	A3						
08	立面图3	室施-06	A3						
09	立面图4	室施-07	A3						

图 9-37 某酒店标准间设计施工图目录

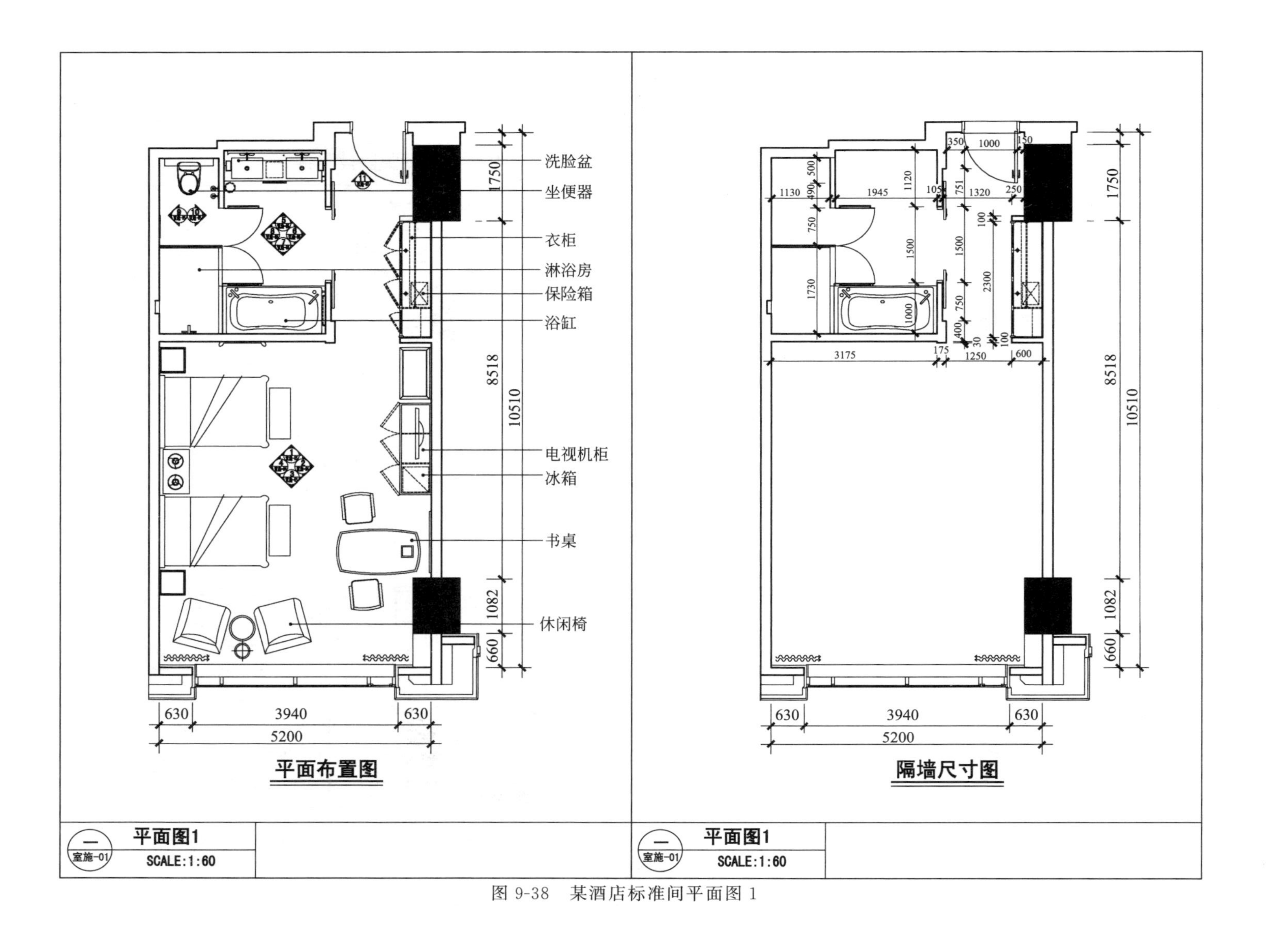

图 9-38　某酒店标准间平面图 1

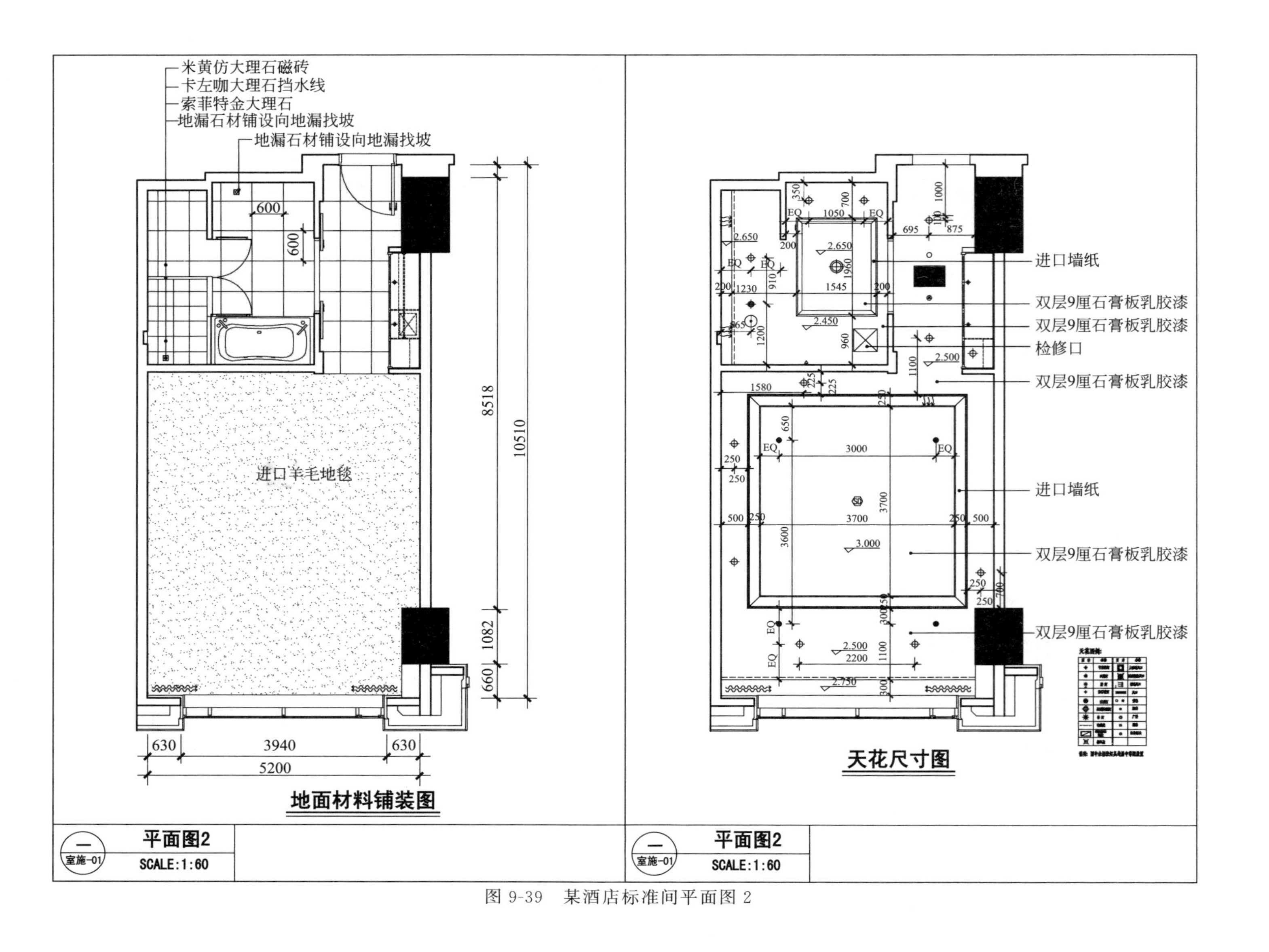

图 9-39 某酒店标准间平面图 2

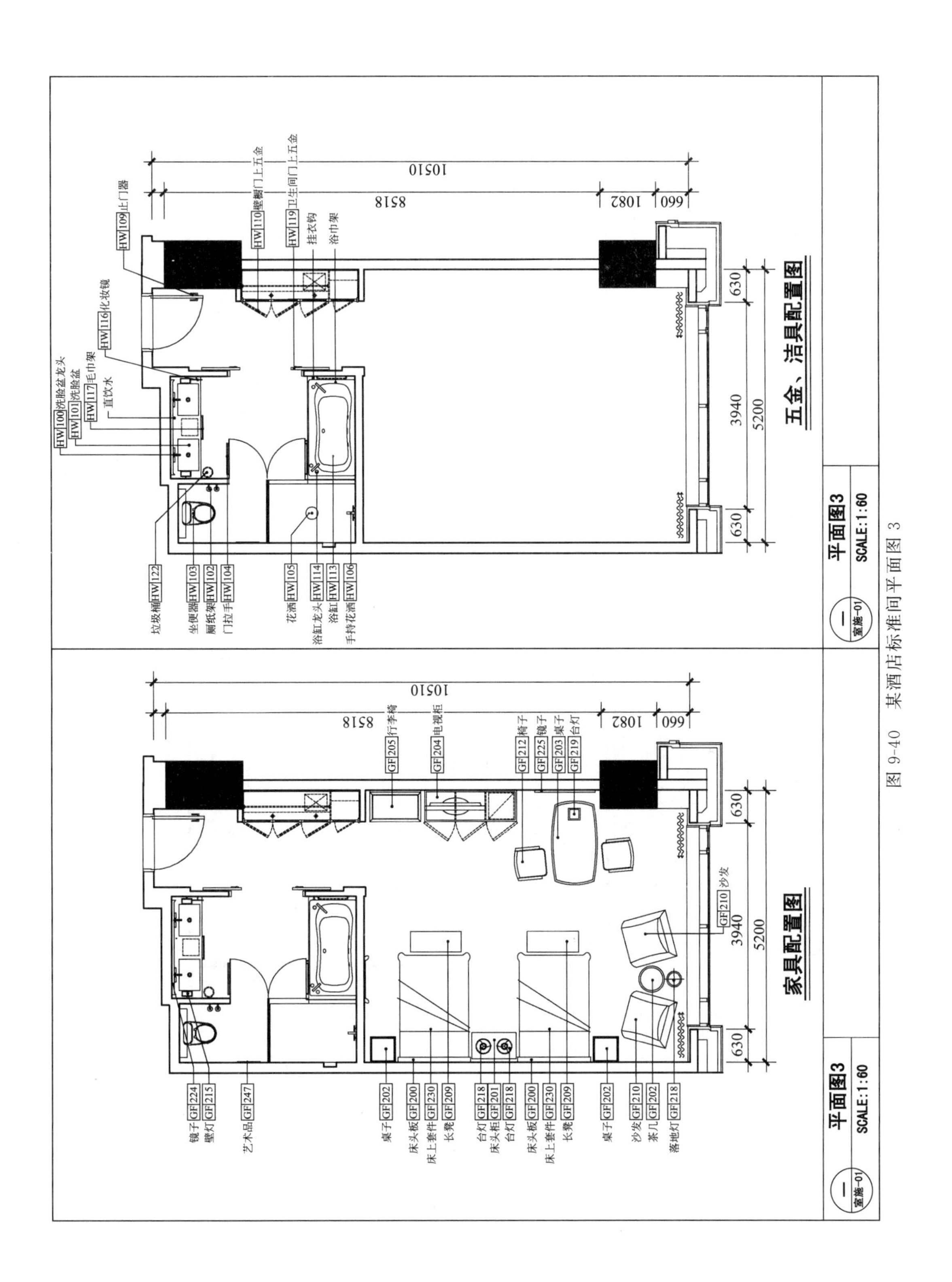

图 9-40　某酒店标准间平面图 3

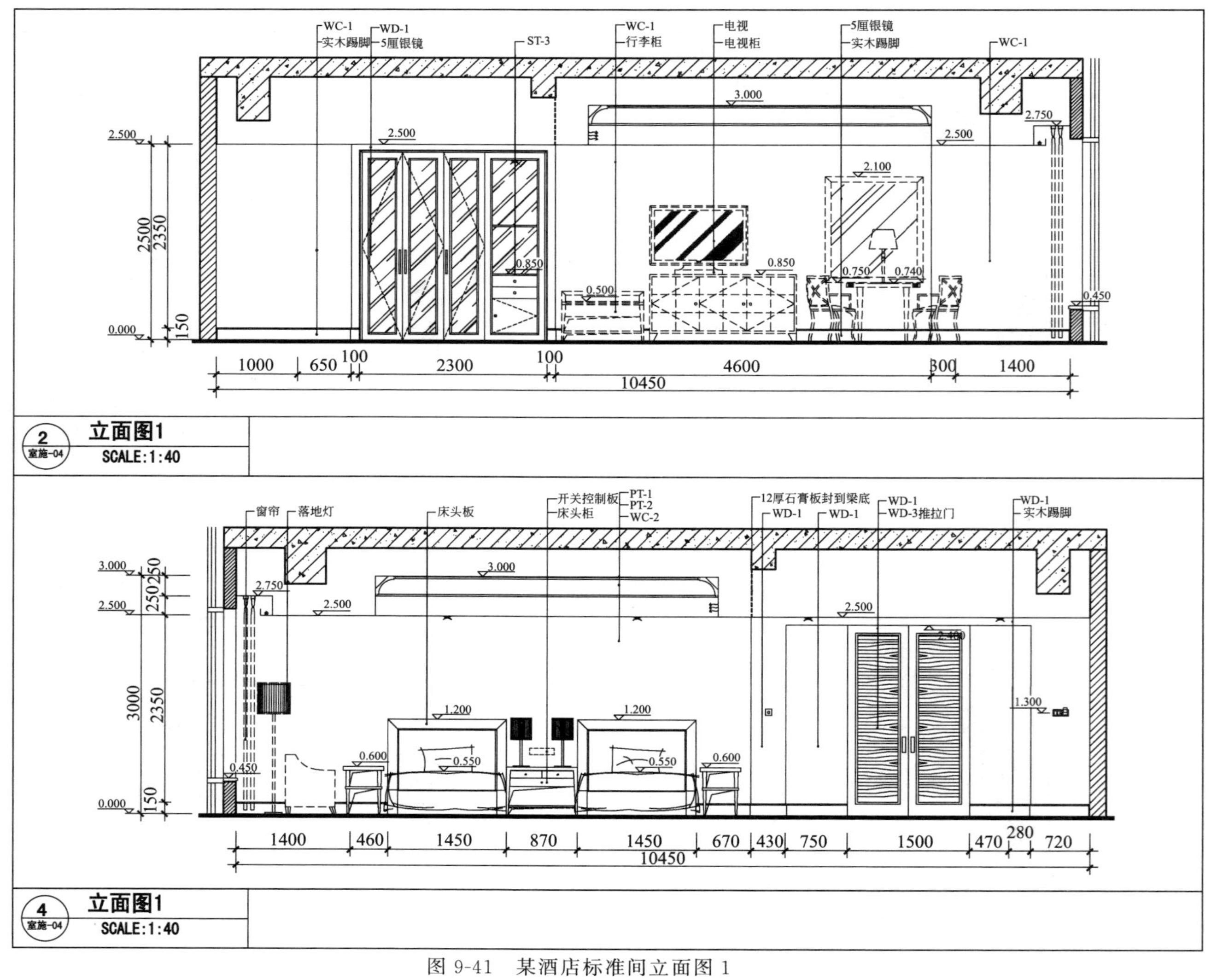

图 9-41 某酒店标准间立面图 1

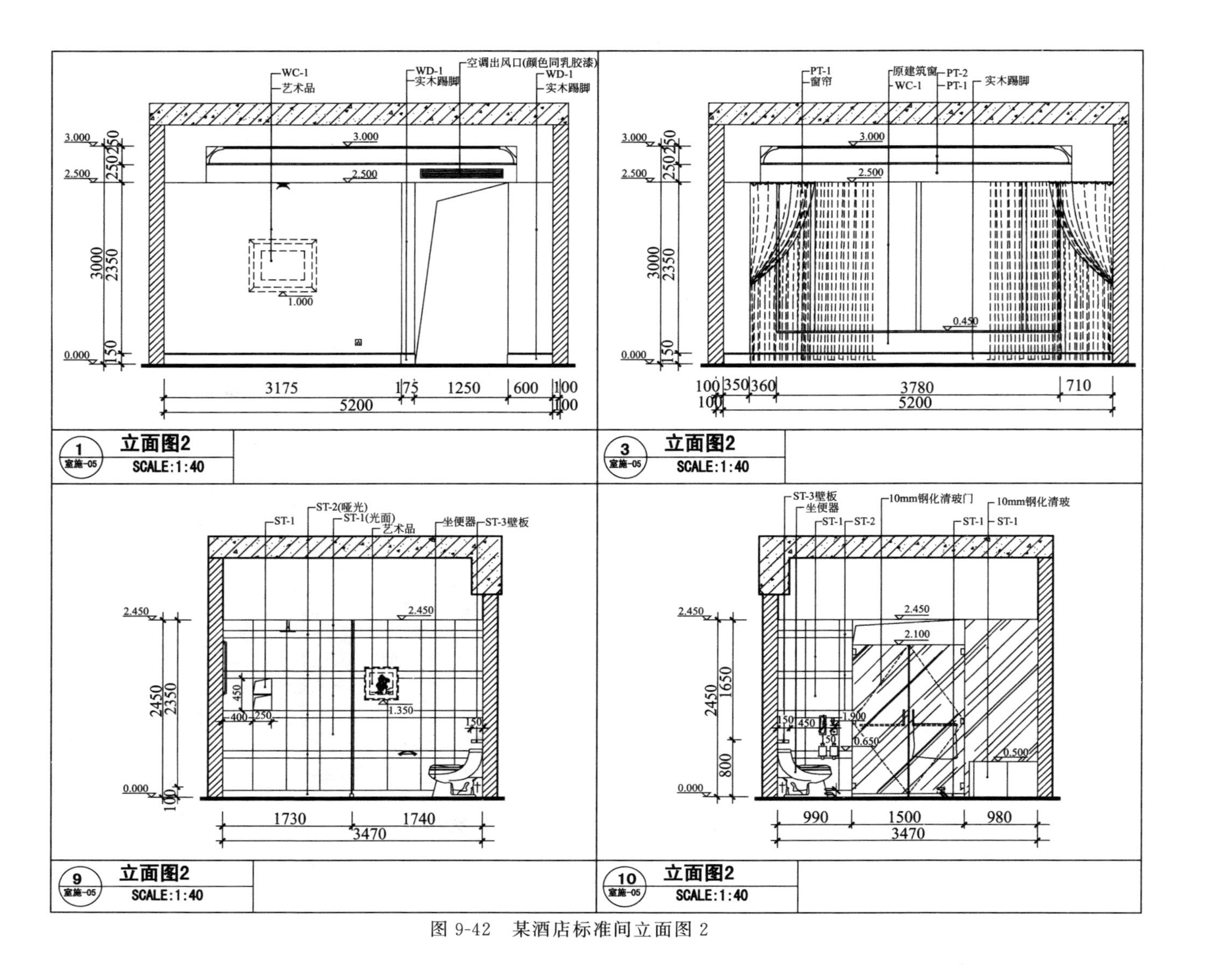

图 9-42　某酒店标准间立面图 2

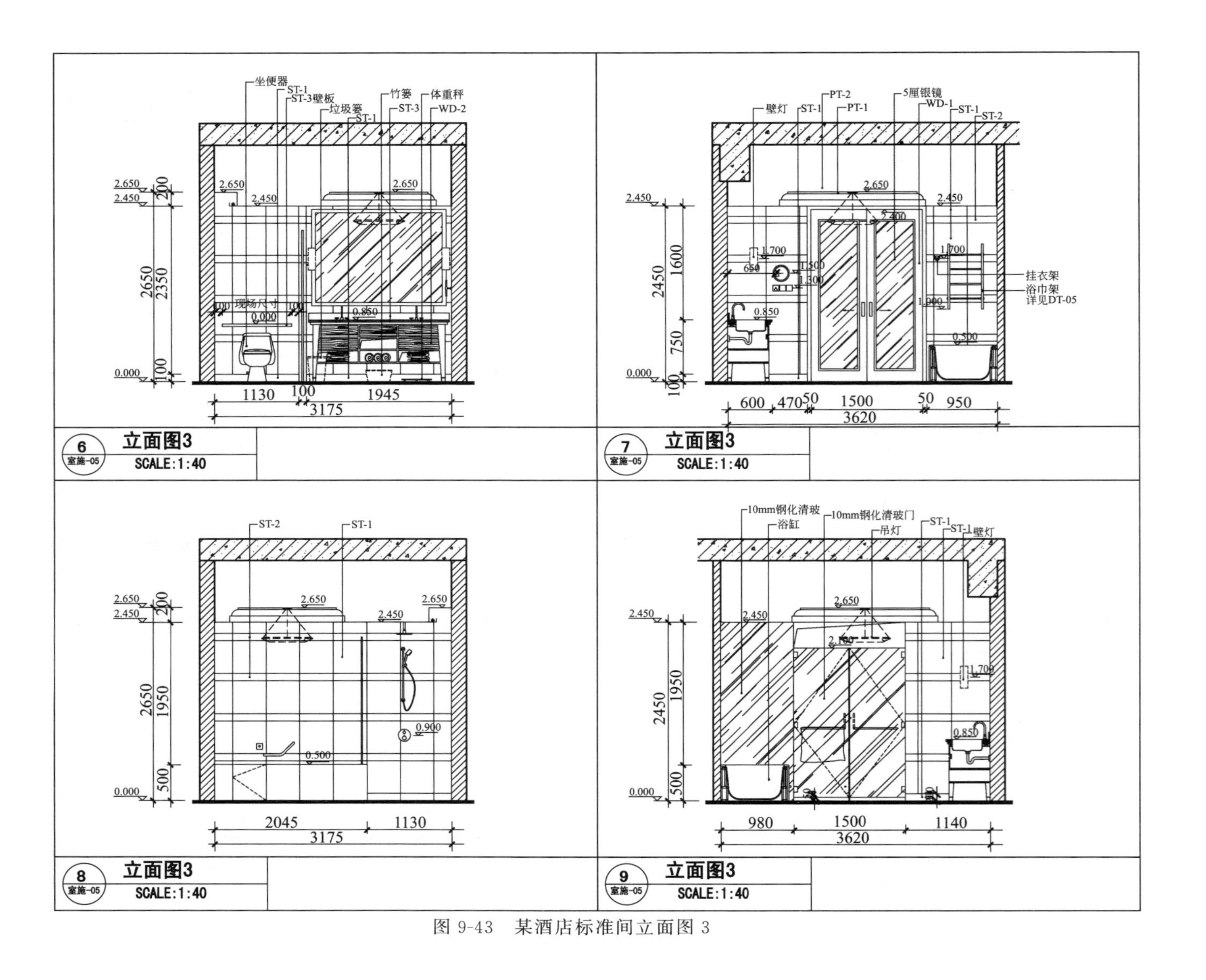

图 9-43 某酒店标准间立面图 3

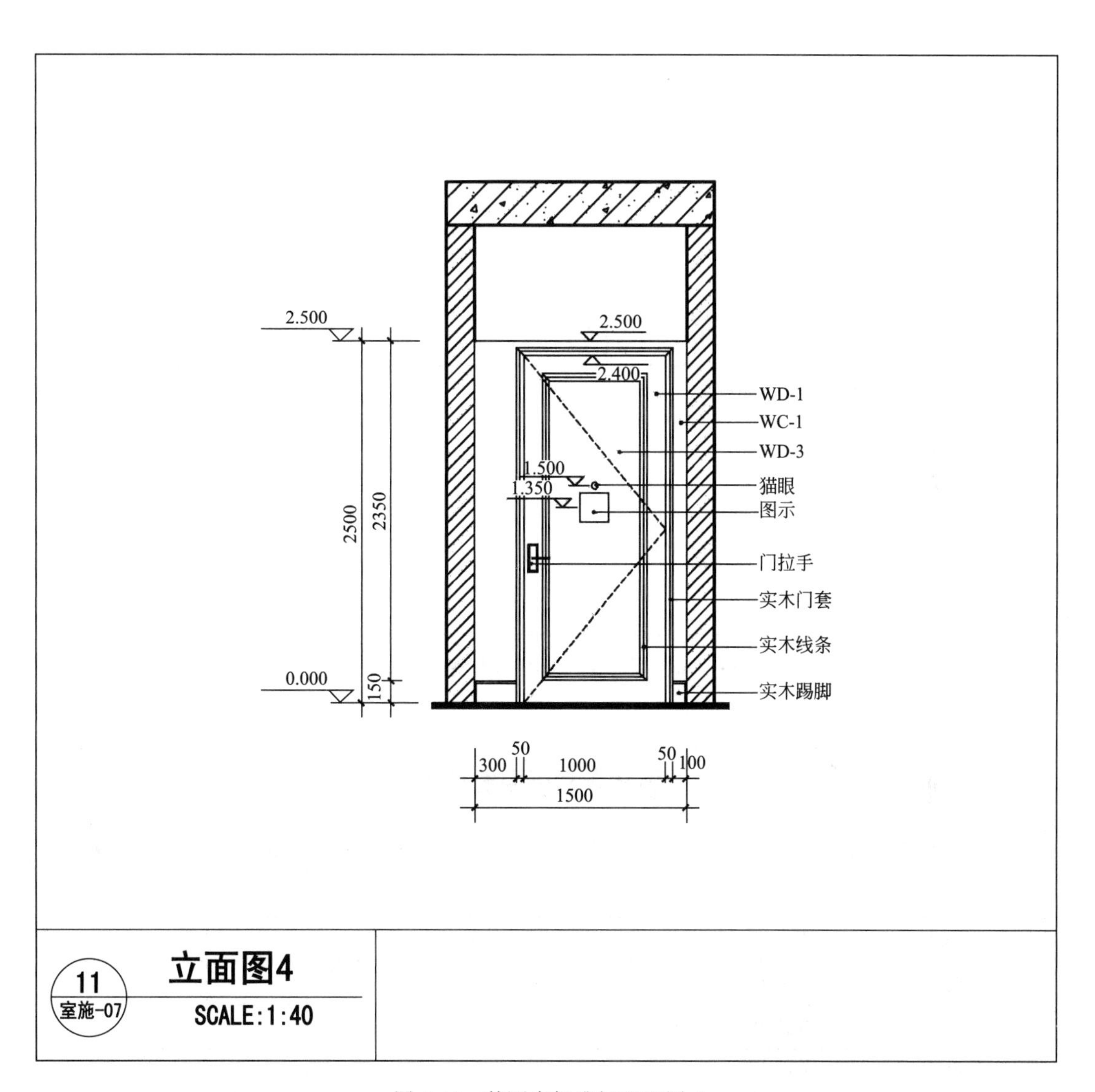

图 9-44　某酒店标准间立面图 4

9.4 某服装专卖店设计施工图

某服装专卖店设计施工图见图 9-45～图 9-53。

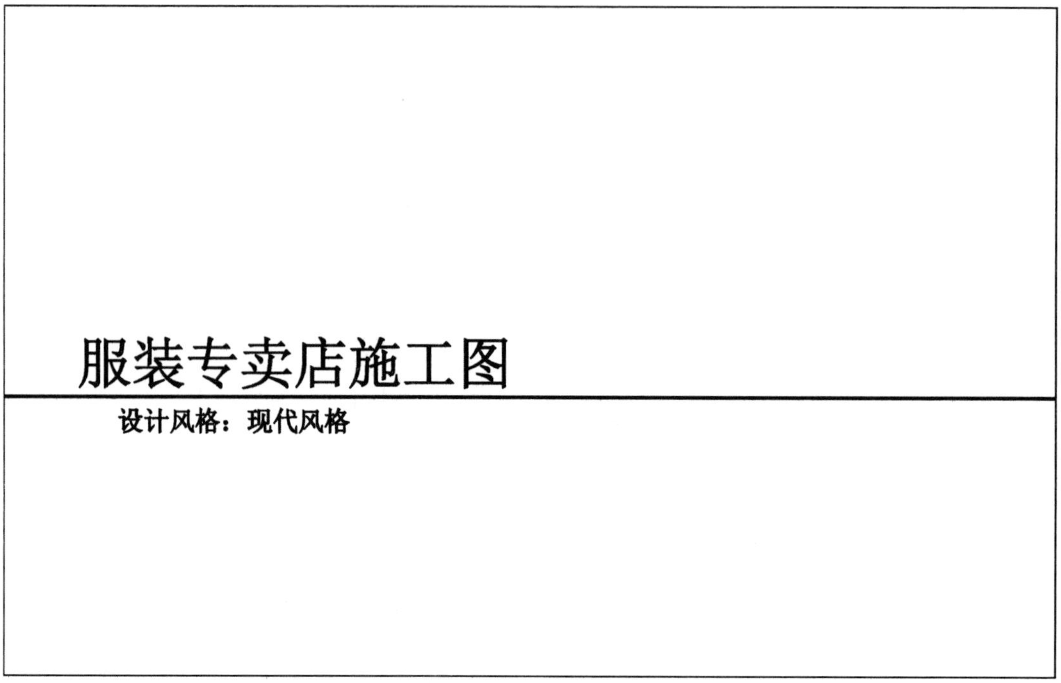

服装专卖店施工图

设计风格：现代风格

图 9-45 某服装专卖店设计施工图封面

服装专卖店图纸目录表

序号	图 纸 名 称	图 号	图幅	备注	序号	图 纸 名 称	图号	图幅	备 注
01	图纸封面	图表1-00	A3						
02	目录表	图表1-01	A3						
03	平面布置图	室施-01	A3						
04	顶面柜子重叠图	室施-02	A3						
05	顶棚标高、灯位图	室施-03	A3						
06	顶棚尺寸图	室施-04	A3						
07	地面材料铺装图	室施-05	A3						
08	立面图1	室施-06	A3						
09	立面图2	室施-07	A3						

图 9-46 某服装专卖店设计施工图目录

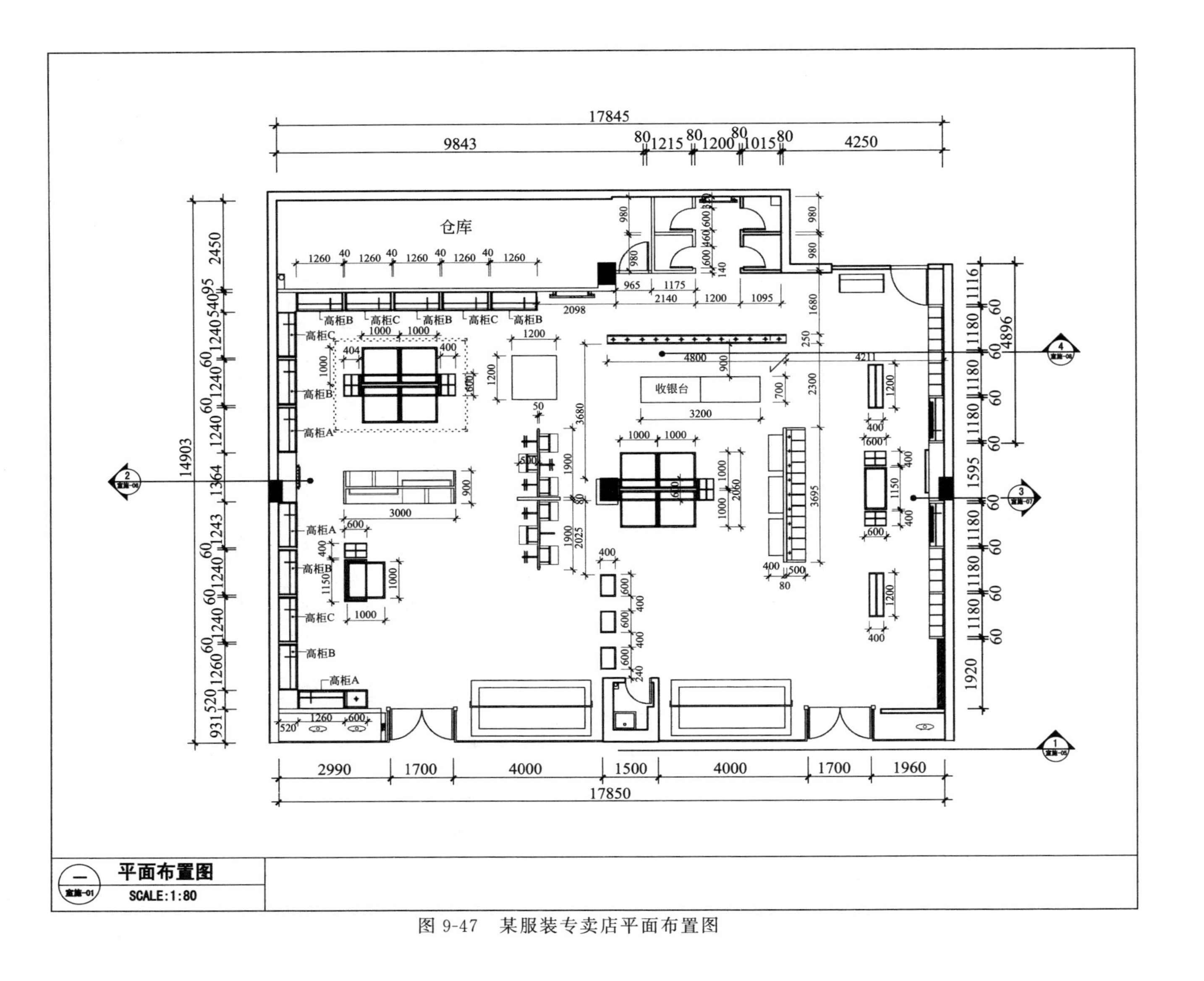

图 9-47　某服装专卖店平面布置图

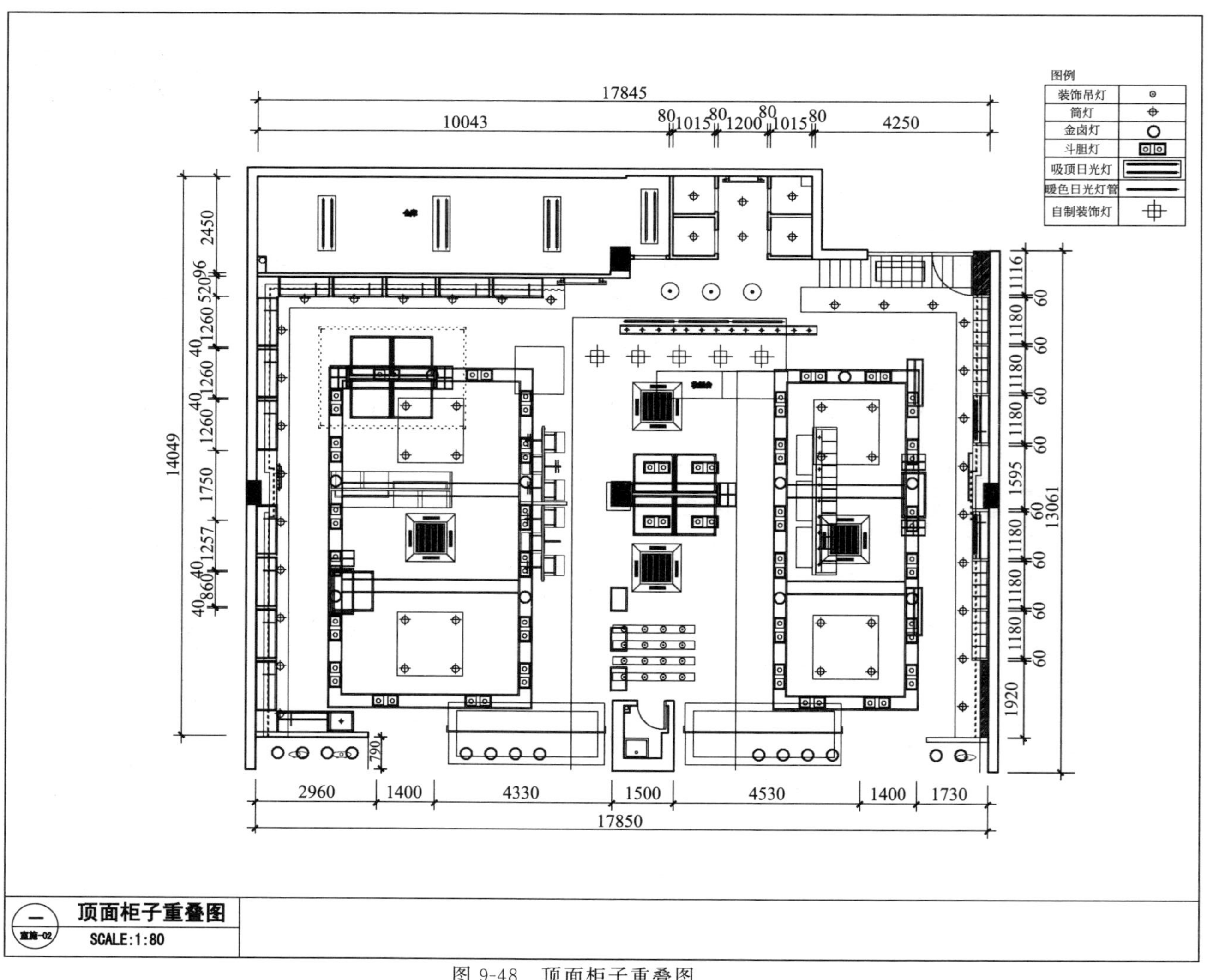

图 9-48 顶面柜子重叠图

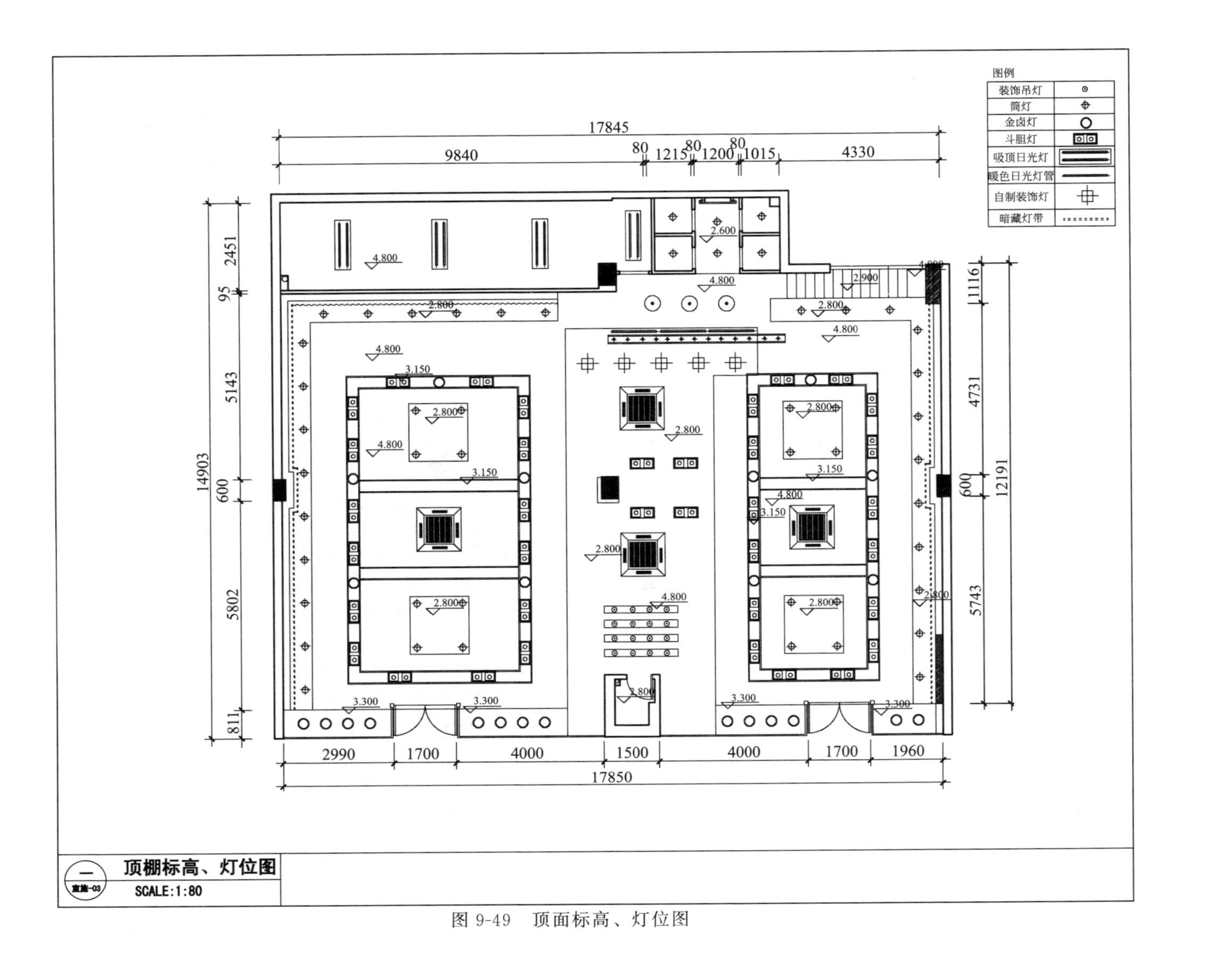

图 9-49 顶面标高、灯位图

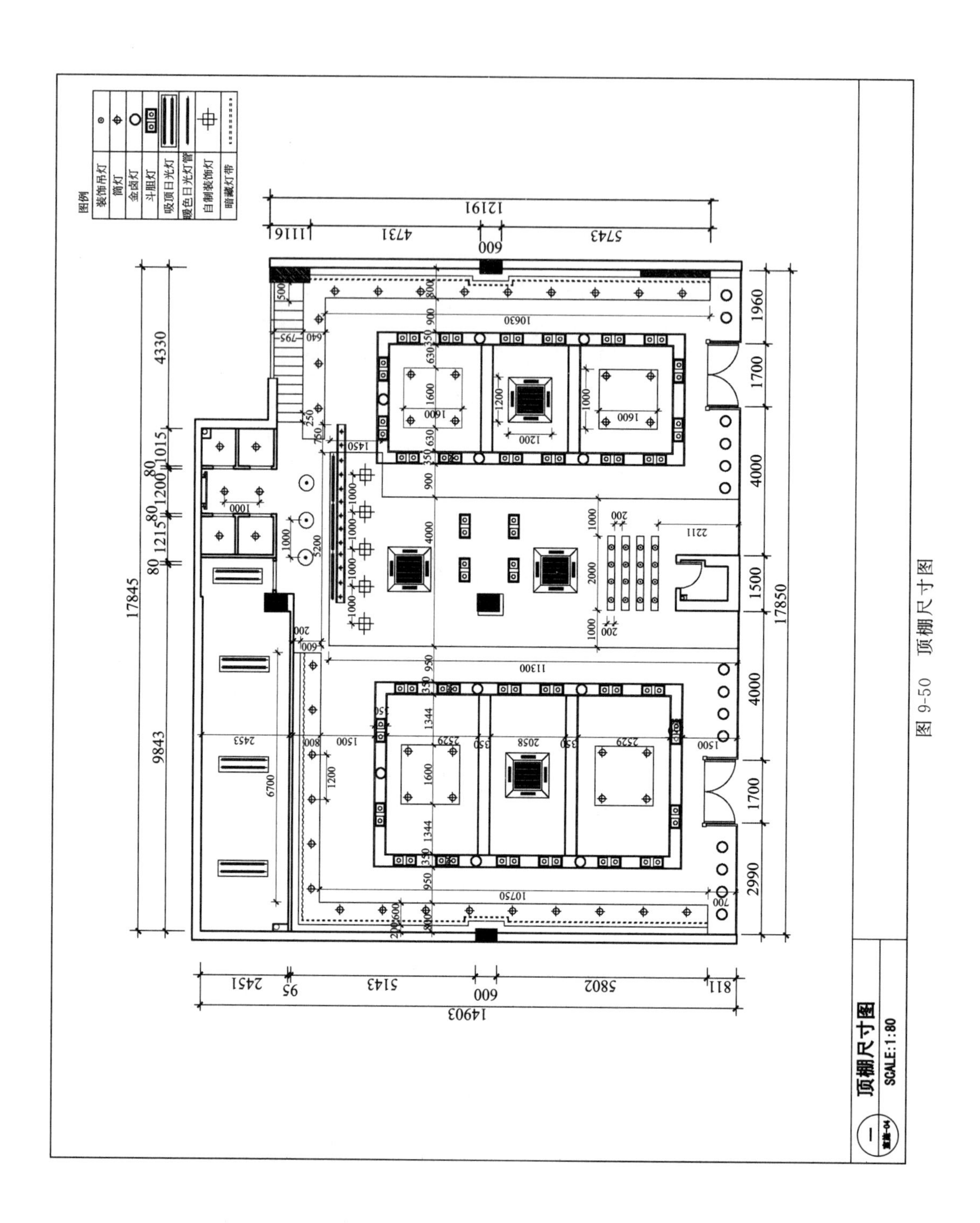

图 9-50 顶棚尺寸图

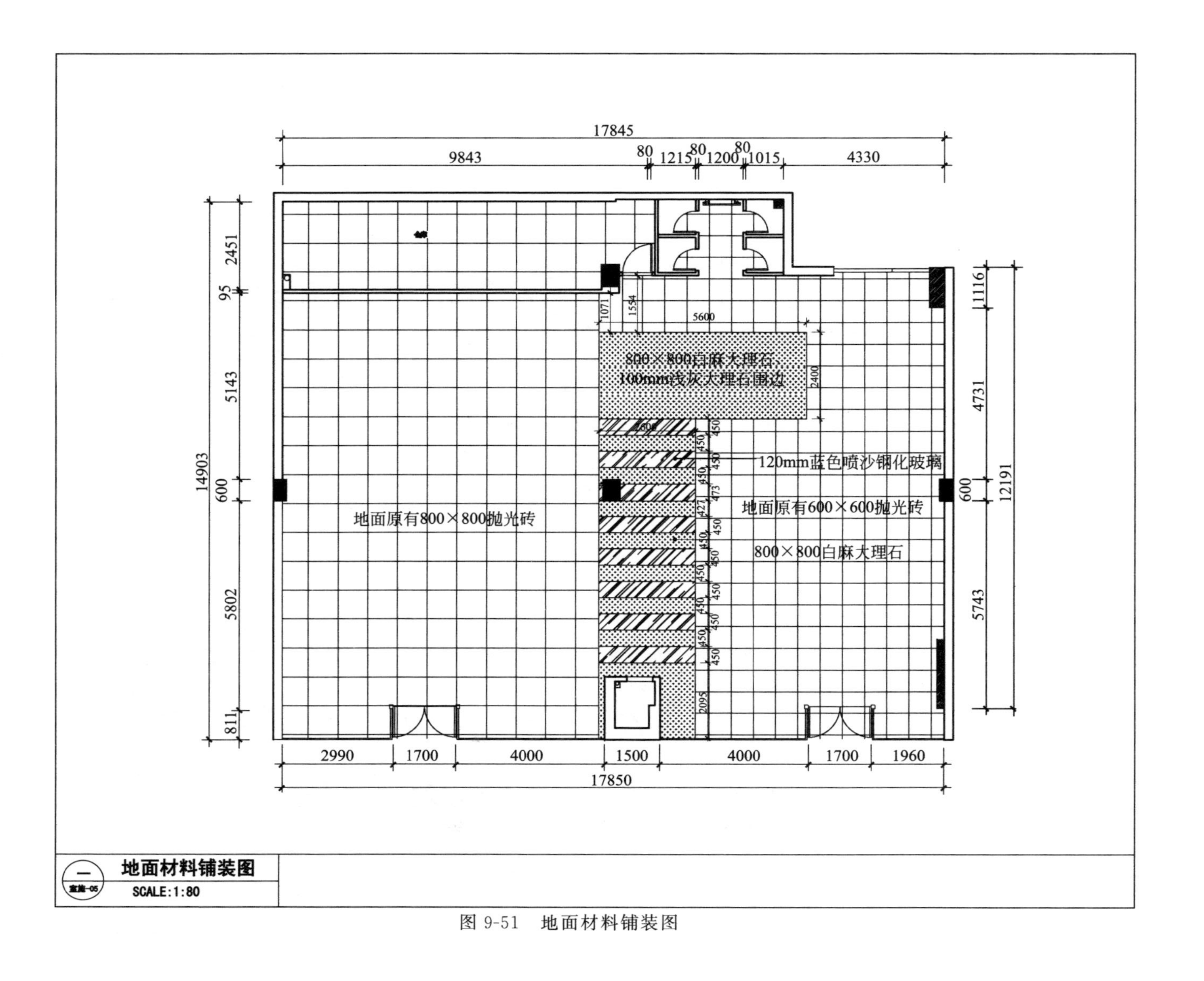

图 9-51　地面材料铺装图

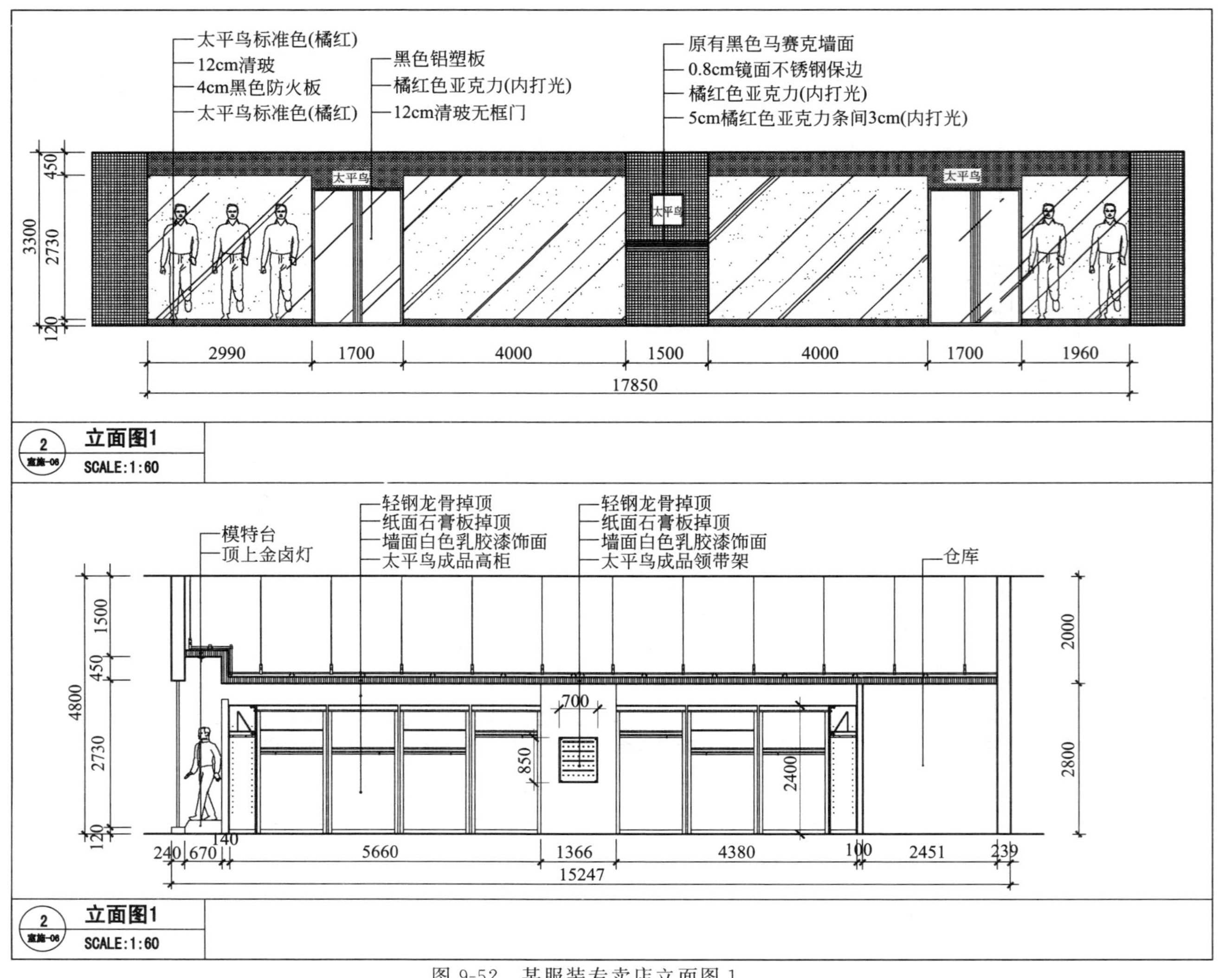

图 9-52　某服装专卖店立面图 1

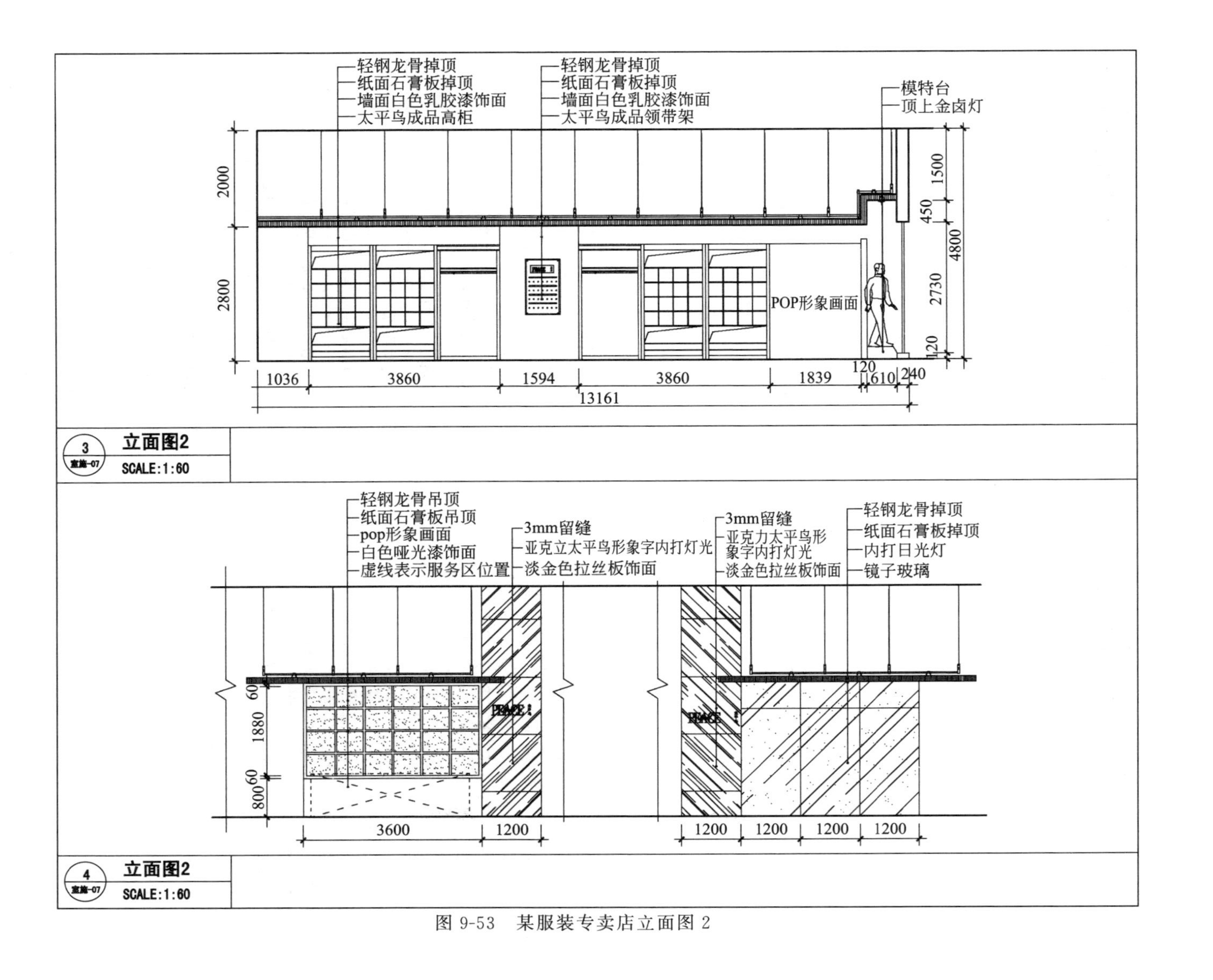

图 9-53　某服装专卖店立面图 2

附录 A 室内制图 CAD 常用命令快捷键

快捷键	执行命令	命令说明
A	圆弧	用于绘制圆弧
ADC	设计中心	AutoCAD 设计中心资源管理器
AA	面积	用于计算对象及指定区域的面积和周长
AR	阵列	将对象矩形阵列或环形阵列
AL	对齐	用于对齐图形对象
B	创建块	创建内部图块,以供当前图形文件使用
BR	打断	删除图形一部分或把图形打断为两部分
BE	块编辑器	用于对块进行编辑
BS	保存块编辑	用于对编辑的块进行保存
CHA	倒角	给图形对象的边进行倒角
CH	特性	特性管理窗口
C	圆	用于绘制圆
CO 或 CP	复制	用于复制图形对象
D	标注样式	创建或修改标注样式
DAL	对齐标注	用于创建对齐标注
DAN	角度标注	用于创建角度标注
DBA	基线标注	从上一或选定标注基线处创建基线标注
DCE	圆心标注	创建圆和圆弧的圆心标记或中心线
DCO	连续标注	从基准标注的第二尺寸界线处创建标注
DDI	直径标注	用于创建圆或圆弧的直径标注
DED	编辑标注	用于编辑尺寸标注
DLI	线性标注	用于创建线性尺寸标注
DRA	半径标注	创建圆和圆弧的半径标注
DI	距离	用于测量两点之间的距离和角度
DIV	定数等分	按照指定的等分数目等分对象
DT	单行文字	用于输入单行文字
EL	椭圆	创建椭圆或椭圆弧
E	删除	用于删除图形对象

续表

快捷键	执行命令	命令说明
ED	编辑单行文字	用于对单行文字进行编辑
EX	延伸	用于根据指定的边界延伸或修剪对象
EXP	输出	输出以其他文件格式保存对象
F	圆角	用于为两对象进行圆角
H	图案填充	以对话框的形式为封闭区域填充图案
HE	编辑图案填充	修改现有的图案填充对象
LA	图层	用于设置或管理图层及图层特性
L	直线	创建直线
LT	线型	用于创建、加载或设置线型
M	移动	将图形对象从原位置移动到所指定的位置
MA	特性匹配	把某一对象的特性复制给其他对象
ME	定距等分	按照指定的间距等分对象
MI	镜像	根据指定的镜像对图形进行对称复制
ML	多线	用于绘制多线
T 或 MT	多行文字	创建多行文字
O	偏移	按照指定的偏移间距对图形进行偏移复制
OP	选项	自定义 AutoCAD 设置
OS	对象捕捉	设置对象捕捉模式
P	实时平移	用于调整图开在当前视口内的显示位置
LE	快速引线	快速创建引线和引线注释
REC	矩形	绘制矩形
RO	旋转	绕基点转动对象
S	拉伸	用于移动或拉伸图形对象
SC	比例	在 X、Y 和 Z 方向等比例放大或缩小对象
UN	单位	用于设置图形的单位及精度
X	分解	将组合对象分解为独立对象
Z	缩放	放大或缩小当前视口对象的显示

附录B　室内制图CAD键盘功能键速查

快捷键	命令说明
Esc	取消命令执行
F1	AutoCAD帮助
F2	打开文本窗口
F3	对象捕捉开关
F6	动态UCS开关
F7	栅格开关
F8	正交开关
F9	捕捉开关
F10	极轴开关
F11	对象跟踪开关
Ctrl+N	新建文件
Ctrl+O	打开文件
Ctrl+S	保存文件
Ctrl+Shift + S	另存为
Ctrl+A	选择全部对象
Ctrl + C	复制对象
Ctrl+Shift +C	带基点复制
Ctrl+V	粘贴对象
Ctrl+Shift +V	粘贴为块
Ctrl+X	剪切到剪贴板
Ctrl +P	打印输出
Ctrl+Z	撤销上一步操作
Del	消除

主要参考文献

[1] 李克忠．家具与室内设计制图［M］．北京：中国轻工业出版社，2013.

[2] 史宇宏．室内装饰装潢制图［M］．北京：科学出版社，2009.

[3] 黄寅．室内设计CAD与制图基础［M］．北京：中国水利水电出版社，2009.

[4] 胡海燕．建筑室内设计——思维、设计与制图［M］．北京：化学工业出版社，2014.

[5] 陈雷．室内设计工程制图［M］．北京：清华大学出版社，2012.

[6] 叶铮．室内建筑工程制图［M］．北京：中国建筑工业出版社，2004.

[7] 赵晓飞．室内设计工程制图［M］．北京：中国建筑工业出版社，2007.

[8] 刘锋．室内装饰识图与房构［M］．上海：上海科学技术出版社，2004.

[9] 高详生．室内装饰装修构造图集［M］．北京：中国建筑工业出版社，2011.

[10] 陈小青．室内设计常用资料集［M］．北京：化学工业出版社，2014.

[11] 李波．AutoCAD室内装潢施工图设计从入门到精通［M］．北京：机械工业出版社，2012.

[12] 陈志民．AutoCAD2008室内装潢设计实例教程［M］．北京：机械工业出版社，2008.